SCHULBIBLIOTHEK AM BG ZEHNERGASSE, WIENER NEUSTADT
BG

Zu diesem Buch

Laser – das andere Licht: Was ist das? Wie funktioniert es? Was kann man damit machen? Immer mehr Menschen haben mit dieser wichtigen technischen Neuerung zu tun: zu Hause und im Büro, in Labors und Fabrikhallen, im Meß- und Informationswesen, in medizinischen wie in künstlerischen Berufen.

«Den Autoren ist eine verständliche Darstellung gelungen – besonders auch durch die klaren Abbildungen. Man erhält einen guten Eindruck nicht nur von den physikalischen Grundlagen des Lasers, sondern auch von seinen zahlreichen Anwendungen im Alltag, vom CD-Gerät bis zum Laser-Skalpell.»
– bild der wissenschaft

Prof. Dr. Angelika Anders-von Ahlften

lehrt an der Universität Hannover. Seit ihrem Studium der Physik, Biologie und Medizin widmet sich die Diplomphysikerin der Laseranwendung auf diesen Gebieten. Sie ist Autorin zahlreicher wissenschaftlicher Publikationen und populärwissenschaftlicher Bücher.

Dr. Hans-Jürgen Altheide

ist Oberstudienrat und unterrichtet an Gymnasien in naturwissenschaftlichen Fächern. Seit seinem Studium der Physik, Chemie und Mathematik widmet er sich dem Thema Laser. Auch er hat mehrere Bücher veröffentlicht.

Angelika Anders-von Ahlften
Hans-Jürgen Altheide

Laser – das andere Licht

Rowohlt

rororo science
Lektorat Jens Petersen

Veröffentlicht im Rowohlt Taschenbuch Verlag GmbH,
Reinbek bei Hamburg, Juli 1995
Die Originalausgabe erschien 1989 unter dem Titel
«Laser – das andere Licht. Schlüsseltechnologie der Zukunft»
im Verlag TRIAS – Thieme Hippokrates Enke, Stuttgart

Das Buch wurde für die Taschenbuchausgabe überarbeitet und aktualisiert
Illustrationen Friedrich Hartmann, Stuttgart
Umschlaggestaltung Barbara Hanke
Satz Sabon (Linotronic 500)
Gesamtherstellung Clausen & Bosse, Leck
Printed in Germany
1690-ISBN 3 499 19664 6

Inhalt

Laser – eine außergewöhnliche Lichtquelle

Sensation mit Hindernissen

Als Albert Einstein 1917 die theoretischen Grundlagen des Laserprinzips erarbeitete, konnte er noch nicht wissen, daß sich darauf eine Technik gründen würde, die heute zu den bedeutendsten Erfindungen des 20. Jahrhunderts zählt: Lichtquellen mit neuen, ganz phantastischen Eigenschaften.

Im Jahr 1960 erblickte dann die Welt das Licht des Lasers. Damit begann die außergewöhnliche Erfolgsgeschichte einer neuen Technologie. Der erste Laser, ein Rubinlaser, stellte mit seinem intensiv rot leuchtenden und extrem gut gebündelten Strahl eine vorher nie gesehene Form von Licht dar. Die Strahlung dieser neuen, künstlichen Lichtquelle hat Eigenschaften, wie sie in der Natur sonst nicht zu beobachten sind: sie ist *extrem intensiv, einfarbig* und *scharf gebündelt.* Jede einzelne dieser Eigenschaften zeichnet den Laser gegenüber herkömmlichen Lichtquellen aus. Hinzu kommen weitere revolutionierende technische Möglichkeiten, die ihm ganz neuartige Anwendungen erschließen.

Diese Erfindung beflügelte die Phantasie der Wissenschaftler; eine neue Ära der Physik brach an. Die raffinierten Lichtverstärker traten ihren Siegeszug auf nahezu allen Anwendungsgebieten an und drangen in viele Bereiche des Alltags ein. Heute ist die Lasertechnik auf dem besten Weg, eine Schlüsselrolle im internationalen Wettstreit der Industrie einzunehmen.

Als jedoch 1960 der amerikanische Physiker T. H. Maiman von den Hughes Research Laboratories in Malibu/Kalifornien den ersten Laser entwickelte, sah man zunächst keine Anwendungsmöglichkeiten für das Gerät. Der damals 33 Jahre alte Maiman hatte große Schwierigkeiten, seine Entdeckung zu publizieren, da ihre Bedeutung offensichtlich verkannt wurde. So hatte er bereits von einer renommierten Fachzeitschrift eine Ablehnung erhalten, bevor die englische Wissenschaftszeitschrift *Nature* seine Arbeiten veröffentlichte. Die hier erschienene, knapp vierzig Zeilen umfassende Mitteilung war die Geburtsanzeige einer der wichtigsten Technologien des 20. Jahrhunderts.

Das Geheimnis des Lasers – das zugrundeliegende Prinzip – ist die Lichtverstärkung durch *erzwungene Aussendung* von Strahlung, die sogenannte *stimulierte Emission*, englisch: *l*ight *a*mplification by *s*timulated *e*mission of *r*adiation. Die Anfangsbuchstaben dieses Begriffs ergeben das Kunstwort LASER. Wie Laserstrahlung entsteht, läßt sich allerdings nicht allein mit den Gesetzen der klassischen Physik erklären, da es sich um ein Phänomen der modernen Quantenmechanik handelt. Albert Einstein veröffentlichte bereits 1917 eine Untersuchung über die Quantentheorie der Strahlung, in der er unter anderem eine erzwungene Emission mit gerichteter Strahlung beschrieb. Diese Arbeit stellt das Fundament der Lasertheorie dar. Damals zog allerdings niemand die Konsequenz daraus, eine entsprechende Lichtquelle zu bauen – die Wissenschaftler standen dieser Theorie skeptisch gegenüber.

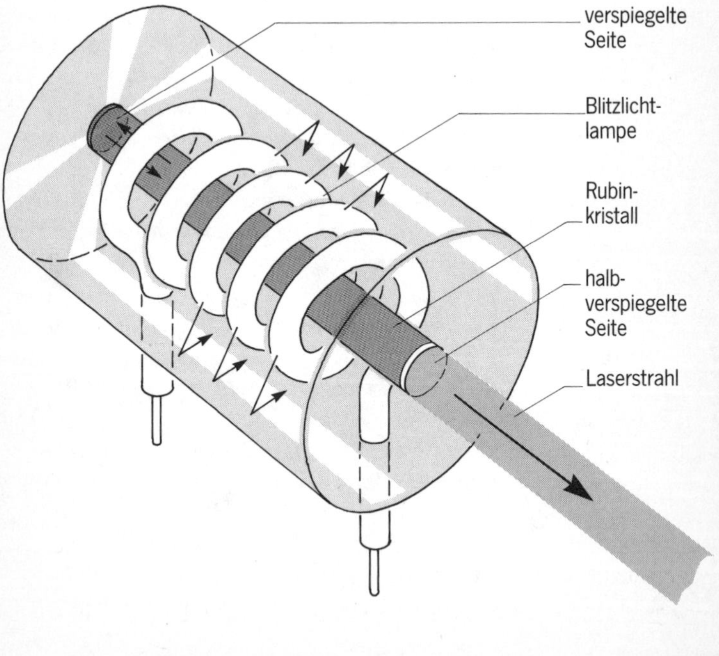

Der erste experimentelle Nachweis der *stimulierten Emission* gelang 1928 R. Ladenburg und H. Kopfermann in Berlin, aber die Zeit war noch nicht reif für die Erfindung eines Geräts, das diesen Effekt nutzte. In den fünfziger Jahren gelang es dann dem amerikanischen Physiker Charles H. Townes und fast gleichzeitig den sowjetischen Physikern Alexandr M. Prochorow und Nikolai G. Bassow, entsprechende Geräte im unsichtbaren Mikrowellenbereich zu entwickeln – man nannte sie MASER. Diese drei Wissenschaftler wurden 1964 mit dem Physik-Nobelpreis ausgezeichnet.

Fernziel aber blieb, diesen Effekt auch im sichtbaren Bereich auszulösen, das heißt *gebündeltes Licht* zu erzeugen. Diese Überlegungen nahmen in einer Veröffentlichung von Townes und Arthur L. Schawlow von 1958 Gestalt an. Die beiden Autoren gaben an, daß die von ihnen vorgeschlagene Quelle einfarbiges Licht von hoher Intensität abstrahlen würde. Neben Townes und Schawlow aber hatte auch der Physiker G. Gould – und dies bereits 1957 – sein Notizbuch mit Formeln und Zeichnungen für jene Apparatur gefüllt, die Licht zu einem scharfen Strahl von einheitlicher Wellenlänge formen sollte. Die wissenschaftlichen Lorbeeren und die Tantiemen für die Entwicklung des Lasers fielen jedoch Townes und Schawlow zu, da diese sofort 1958 ein Patent angemeldet hatten. Mit seinen 1957 von einem Anwalt beglaubigten Aufzeichnungen kämpfte Gould um sein Recht. Er wurde jedoch erst nach einem Jahrzehnte dauernden Rechtsstreit von einem Washingtoner Gericht als ein Erfinder des Lasers anerkannt.

Aus dem Wettlauf um die technische Realisierung des Lasers ging Anfang 1960 Maiman als Sieger hervor. Seine Laserkonstruktion war genial einfach. Die Lichtverstärkung erfolgte mit einem Rubinkristall; die Strahlung war sehr stark gerichtet, so wie Einstein es vorhergesagt hatte. In Deutschland wurde noch im selben Jahr in München bei Siemens ein Rubinlaser gebaut. Darauf folgte die Konstruktion weiterer Festkörperlaser, die alle Licht in Form einzelner Pulse aussendeten. Doch schon Ende 1960 hatte der iranische Physiker A. Javan, der bei den Bell Laboratories in den USA arbeitete, Erfolg mit einem Laser, der kontinuierlich strahlte. Er verwendete dazu ein Gasgemisch aus Helium und Neon.

Heute ist der Laser nicht nur eine Quelle sichtbaren Lichts, er hat sich auch andere Spektralbereiche erobert; so den an das Sichtbare angrenzend Ultraviolett- und Infrarot- wie auch den Millimeterbereich.

Erste Erfolge wecken die Hoffnung, daß sich das Laserprinzip in Zukunft auch auf den Röntgenbereich weiter ausdehnen lassen wird.

1990 erst feierte der Laser sein dreißigjähriges Jubiläum, und schon hat er – wie kaum ein anderes Instrument in so kurzer Zeit – Anwendungen auf den verschiedenartigsten Gebieten gefunden, und es besteht kein Zweifel daran, daß er noch eine «leuchtende» Zukunft vor sich hat. Nicht nur im Science-fiction-Film wird in Weltraumgefechten das neue Schneidewerkzeug eingesetzt – der dünne, gebündelte Strahl, der jegliches Material der Erde schmelzen oder verdampfen kann –, sondern er triumphiert auch auf vielen seiner alltäglichen Anwendungsgebiete über herkömmliche Techniken: in der Materialbearbeitung, Kommunikation, Drucktechnik, Datenerfassung und -speicherung, Forschung, Schadstoffmessung, Medizin und in zahlreichen anderen Bereichen. Laser schneiden Stahlblech, übermitteln Nachrichten, heilen in der Medizin oder faszinieren durch Farbeffekte in der Kunst. Begründet ist dies bei weitem nicht nur in ihrer unermeßlichen Intensität – die Faszination des Lasers liegt vielmehr in seinen vielfältigen Eigenschaften.

Nicht bei jedem Laser wird nämlich die riesige Energie des gebündelten Lichts genutzt. In der Nachrichtentechnik und Unterhaltungselektronik kommen ganz andere Eigenschaften zum Tragen. Hier sind die Halbleiterlaser die Favoriten. Winzlinge von riesiger Bedeutung – nicht so spektakulär wie manche ihrer großen Brüder, die ganze Fabrikhallen füllen, um beispielsweise für die Bewältigung der Energieprobleme der Zukunft die Kernverschmelzung zu erproben. Zur genaueren Betrachtung der Halbleiterlaser braucht man eine Lupe, und ihre Strahlung wird vom menschlichen Auge nicht wahrgenommen. Man kann mit ihnen keine Lichteffekte in Diskotheken erzeugen, keine laserchirurgischen Eingriffe vornehmen, keinen Edelstahl schweißen oder gar Raketen vernichten. Und doch sind sie das Kernstück vieler Millionen Geräte am Arbeitsplatz und im Haushalt; sie sind zum Beispiel im C(ompact)-D(isc)-Player als berührungslose «Abtastnadel» versteckt – hier produzieren sie das musikalische Nonplusultra –, und auch im Abtaststift in der Supermarktkasse findet man sie als sogenannte «Scanner» zum automatischen Registrieren der Artikel. Einer Disc können aber neben den akustischen noch andere «Töne» entlockt werden; sie dienen neuerdings als Datenspeicher (CD-ROM, MOD) in Computern. Auf einer solchen bierdeckelgroßen Platte kann – dank

Laserhilfe – die vielfache Textmenge mehrbändiger Lexika gespeichert werden.

Ungeahnte Möglichkeiten eröffneten sich Ende der sechziger Jahre zusätzlich durch die Entwicklung der Glasfasertechnik. Haarfeine, elastische Lichtleiter – eine ideale «Rennstrecke» für Laserpulse – leiten das Laserlicht mit hoher Geschwindigkeit über große Distanzen. Ein Beispiel hierfür ist das interkontinentale Glasfaserkabel durch den Atlantik. Glasfasernetze für Telefon, Daten und Videokonferenzen sind die Kommunikationssysteme der Zukunft.

Der Laser macht vor keinem Anwendungsgebiet halt: So verwenden Ärzte Laserskalpelle oder «sanfte» Laserstrahlen zur Therapie, Piloten modernster Verkehrsflugzeuge navigieren mit einem völlig neuartigen «Kompaß» – dem Lasergyroskop –, und Wissenschaftler setzen auf den verschiedensten Gebieten in der Physik, Chemie oder Biologie die unterschiedlichsten Laser zu Forschungszwecken ein. Neue Aufgaben erwachsen dem Laser im Umweltschutz: Gebündelte Laserstrahlen analysieren Schadstoffe in der Atmosphäre oder überwachen Industrieanlagen mit höchster Genauigkeit. In der Fabrik der Zukunft werden immer mehr Bearbeitungsschritte, die heute noch mechanisch ablaufen, durch Licht erfolgen, so zum Beispiel in der Materialbearbeitung oder der Drucktechnik. Gerade die Materialbearbeitung mit Lasern ist in den letzten Jahren enorm gewachsen. Eine neue Idee nimmt allmählich Formen an: der «optische Computer», der mit Laserstrahlen einige hundertmal schneller arbeiten soll als heutige Rechner. In die Schlagzeilen gerieten Laser durch das SDI-Waffenprogramm der USA. Bei der Diskussion um den «Krieg der Sterne» spielten Hochleistungslaser eine zentrale Rolle. Die Raketenabwehr im Weltraum ist aber weit von jeglicher Verwirklichung entfernt. In der Militärtechnik hat man schon vorher damit begonnen, den Laser zu nutzen: zur Entfernungsmessung, Laserortung oder bei lasergesteuerten Waffen. Und *last but not least* wäre noch die Holographie zu erwähnen, eine neue Technik mit Lasern, die es im Gegensatz zur Photographie ermöglicht, räumliche Szenen in ihrer dreidimensionalen Struktur zu speichern und wiederzugeben.

Fast unübersehbar ist auch die Fülle von unterschiedlichsten Lasersystemen: Neodymlaser, Kohlendioxidlaser, Excimerlaser, Farbstofflaser oder Halbleiterlaser, um nur einige in der Fachwelt bekannte Namen zu nennen. Der Laser der Zukunft, der Röntgenlaser, würde den Einsatz von Röntgenstrahlung in Forschung und Technik revolutionieren. Als Lichtquelle für ein Röntgenmikroskop könnte er neue Einblicke in den Aufbau lebender Zellen geben oder als Strahlungsquelle zur Erzeugung noch kleinerer Chip-Strukturen in der Halbleiterindustrie dienen.

Die Bedeutung der Lasertechnik wächst ständig. Der Weltumsatz der Geräte, die Laser enthalten, beträgt viele Milliarden Dollar jährlich; davon machten 1992 allein die Halbleiter-Laserdioden, wie sie in CD-Players und Laserdruckern verwendet werden, einen Anteil von rund 40 Millionen DM aus. Traumhafte Wachstumsraten von etwa 30 Prozent jährlich, zum Beispiel bei medizinischen Lasergeräten, oder bis zu 75 Prozent im Bereich der Konsumelektronik sind zu verzeichnen. Eine Studie, die vom Bundesminister für Forschung und Technologie in Auftrag gegeben wurde, zeigt, daß bis zum Jahr 2000 mehr als 150 000 Arbeitnehmer in der Bundesrepublik am Arbeitsplatz mit Lasern umgehen werden.

Die besonderen Eigenschaften des «anderen Lichts»

Rund dreißig Jahre nach der Entwicklung des ersten Lasers gibt es eine enorme Vielfalt von Lasertypen, doch sind ihre physikalischen Grundlagen stets die gleichen, und alle Laser liefern eine völlig neuartige Form von Strahlung: scharf gebündelt, einfarbig und von zum Teil unermeßlicher Intensität. Um das Erstaunliche zu vollbringen, benötigt man prinzipiell immer drei Grundelemente: ein Lasermedium, in dem die *stimulierte Ausstrahlung* (Emission) erzeugt wird, eine Energiequelle und einen Resonator, in dem die Laserstrahlung angefacht und verstärkt wird.

Wenn auch Laserstrahlung ungewöhnliche Eigenschaften hat, so ist sie doch, genau wie das von der Sonne oder einer Glühbirne ausgesandte Licht, eine *elektromagnetische Strahlung*. Die elektromagnetische Strahlung breitet sich in Wellenform aus (Abb. 1). Eine Welle wird durch ihre *Wellenlänge* λ (Lambda) charakterisiert; damit ist der Abstand eines Wellenberges vom benachbarten Wellenberg gemeint. Er ist zwischen irgend zwei benachbarten Wellenbergen immer gleich und wird in Metern angegeben. Die Wellenlänge ist ein Maß für die *Energie*, die in der Welle transportiert wird. Eine kleine Wellenlänge bedeutet eine große Energie. Man merkt sich das am besten so, daß nun mehr Wellenberge auf eine Strecke passen als bei einer großen Wellenlänge, deren Welle folglich eine kleinere Energie transportiert.

Oft wird die Energie nicht durch die Wellenlänge, sondern durch die *Frequenz* (f) ausgedrückt. Die Frequenz ist umgekehrt proportional zur Wellenlänge: Wenn die Wellenlänge groß ist, ist die Frequenz klein, und umgekehrt. Die Einheit der Frequenz ist 1/Sekunde oder Hertz (Hz).

Alle Wellenlängen der elektromagnetischen Strahlung werden in einem sogenannten *elektromagnetischen Spektrum* wiedergegeben, das die unterschiedlichen Wellen nach ihrer Wellenlänge beziehungsweise Frequenz ordnet (Abb. 2). Die energiereichste Strahlung ist die kosmische Strahlung. Sie hat die kleinste Wellenlänge, also die größte Frequenz; darauf folgt die Röntgenstrahlung. Als Licht bezeichnet man den sichtbaren Anteil des elektromagnetischen Spektrums von etwa 400 bis 750 Nanometer (nm), das sind 400 bis 750 milliardstel Meter. Die Beschreibung des Lichts als elektromagnetische Strahlung ist keine vollständige Charakterisierung. Licht hat nicht nur Wellen-, sondern auch Teilchencharakter. Man kann Licht daher auch als Teilchen-Strahlung betrachten, in der die Teilchen bestimmte Energiewerte haben. Die «Lichtteilchen» werden als *Lichtquanten* oder *Photonen* bezeichnet.

Ein häufig mit der Energie verwechselter Begriff ist die *Intensität*. Sie wird jedoch durch die Höhe des Wellenberges bestimmt. Diese charakteristische Höhe wird *Amplitude* genannt. Je höher die Amplitude ist, desto größer ist die Intensität. Die Intensität läßt sich aber auch durch die *Leistung* pro Fläche ausdrücken. Leistung ist die in einer bestimmten Zeit verrichtete Arbeit. Die Lichtleistung pro Fläche und damit die Intensität ist größer, wenn mehr «Lichtteilchen» pro Fläche vorhanden sind; sie steigt also mit wachsender Photonenzahl.

Kohärenz – Licht im Gleichschritt

Die Kohärenz ist ein sehr wichtiger Begriff in der Laserphysik und zugleich leider ein schwer verständliches Phänomen. Zwei Lichtwellenzüge können sich überlagern. Haben sie die gleiche Wellenlänge, so heißt dieser Vorgang *Interferenz*. Durch Interferenz der Wellenzüge kann das entstandene Licht heller oder dunkler werden, das heißt seine Amplitude wachsen oder schrumpfen, je nachdem, ob sich die Wellenberge – und damit die Intensitäten – addieren oder subtrahieren. Dies hängt davon ab, wie sich die Wellenzüge überlappen, ob sie in *Phase* (deckungsgleich) sind oder nicht.

Bei der Ausstrahlung des Laserlichts haben alle Wellenzüge die gleiche Amplitude und Frequenz (Abb. 1). Die Ausbreitung dieser Wellenzüge ist sowohl zeitlich als auch räumlich synchronisiert; sie laufen im «Gleichschritt». Die Wellenzüge entstehen zur gleichen Zeit und bewegen sich in die gleiche Richtung fort; sie sind *zeitlich und räumlich kohärent*. Oder man sagt, sie weisen räumlich (das heißt in gleicher Entfernung von der Lichtquelle zu beliebigen Zeiten) und zeitlich (das

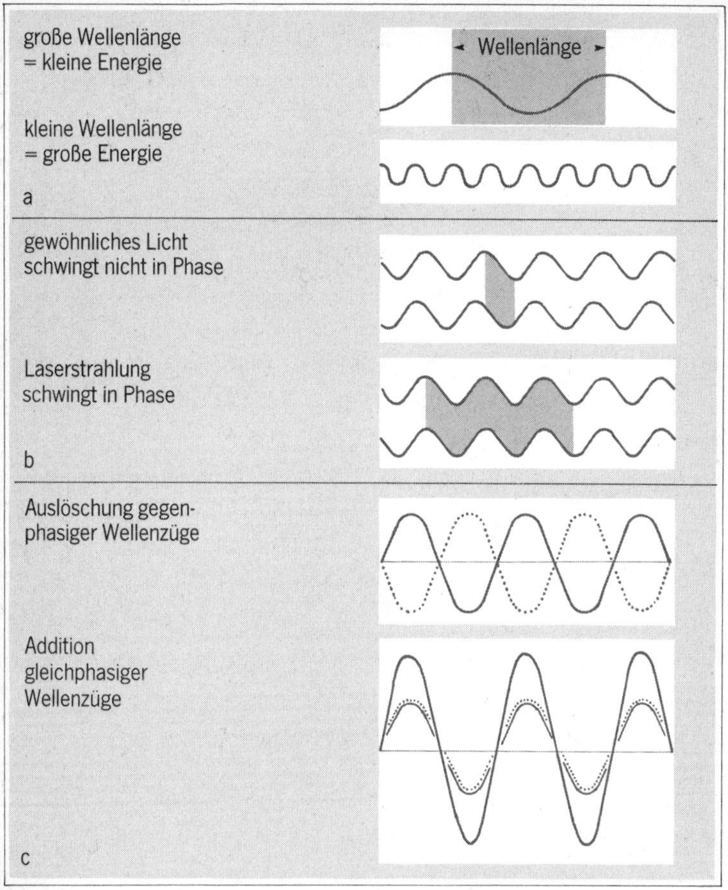

Abb. 1 *Elektromagnetische Strahlung: Strahlen breiten sich wellenförmig aus.*
a) Die Wellenlänge ist ein Maß für die Energie.
b) Phasenbeziehung bei gewöhnlichem Licht und bei Laserstrahlung.
c) Das Phänomen der Interferenz.

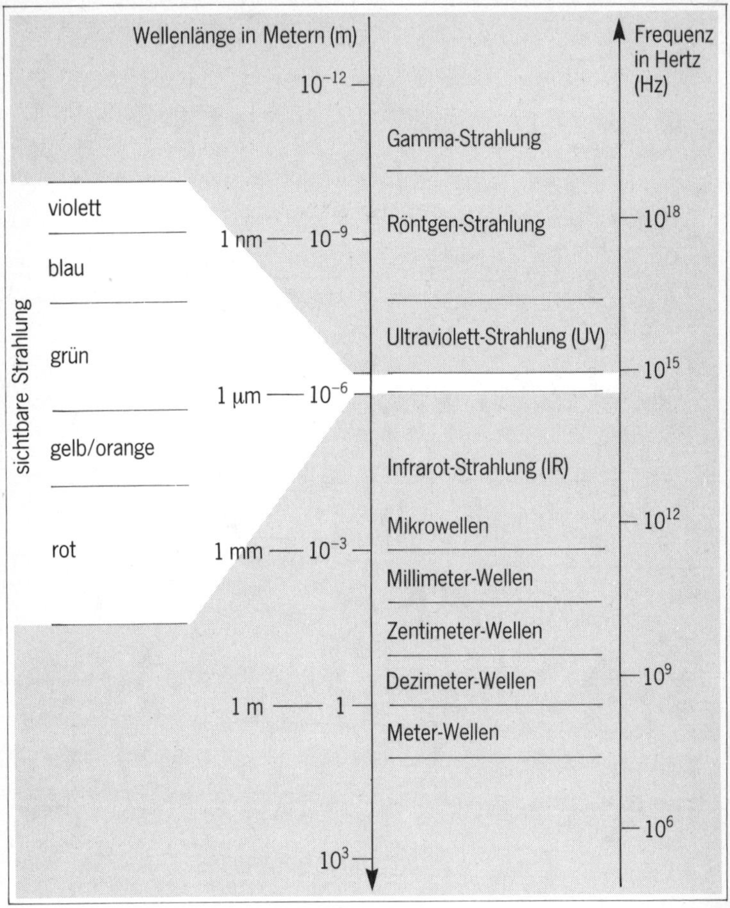

Abb. 2 *Elektromagnetisches Spektrum.*
Die einzelnen Bereiche des Spektrums lassen sich noch weiter unterteilen. Man spricht zum Beispiel von weicher oder harter Röntgenstrahlung und meint damit den langwelligen beziehungsweise kurzwelligen Bereich der Röntgenstrahlung, ebenso beim nahen Ultraviolett (längerwellig) und fernen Ultraviolett (kürzerwellig) beziehungsweise nahen Infrarot und fernen Infrarot. Die Übergänge sind fließend.

heißt zur gleichen Zeit in verschiedener Entfernung zur Lichtquelle) feste Phasenbeziehungen auf. Diese starke Ordnung führt durch Interferenz zu einer großen Laserstrahlungsintensität, weil sich die Wellenberge, die ja ein Maß für die *Intensität* dieser Lichtwelle sind, addieren. Licht – oder allgemein elektromagnetische Strahlung – ist nur dann kohärent, wenn die Wellenzüge phasenrichtig ausgesandt werden und auch lang genug sind, um nach Durcheilen unterschiedlicher Wegstrekken noch zu interferieren. Sonst gibt es keine merkliche Interferenz und damit Verstärkung. Diese Kohärenz des Lichts, dessen Wellenzüge beim Laser bis zu 1000 Kilometer lang sein können, zeichnet ihn gegenüber dem Licht aller anderen Lichtquellen, wie Glühbirne oder Sonne, aus, bei denen die Lichtstrahlen zu beliebiger Zeit und in unregelmäßigen Abständen in alle Richtungen laufen (Abb. 3). Auch bei diesen Lichtquellen können durch Filterung (zeitlich) und Blenden (räumlich) einigermaßen kohärente Lichtwellenzüge erzeugt werden, jedoch nur mit extremen Intensitätsverlusten. Deshalb erreicht normales Licht nicht einmal annähernd die Intensität, die sich mit Laserlicht erzielen läßt.

Monochromasie: eine Farbe, eine Wellenlänge

Das Licht, das ein Laser aussendet, besitzt eine ganz bestimmte feste Wellenlänge. Daher ist es von einer *spektralen Reinheit*, wie sie keine andere Lichtquelle zu erzeugen vermag (Abb. 4). Man spricht deshalb von einfarbigem oder monochromatischem Licht. Weißes Licht einer Glühlampe beispielsweise, das auf den ersten Blick auch einfarbig erscheint, ist bekanntlich aus vielen Farben (das heißt verschiedenen Wellenlängen) zusammengesetzt. Wenn man es durch ein Prisma schickt, erhält man ein *Spektrum*, eine Aufspaltung in die Regenbogenfarben, doch diese werden nie ganz scharf voneinander abgegrenzt sein, denn sie setzen sich wiederum aus verschiedenen Farben zusammen, zum Beispiel das Rot seinerseits aus verschiedenen Rottönen und damit Wellenlängen. Diese Regenbogenfarben, ob sie nun rot, blau, grün etc. sind, nehmen daher ein relativ breites Band im gesamten Spektrum ein. Laserlicht dagegen besitzt nur eine einzige Wellenlänge, es ist schmalbandig! Oder man sagt: es hat eine extrem geringe *Linienbreite*. Deshalb erhält man mit dem Laser auch eine sogenannte *hohe*

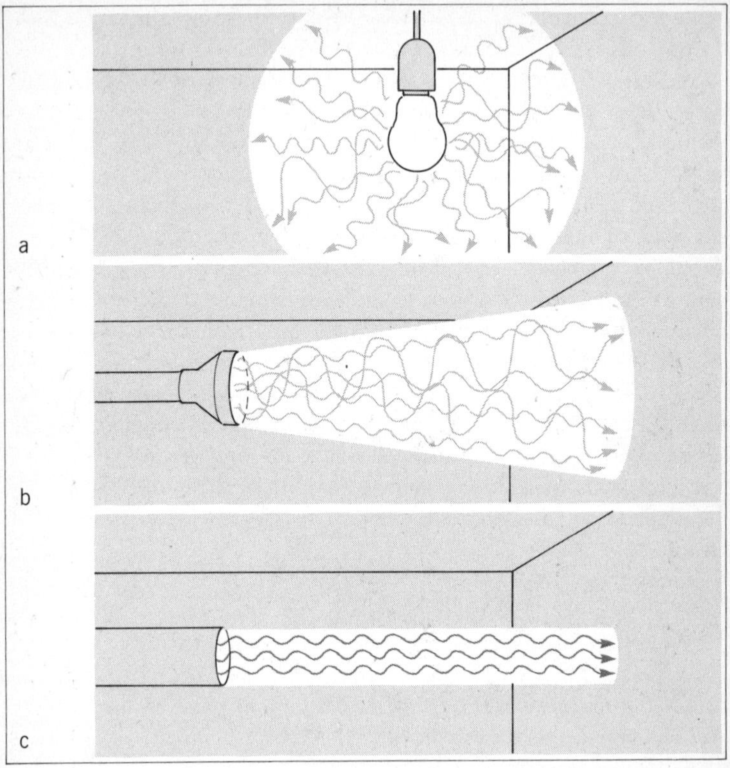

Abb. 3 *Inkohärent strahlende Lichtquellen (Glühbirne und Taschenlampe) im Vergleich zu einer kohärenten (Laser).*

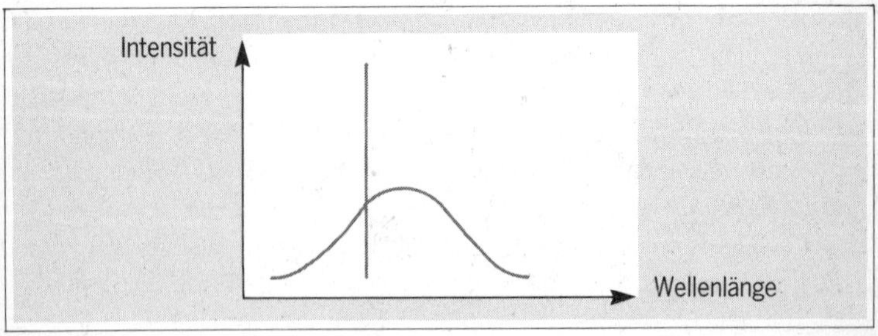

Abb. 4 *Spektrale Bandbreite von Lasern im Vergleich zu gewöhnlichen Lichtquellen.*

spektrale Intensität. Der Begriff der «Einfarbigkeit» oder Monochromasie bezieht sich aber nicht nur auf den Bereich des sichtbaren Spektrums, sondern wird für das gesamte elektromagnetische Spektrum verwendet.

Fokussierbarkeit – auf den Punkt gebracht

Aufgrund der räumlichen Kohärenz sind Laser in der Lage, Lichtbündel von nur wenigen Millimetern Durchmesser auszustrahlen. Die Wellenzüge bewegen sich nahezu parallel, das heißt, der Strahldurchmesser nimmt nur minimal mit der Entfernung zu. Man sagt auch, die *Strahldivergenz* ist gering oder der Laserstrahl hat eine große *Bündelungsschärfe.* Ein solcher scharf gebündelter Strahl läßt sich mit Linsen auf einen winzigen Punkt konzentrieren. Dies wird in der Fachsprache Fokussierbarkeit genannt. Der Fokuspunkt kann bis auf den unvorstellbar kleinen Durchmesser von weniger als ein tausendstel Millimeter gebracht, also bis in die Größenordnung einer Wellenlänge verkleinert werden. Ein beeindruckendes Beispiel für die enorme Bündelungsschärfe zeigt ein 1962 gestarteter Versuch. Ein von der Erde auf den Mond gesandter Laserstrahl erzeugte dort einen Lichtfleck von nur 3,2 Kilometern Durchmesser, und das bei einer zurückgelegten Strecke von rund 400 000 Kilometern (siehe Seite 100)! Das entspricht, auf irdische Verhältnisse gebracht, bei einer Entfernung von 1 Kilometer einer Strahlfläche von 8 Zentimetern Durchmesser. Doch wurde nicht nur der Mond mit Laserstrahlen angeleuchtet – an Australiens Küste etwa dienen sie als Leuchtfeuer für die Schiffahrt.

Hohe Intensität durch das Energiebündel

Jeder Laser hat bereits eine relativ große Ausgangsintensität. Und da Laserlicht kohärent ist und eine hohe Bündelungsschärfe aufweist, kann die Intensität durch Fokussierung noch enorm gesteigert werden, besonders bei Lasern, die schon ohne Fokussierung eine große Intensität haben. Zum Vergleich: Die Strahlungsintensität der Sonne über einen weiten Wellenlängenbereich beträgt etwa 7000 Watt pro Quadratzentimeter. Auf einen sehr schmalen, dem Laser vergleichbaren

Wellenlängenbereich umgerechnet, wäre das lediglich eine Leistung von einem millionstel Watt pro Quadratzentimeter. Die Sonne hat eine Oberflächentemperatur von ungefähr 6000 Grad Celsius. Ein Laserstrahl, der ja nur eine einzige Wellenlänge hat, erzeugt nun mit der gleichen Intensität wie der der Sonnenstrahlung – nämlich 7000 Watt pro Quadratzentimeter – eine entsprechende Temperatur von mehreren Millionen Grad Celsius. Man erreicht im – wenn auch winzigen – Brennpunkt eines Laserstrahls viel höhere Temperaturen, als sie an der Oberfläche der Sonne herrschen. Hätte Jules Verne das vorhergesagt, man hätte es nicht geglaubt. Fokussiert man «normales», inkohärentes Licht wie das der Sonne, so kann keine höhere Temperatur als die der Quelle, nämlich die Oberflächentemperatur von 6000 Grad Celsius, erreicht werden. Es gibt nur einen Weg, höhere Temperaturen als die des Strahlers zu erzeugen: kohärentes Laserlicht. Daher läßt sich jedes bekannte Material heute mit dem Laser verdampfen. Intensitäten bis zu 1 Billiarde (= 1 000 000 000 000 000!) Watt können für sehr kurze Zeiten im Fokuspunkt erzielt werden.

Jeder Laser strahlt kohärentes, monochromatisches und scharf gebündeltes Licht aus. Aber «Aladins – moderne – Wunderlampe» hat noch weitere besondere Eigenschaften, die vom jeweiligen Lasertyp abhängen (Tabelle 1). So gibt es Laser, die ihr Licht in unvorstellbar *kurzen Pulsen* abgeben. Die Dauer eines solchen Pulses liegt im normalen Bereich zwischen einer tausendstel und einigen milliardstel Sekunden. Mit besonderen Techniken (siehe Seite 48 f) läßt sich die Pulsdauer sogar nochmals extrem verringern. Daher ist man in so erstaunlich kurze Dimensionen wie in den Femtosekundenbereich (10^{-15} Sekunden) vorgedrungen; das entspricht einer billiardstel Sekunde! Dies eröffnet ungeahnte Möglichkeiten für die Forschung, weil sich damit beispielsweise chemische Reaktionen «beobachten» lassen, die sich in ebenso kurzen Zeiträumen abspielen. Außerdem wird es dank derart kurzer Pulse möglich, zukünftig noch schnellere Computer zu bauen, sogenannte optische Computer, bei denen die Schaltoperationen mit Lichtstrahlen statt mit elektrischen Strömen ausgeführt werden.

Über den Anwendungsbereich entscheidet letztendlich die *Wellenlänge*: So gibt es zum Beispiel Materialien, die nur bestimmte Wellenlängen «schlucken», also absorbieren. In der Nachrichtentechnik dagegen wählt man als Trägerwelle für eine (breitbandige) Nachrichtenübertragung einen hochfrequenten Laser im Bereich von 1 Billiarde

Tabelle 1
Lasereigenschaften und deren Ausnutzung bei typischen Anwendungen

Lasereigenschaften	Anwendungsbeispiele
Kohärenz (zeitlich und räumlich)	Holographie (dreidimensionale Bildspeicherung, Qualitätsprüfung von Werkstücken, Herstellung fälschungssicherer Ausweise) Nachrichtenübertragung über große Entfernungen Geschwindigkeits- und Entfernungsmessung Lasernavigation
Monochromasie	Forschung (zum Beispiel Atomphysik) Umweltuntersuchungen
Hohe Intensität	Materialverdampfung Chirurgie (Laserskalpell) Kernfusion Meßtechnik (große Entfernungen) Nachrichtenübertragung im Weltraum Laserwaffen
Fokussierbarkeit Bündelungsschärfe	Materialbearbeitung (Bohren, Punktschweißen, Schneiden) Laserskalpell Kernfusion Nachrichtenübertragung (Richtstrecke) Fluchtung
Kurze Pulse	Kurzzeituntersuchungen (zum Beispiel schnelle Prozesse in Biologie und Chemie) Geschwindigkeits- und Entfernungsmessung Materialbearbeitung Kernfusion
Wellenlängen-durchstimmbarkeit	Forschung (zum Beispiel Atom- und Molekülphysik) Umweltuntersuchungen
Hohe Frequenz gepaart mit Kohärenz	Holographie (hohe Speicherkapazität) Nachrichtentechnik (hohe Übertragungskapazität)

($= 10^{15}$) Hertz, denn je kleiner die Wellenlänge beziehungsweise je höher die Frequenz ist, desto mehr Informationen lassen sich übertragen (siehe Seite 112f). In der Forschung hingegen wünscht man sich oft einen Laser, der in der Lage ist, Licht mal in der einen, mal in einer anderen Wellenlänge auszusenden. Diese Wellenlängenveränderlichkeit, auch *Durchstimmbarkeit* genannt, ist zum Beispiel beim Farbstofflaser möglich.

Lasersysteme – vom Halbleiterwinzling zum Hochleistungsgiganten

Es gibt heute eine große Vielfalt von Lasersystemen. Der kleinste Laser ist der Halbleiterlaser. Er ist kleiner als ein Stecknadelkopf. Daneben werden in der Forschung große Laseranlagen benutzt, die mehrstökkige Gebäude füllen. Aber sie unterscheiden sich nicht nur hinsichtlich ihrer Größe gewaltig, sondern auch in ihrer Wirkung. Diese kann zerstörerisch oder «sanft» sein, je nach Laserausgangsleistung, die von wenigen Mikrowatt bis hin zu Terawatt, also Billionen Watt, reicht. Lasersysteme unterscheiden sich natürlich noch in vielen anderen Merkmalen wie Pulsdauer beziehungsweise Dauerbetrieb, Ausstrahlungsbandbreite etc. Es kann daher keinen Universallaser geben, der «alles schafft». Es hängt vom Anwendungsbereich ab, welcher Lasertyp eingesetzt wird.

Allen Lasern ist jedoch eines gemein: sie geben *gebündelte Strahlung* ab, die in einem sogenannten *aktiven Medium* erzeugt wird. Auch in dieser Hinsicht unterscheiden sich die einzelnen Lasertypen, denn als laseraktive Stoffe eignen sich die verschiedensten Substanzen – vorausgesetzt, es läßt sich eine *stimulierte Emission* auslösen, der eigentliche Trick des «Laserns», wie im Kapitel «Wie funktioniert ein Laser?» gezeigt wird. Damit kann man Laser grob nach ihren *Ausgangsmaterialien* einteilen: Gaslaser, Flüssigkeitslaser, Festkörperlaser, Halbleiterlaser (Diodenlaser), Plasma-Röntgenlaser.

Tabelle 2 zeigt häufig eingesetzte Lasersysteme und typische Anwendungsgebiete im Überblick. Laser hoher Leistung wie der Kohlendioxidlaser (CO_2), der Neodymlaser oder der Excimer-Gaslaser sind typische Systeme für die industrielle Materialbearbeitung oder auf medizinischem Gebiet für die Chirurgie. Dies sind natürlich aufwendige, teure Apparaturen. Ganz anders dagegen der Halbleiterlaser: ein winziger, billiger Massenartikel, der zum Beispiel bei der digitalen Schall- und Bildplatte (CD) als «Abtastnadel» dient oder in der Nachrichtentechnik eine wichtige Rolle spielt. Außerdem unterscheiden sich Laser in der Art, wie das Lasermaterial zum «Lasern» angeregt wird. Wir werden später noch zeigen, daß dafür sehr verschiedene Verfahren entwickelt worden sind, etwa die Gasentladung, das optische Pumpen oder die elektrische Anregung.

Ausschlaggebend für die Anwendungen ist weiterhin der *Wellenlängenbereich*, in dem der Laser ausstrahlt. Soll der Laser im Röntgenbereich, Ultraviolett (UV)/Vakuumultraviolett (VUV), sichtbaren oder nahen/fernen Infrarotbereich arbeiten?

Abbildung 5 zeigt die wichtigsten Lasertypen nach ihren Spektralbereichen geordnet. Die meisten Laser senden Infrarotstrahlung oder sichtbares Licht aus. In den letzten Jahren ist man jedoch immer weiter in den kurzwelligen Bereich vorgedrungen, zunächst mit Edelgaslasern, wie den Argonionenlasern, in den nahen UV-Bereich. Der Durchbruch zu Hochleistungslaserpulsen im nahen und mittleren UV kam dann mit der Entwicklung der Excimerlaser.

Besondere Techniken ermöglichen es, den Spektralbereich zu ergänzen beziehungsweise auszudehnen. Dazu zählt die *Frequenzvervielfachung*: Schickt man Licht einer Wellenlänge beziehungsweise einer Frequenz mit extrem hoher Intensität – wie sie nur die Laserstrahlung besitzt – durch geeignete Kristalle, so tritt danach nicht nur Licht derselben Frequenz wieder aus, sondern auch Licht der doppelten, dreifachen Frequenz usw. Dieser «Zaubertrick» ist die Frequenzvervielfachung. Die Intensität ist allerdings deutlich geringer. So kann ein Krypton-Fluorid-Laser nach Frequenzverdopplung nicht nur Licht von beispielsweise 248, sondern auch von 124 Nanometern aussenden, oder der häufig in der Medizin benutzte Neodym-YAG-Laser kann sowohl Licht der Wellenlänge 1060 als auch 530 Nanometer emittieren.

Manche Laser bieten schon von vornherein die Möglichkeit, mehrere Wellenlängen zu «wählen», zum Beispiel der mit Fluorwasserstoff betriebene chemische Laser oder der CO_2-Laser. Andere Laser erlauben es, irgendwelche Wellenlängen innerhalb eines bestimmten Spektralbereiches «herauszugreifen», beispielsweise Farbstoff- oder Halbleiterlaser (siehe Seite 47). In jüngerer Zeit wurde ein weiterer neuer Lasertyp entwickelt: der Freie-Elektronen-Laser, der mit einem Elektronenstrahl in einem Magnetfeld arbeitet. Dieses System verspricht hohe Durchschnittsenergien sowie hohe Spitzenleistungen und kurze Pulse über einen großen Wellenlängenbereich. Außerdem arbeiten Wissen-

Tabelle 2
Wichtigste Lasertypen mit ihren charakteristischen Eigenschaften und Beispielen für Einsatzgebiete

Lasertypen	Eigenschaften	Einsatzgebiete
Festkörperlaser		
Neodymlaser	Hohe Ausgangsleistung im Pulsbetrieb (Gigawatt) Hohe Leistung im kontinuierlichen Betrieb (bis 600 Watt) Geringe Divergenz	Materialbearbeitung (Bohren, Schweißen, Schneiden) Kernfusion Nachrichtenübertragung im Weltraum Militärische Systeme Medizin
Gaslaser		
Helium-Neon-Laser	Kontinuierlicher Betrieb bei geringer Leistung (bis 50 Milliwatt) Geringe Divergenz Geringer technischer Aufwand Preiswert	Längen- und Geschwindigkeitsmeßtechnik Holographie Optisches Lesen von Daten Fluchtung Gyroskop Supermarktscanner
Argon- und Krypton-Ionen-Laser	Kontinuierlicher Betrieb (0,1 bis 100 Watt)	Pumpquelle für Farbstofflaser Holographie Photochemie Kunst (Laser-Show)
Excimerlaser	Stark fokussierbar, da kurze Wellenlänge Sowohl gepulst hohe Spitzenleistungen (Mega- bis Gigawatt) als auch beträchtliche mittlere Leistungen (1 Watt bis Kilowattbereich)	Industrielle Anwendungen (Markierung, photochemisches Stanzen, Materialbearbeitung) Photochemie Medizin Kernfusion Laserwaffen
Kohlendioxidlaser (CO_2-Laser)	Geringe Leistung und hervorragende Strahlungsqualität (etwa 50 Watt)	Qualitätskontrolle Schadstoffbestimmung Dopplerradar

Tabelle 2 *(Fortsetzung)*

Lasertypen	Eigenschaften	Einsatzgebiete
	Mittlere Leistung im kontinuierlichen Betrieb (etwa 500 Watt)	Industrie (Kunststoffschweißen, Gravieren von Holz und Plexiglas, Ritzen von Metallen) Medizin (Laserskalpell)
	Hohe Leistung im kontinuierlichen Betrieb (bis 45 Kilowatt)	Industrie (Materialbearbeitung, Schmelzen, Bohren, Schneiden)
	Pulsbetrieb (100 Watt bis 1 Terawatt)	Optisches Radar über große Entfernungen Laserwaffen
Flüssigkeitslaser		
Farbstofflaser (Pumpquellen: Neodym-YAG-, Argon-Ionen-, Excimerlaser)	Wellenlängendurchstimmbarkeit Kontinuierlicher Betrieb (1 Milliwatt bis 1 Watt) Pulsbetrieb (bis Gigawatt)	Forschung (Spektroskopie, Photochemie, Atom- und Molekülphysik) Schadstoffüberwachung
Halbleiterlaser	Klein, preiswert Kontinuierlicher Betrieb (bis 10 Milliwatt) Pulsbetrieb (20 Watt)	Nachrichtenübertragung CD-Player-«Abtastnadel» Steuerung von Arbeitsmaschinen Lesestift in Registrierkassen Schadstoffüberwachung

schaftler an einer Ausdehnung des Laserprinzips in den Röntgenbereich, was jedoch auf erhebliche grundsätzliche Schwierigkeiten stößt. Einzelne Erfolge auf dem Weg zum «Plasma-Röntgenlaser» waren aber schon zu verzeichnen. Sowohl der Freie-Elektronen-Laser als auch der Röntgenlaser erfordern einen großen finanziellen und technischen Aufwand (siehe Seite 52).

Abb. 5 *Wellenlängen der wichtigsten Festfrequenzlaser beziehungsweise Wellenlängenbereiche der wichtigsten abstimmbaren Laser.*

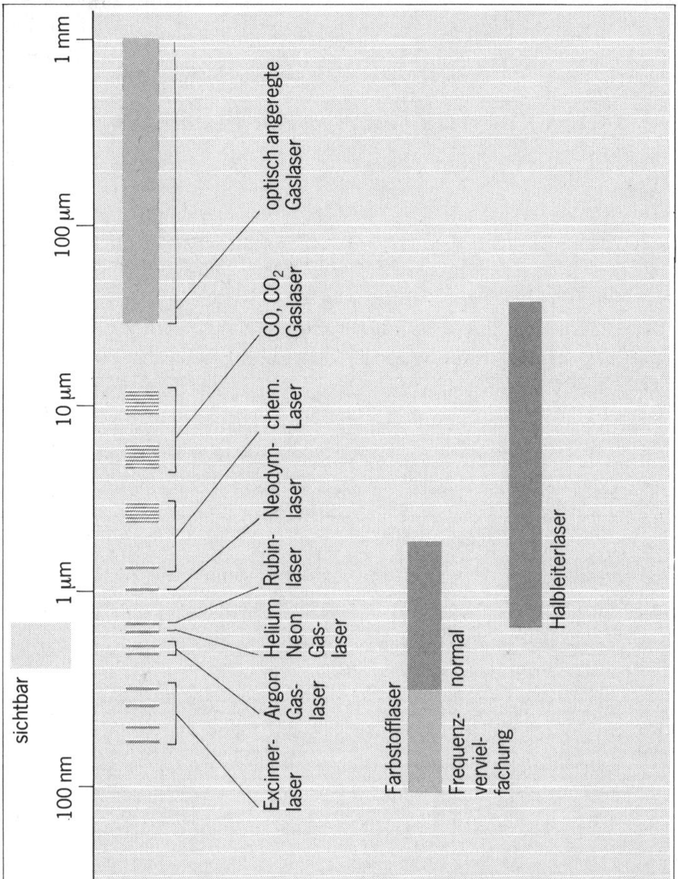
sichtbar
1 nm
10 nm
100 nm
1 µm
10 µm
100 µm
1 mm
„Röntgenlaser“
Excimer-laser
Argon Gas-laser
Helium Neon Gas-laser
Rubin-laser
Neodym-laser
chem. Laser
CO, CO_2 Gaslaser
optisch angeregte Gaslaser
Farbstofflaser
Frequenz-verviel-fachung
normal
Halbleiterlaser

Wie funktioniert ein Laser? – Der Trick mit der stimulierten Emission

Zur Realisierung eines Lasers benötigt man drei Grundbausteine:

- *Lasermaterial* (LM), auch aktives Medium genannt: Hier wird die Laserstrahlung durch *stimulierte Ausstrahlung* (Emission) erzeugt.
- *Energiezufuhr*, Pumpquelle (E): Mit dieser wird die für die stimulierte Anregung nötige Energie zugeführt, das Lasermaterial wird ständig «auf Trab» gehalten – es wird «gepumpt».
- *Resonator* (R) zur Rückkopplung der Laserstrahlung: Er besteht aus rückkoppelnden Elementen wie hochreflektierenden Spiegeln, zwischen denen Laserstrahlung aufgebaut und verstärkt wird.

Als Lasermedien können die verschiedensten Materialien dienen: Gase, Flüssigkeiten, Festkörper, Halbleiter oder Plasmen. Voraussetzung ist nur, daß sie eine ganz bestimmte Eigenschaft besitzen: die Fähigkeit, *durch stimulierte Emission Licht* – oder allgemein elektromagnetische Strahlung – *zu verstärken.*

Wovon hängt die Wahl des Lasermaterials im einzelnen ab? Zuerst natürlich von der Wellenlänge, auf der der Laser das Licht ausstrahlen soll. Soll die Strahlung intensiv oder sanft, gepulst oder kontinuierlich sein? Heute ist eine verwirrende Fülle von vielen tausend Substanzen bekannt, die prinzipiell Laserstrahlung aussenden können.

Die Anregung

Das Lasermaterial, die Anregungsquelle und der Resonator sind die Hauptbestandteile eines Lasers. Wie kommt es nun aber zur Laserstrahlung? Das Entscheidende dabei ist die *stimulierte Emission.* Sie entsteht durch Anregung des Lasermaterials, genauer: seiner Atome oder Moleküle.

Atome bestehen aus noch winzigeren Teilchen, einem positiv geladenen Kern, um den herum sich negativ geladene Teilchen (Elektronen) bewegen. Nach dem Schalenmodell von Niels Bohr können die Elektronen jedoch nur ganz bestimmte Abstände vom Kern einnehmen. Diese Einschränkung läßt sich vielleicht etwas leichter anhand eines Treppenmodells verstehen (Abb. 7a). Im Grundzustand liegen die Elektronen am «Fuß» der Treppe. Sobald sie nun Energie aufnehmen in Form von Wärme, Strahlung, durch Zusammenstoß mit schnellen Teilchen oder aus starken elektrischen Feldern, können sie auf eine höhere Stufe springen. Je größer die aufgenommene Energie ist, desto höhere Stufen können sie erreichen. (Nach dem Bohrschen Modell bewegen sie sich auf höheren Bahnen.) Jede Stufe entspricht einer ganz bestimmten Energie. Man sagt, die möglichen *Energiezustände* des Atoms sind *diskret* oder die *Energie ist gequantelt*. Dies ist ein ganz wichtiger Aspekt in der Atomphysik, den das Treppenmodell für ein Elektron anschaulich vor Augen führt, denn könnte das Elektron beliebige (kontinuierliche) Energien aufnehmen, so müßte es sich auch zwischen den Stufen aufhalten können. Das geht aber nicht; es kann sich nur stufenweise bewegen. Die Stufenabstände – auch Energieniveaus

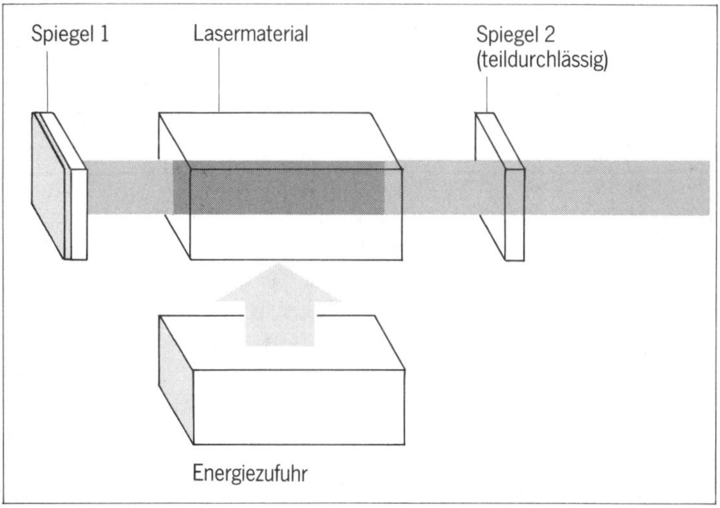

Abb. 6 *Aufbau eines Lasers (schematisch). Das System aus Spiegel 1 und Spiegel 2 bezeichnet man als Resonator.*

oder Energiezustände genannt – sind charakteristisch für jede Atomart. Natürlich müssen nicht alle Energieniveaus eines Atoms den gleichen Abstand haben. Im allgemeinen wird der Abstand zwischen den Niveaus mit steigender Energie kleiner, die Treppenstufen werden niedriger.

Die Anregung läßt sich also mit Hilfe eines sogenannten Energieschemas darstellen (Abb. 7). Daneben ist zur Verdeutlichung die dem Energieschema entsprechende Treppe gezeichnet. Dies ist sicherlich ein etwas einfaches Modell, aber es liefert wichtige Voraussetzungen, um das Prinzip des Lasers verstehen zu können.

Nun gibt es Laser mit Gasen als aktives Medium. Diese Gase können beispielsweise aus Atomen, Ionen (Argonionenlaser) oder Molekülen (Kohlendioxidlaser) bestehen. Ionen sind Teilchen, aus deren Verband ein oder mehrere Elektronen entfernt wurden, so daß sie nach außen hin positiv geladen sind. Moleküle bestehen aus mehreren Atomen. Das Zusammenwirken von Atomen beeinflußt jedoch das Energieschema erheblich. Die Energiestufen werden nun nicht mehr wie im Fall isolierter Atome allein durch die unterschiedlichen Elektronenzustände bestimmt, die in unserem Modell den Treppenstufen entsprachen, sondern es tauchen innerhalb einer Energiestufe noch kleinere Stufen auf, sogenannte *Schwingungs-* oder *Vibrationszustände*. Sie entstehen durch Schwingungen der Atome innerhalb der Moleküle gegeneinander. Ähnlich einer «russischen Puppe» kann ein Schwingungszustand noch weiter in zusätzliche Energiestufen aufgespalten werden, denn die Atome der Moleküle können sich auch noch um ihre Schwerpunktachsen drehen. Daher werden diese letztgenannten Zustände als *Rotationszustände* bezeichnet. Moleküle können also sehr viele Zustände einnehmen, die eng beeinander liegen, eine Eigenschaft, die sich für einige Lasertypen nutzen läßt (Abb. 7b).

Festkörper – zum Beispiel Rubin, das aktive Medium des Rubinlasers – besitzen anstelle der exakten Energiezustände sogar relativ breite Energiebänder. Die Atome in einem Festkörper sind nämlich nicht so beweglich wie in einem Gas, da sie wesentlich dichter zusammengerückt sind. Aufgrund der Vielzahl der Atome gibt es eine Unmenge dichtgepackter kleiner Stufen, die innerhalb einer großen Stufe nicht mehr unterschieden werden können. Auf diese Weise entstehen ganze *Energiebänder*, die sich in unserem Treppenmodell als schräge Stufen darstellen lassen (Abb. 7c). Ein Elektron kann jetzt folglich auch *inner-*

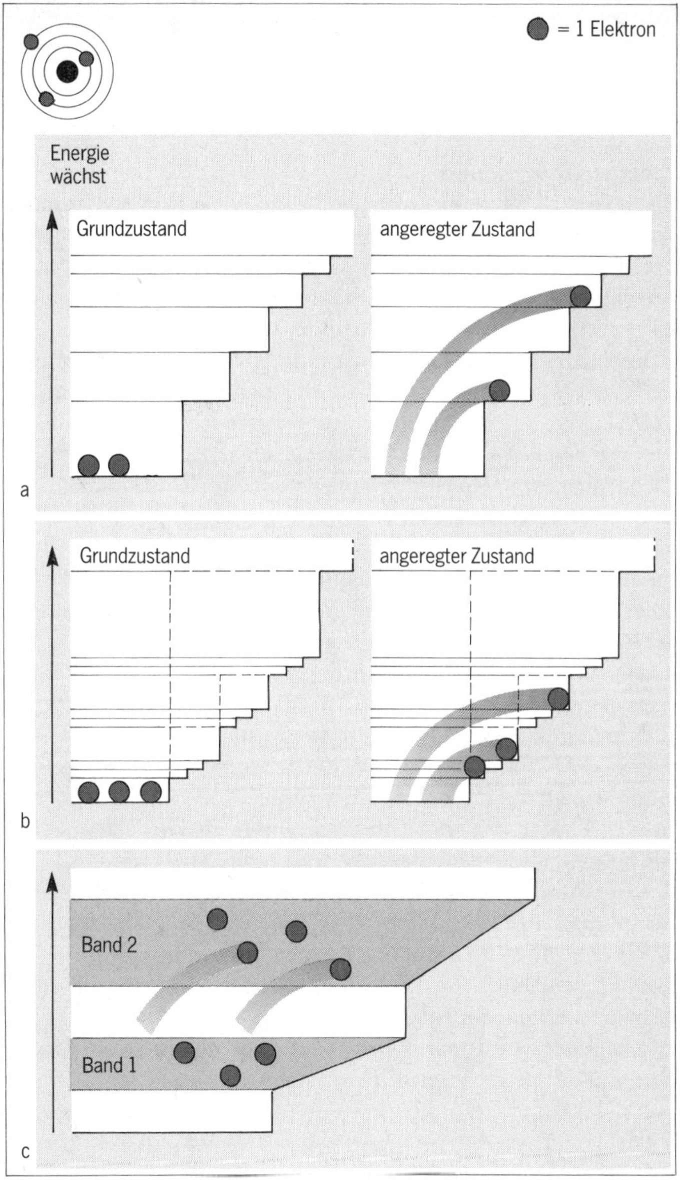
= 1 Elektron
Energie
wächst
Grundzustand
angeregter Zustand
a
Grundzustand
angeregter Zustand
b
Band 2
Band 1
c

halb einer solchen schrägen Stufe verschiedene Energien annehmen. Dies ist ein wichtiger Punkt, denn nun braucht es keine ganz genau abgestimmte Anregungsenergie mehr; die zur Anregung nötige Energie darf ruhig etwas schwanken.

Anregung von Atomen

Licht ist darstellbar als elektromagnetische Welle, und Atome nehmen es nur in ganz bestimmten Portionen auf, die als Lichtteilchen, Lichtquanten oder Photonen bezeichnet werden. Somit kann Licht auch als «Vereinigung» von Photonen betrachtet werden. Die Photonenfrequenz entspricht der Frequenz der elektromagnetischen Welle. Es gibt nun drei Prozesse, die bei der Anregung eines Atoms konkurrieren.

1. *Absorption.* Wenn man Licht einstrahlt, dessen Photonen eine Energie haben, die den Treppenstufenabständen entspricht, können die Elektronen auf eine höhere Stufe gelangen. Abbildung 8 zeigt dies für den Fall, daß nur ein Photon eingestrahlt wird. Das Atom nimmt ein Photon einer bestimmten Wellenlänge beziehungsweise Frequenz auf, es absorbiert dieses Photon. Welche Wellenlänge «geschluckt» werden kann, hängt vom Abstand der Treppenstufen ab, und dieser wiederum ist charakteristisch für das jeweilige Lasermaterial. Die eingestrahlte Energie kann noch so groß sein – wenn die Wellenlänge nicht genau dem Abstand der Energiezustände entspricht, können keine Photonen aufgenommen werden.

2. *Spontane Emission.* Im angeregten Zustand verweilt das Elektron nur etwa 10^{-8} Sekunden = 0,00 000 001 Sekunden! Dann springt es spontan wieder auf die untere Stufe zurück. Dabei gibt es das aufgenommene Photon wieder ab, das sich nun in eine beliebige Richtung weiterbewegt, also spontan ausgestrahlt – *emittiert* – wird. Alle «normalen» Lichtquellen, die Sonne genauso wie eine Glühbirne, senden Licht spontan aus, in fast jeder Frequenz. Darum erscheint ihr Licht weiß.

Den großen Durchbruch bringt der dritte Prozeß; er spielt die alles entscheidende Rolle für den Laser.

3. *Stimulierte Emission.* Wird ein zweites Photon von derselben Größe wie das erste eingestrahlt, so kann es das angeregte Elektron

Abb. 7 *Energieschemata mit den entsprechenden Treppenmodellen (a) eines Atoms, (b) eines Moleküls, (c) eines Festkörpers.*

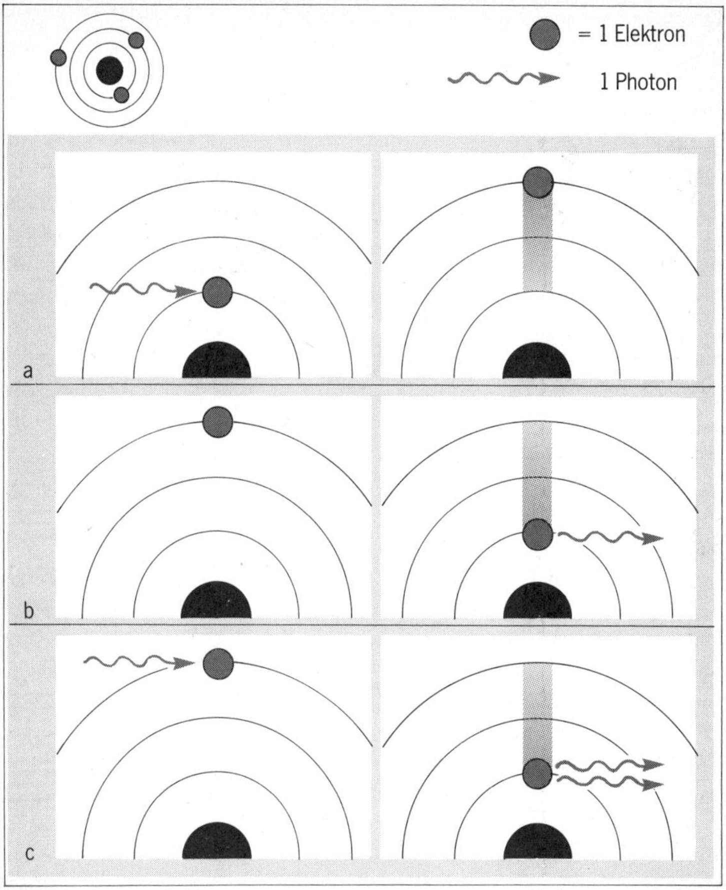

Abb. 8 *Die wichtigsten Prozesse bei der Anregung von Atomen: (a) Absorption, (b) spontane Emission, (c) stimulierte Emission.*

veranlassen, wieder in den unteren Zustand überzugehen, bevor es spontan sowieso «nach unten» fallen würde. Dabei werden sowohl das absorbierte Photon als auch das zweite aufgenommene Photon gleichzeitig und mit derselben Phase wieder ausgestrahlt. Beide Photonen bewegen sich anschließend in die gleiche Richtung weiter. Dieser Vorgang wird *stimulierte* oder *induzierte Emission* genannt, weil die Ausstrahlung durch das zweite Photon «erzwungen» wird. *Da sowohl die Ausstrahlungsrichtungen als auch die Phasen und die Wellenlängen der beiden Photonen absolut gleich sind, wird das emittierte Licht intensiver* (siehe Seite 19).

Natürlich reicht die Lichtverstärkung durch zwei Photonen nicht aus. Diese können nun aber ihrerseits wieder zwei angeregte Elektronen synchron abrufen, die dann in den unteren Zustand gehen und zwei zusätzliche Lichtquanten aussenden. Somit hat sich die Anzahl gleich großer Photonen auf vier verdoppelt, die jetzt alle in dieselbe Richtung fliegen. Setzt sich dieser Prozeß fort, so kommt es zu einer lawinenartigen Verstärkung, und es entsteht eine Laserstrahlung von hoher Intensität, da die Anzahl der Photonen gleicher Größe und Richtung vervielfacht wird (Abb. 9).

Somit wäre das Geheimnis des Lasers gelüftet: Der Laser ist «nichts anderes» als ein Lichtverstärker durch stimulierte Emission.

Inversion

Die lawinenartige Verstärkung des Lichts wäre der ideale Fall. Aber leider sind die spontane Emission und die Absorption Prozesse, die mit der stimulierten Ausstrahlung konkurrieren. Wie läßt sich nun aber die für den Laserprozeß notwendige induzierte Emission begünstigen? Dazu ist ein weiterer Trick notwendig:

Man muß dafür sorgen, daß es viel mehr angeregte als nichtangeregte Atome im Lasermedium gibt, daß sich also viel mehr Elektronen im angeregten (E2) als im Grundzustand (E1) befinden (Abb. 10). Es muß eine Umkehr in der Besetzung der Energieniveaus stattfinden, denn ohne äußere Einwirkung befinden sich immer mehr Elektronen im Grundzustand als im angelegten Zustand. Diese Verteilung der Elektronen auf die beiden Zustände entspricht dem Gleichgewichtszustand. Die wichtige Voraussetzung für die Laserstrahlung ist deshalb eine Umkehr in der Besetzung der Energieniveaus, und diese wird Inversion genannt. Die Inversion ist ein Nichtgleichgewichtszustand. Um ihn aufrechtzuerhalten, ist eine fortwährende Energiezufuhr nötig. Ständig muß gepumpt werden, denn die Elektronen sind bestrebt, in den Grund- und damit in den Gleichgewichtszustand zurückzufallen. Die Physik zeigt, daß die Elektronen die einzelnen Energieniveaus nach der sogenannten

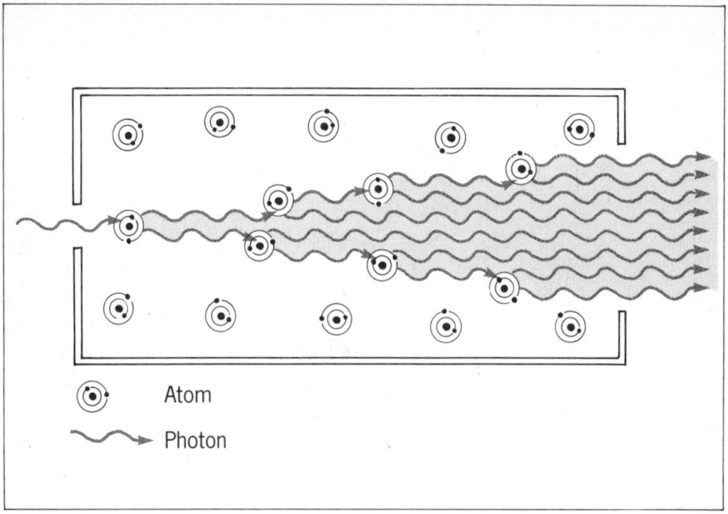

Abb. 9 *Lawinenartige Lichtverstärkung.*

Boltzmann-Verteilung besetzen, der zufolge sogar bei unendlich hohen Temperaturen, die nicht realisierbar sind, gerade höchstens genauso viele Elektronen im unteren wie im oberen angeregten Niveau sind. Bei Raumtemperaturen ist das untere Niveau viel stärker besetzt, so daß hier die Absorption begünstigt wird. Die spontane Emission, die dem Laserprozeß entgegenwirkt, ist um so stärker, je größer die Frequenz beziehungsweise je kleiner die Wellenlänge ist, und stört somit den Laserprozeß: sie verursacht das sogenannte «Laserrauschen». Je größer die Frequenz der Laserstrahlung werden soll, desto schwieriger wird es, eine Inversion zu erzeugen, da die Abstände zwischen den Energieniveaus immer größer werden und die Elektronen sich nicht mehr so leicht anregen lassen. In einem *Zwei-Niveau-System* wie in Abbildung 10 ist daher die induzierte Emission gerade noch für den Mikrowellenbereich realisierbar. Man erhält aber höchstens eine Gleichbesetzung der beiden Niveaus, ein Zustand, in dem Absorption und Emission gleich groß sind. Da aber eine Inversion für eine kohärente Strahlung unerläßlich ist, bleibt letztlich nur ein realisierbarer Weg übrig: die Entfernung

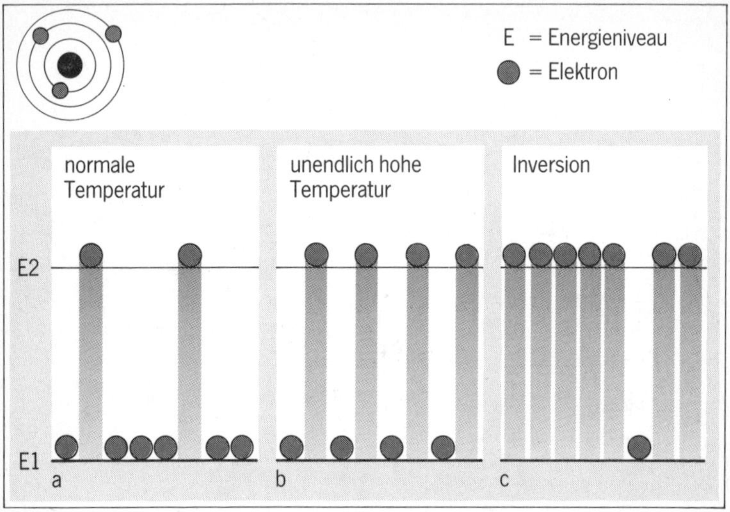

Abb. 10 *Zum Verständnis der Inversion zeigt die Abbildung die Elektronenverteilung bei verschiedenen Temperaturen.*

der Elektronen aus dem unteren Niveau. Technisch läßt sich dies durch starke elektrische oder magnetische Felder erreichen.

Um Laserstrahlung im sichtbaren oder gar im UV- oder Röntgenbereich des Wellenspektrums zu erzeugen, reichen allerdings zwei Energieniveaus nicht aus. So hoch die Lichtintensität auch ist, sie vermag keine Inversion zu erzeugen, da die Wahrscheinlichkeit für spontane, die Umkehr hemmende Emissionen in diesem Wellenlängenbereich zu groß ist. Es kann mit den mathematischen Methoden der Quantenmechanik gezeigt werden, daß auch alle anderen Anregungsmöglichkeiten bei einem solchen System scheitern, denn zu jedem induzierten Prozeß existiert der konkurrierende Umkehrprozeß. Die Lösung ist ein Drei- oder Vier-Niveau-System (Abb. 11).

Es sind mindestens drei Energieniveaus notwendig, um eine Inversion zu erzeugen. Regt man die Atome des Lasermediums an, werden die Elektronen aus dem Grundzustand E1 zum Beispiel bei einem *Drei-Niveau-System* (Abb. 11 a) in das obere Niveau E3 angehoben. Danach wechseln die Elektronen schnell, ohne Strahlung auszusenden, in das

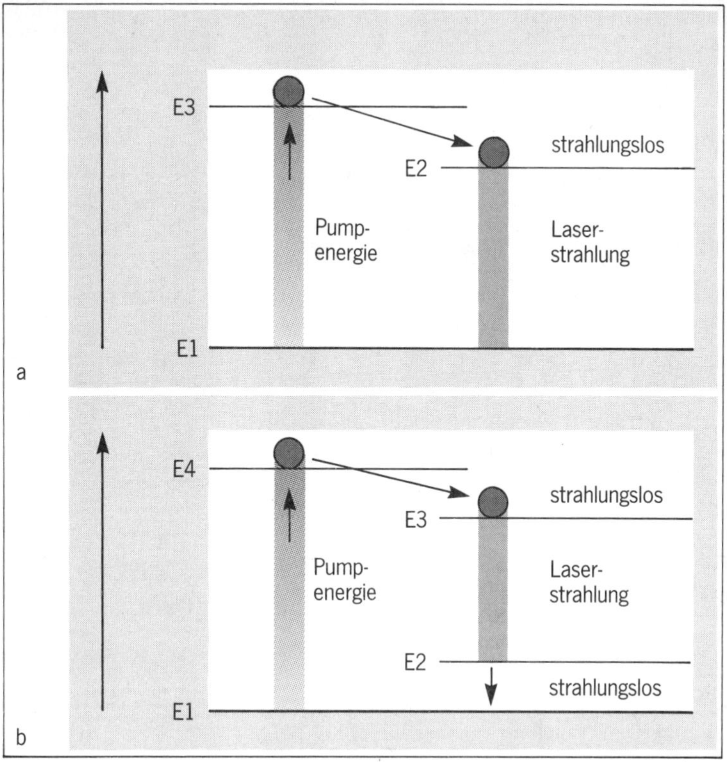

Abb. 11 *Drei-Niveau-Laser-System (a) und Vier-Niveau-Laser-System (b).*

Niveau E2, das «Sammelbecken». Dieses «Sammelbecken» ist das obere Laserniveau, hier befinden sich nun viel mehr Elektronen als im Grundzustand E1, dem unteren Laserniveau. Es hat eine Inversion stattgefunden. Eine solche Inversion kann mittels verschiedener Methoden erreicht werden, zum Beispiel durch Anregung mit Licht, das sogenannte optische Pumpen, wobei dem Lasermaterial mittels einer starken Lichtquelle Energie zugeführt wird. In dem oberen Laserniveau haben die Elektronen eine relativ lange Verweilzeit; sie warten gewissermaßen, bis sie stimuliert, abgerufen werden, um dann schließlich

Laserstrahlung auszusenden. Mit einem Drei-Niveau-System gelingt es also, die größere Pumpfrequenz des anregenden Lichts von der kleineren Frequenz der stimulierten Emission zu entkoppeln.

Ein solches Drei-Niveau-System, das etwa dem Rubinlaser zugrunde liegt, ist allerdings noch nicht optimal. Es hat den Nachteil, daß zur Erzeugung einer Inversion mehr als die Hälfte der laseraktiven Teilchen in das obere Laserniveau gebracht werden muß, was eine hohe Pumpleistung erfordert.

Abhilfe schafft ein zusätzliches unbesetztes Niveau E2 (Abb. 11 b), das als unteres Laserniveau dient. Aus dem Drei-Niveau-System ist also ein *Vier-Niveau-System* geworden. Bei ihm erfolgt die Laseremission zwischen den Niveaus 3 und 2, denn der untere Laserzustand ist vor Beginn der Laseremission leer, und eine Inversion kann sich daher leicht aufbauen. Nunmehr reicht schon eine relativ geringe Pumpleistung – wesentlich niedriger als beim Drei-Niveau-Laser – aus, um eine Inversion zu erzeugen. Deshalb liegt fast allen Lasertypen ein Vier-Niveau-System zugrunde.

Die Energiezufuhr

Die Energiezufuhr zur Erzeugung der Inversion ist von Laser zu Laser verschieden, da sie vom Lasermaterial bestimmt wird. Laser werden auf unterschiedlichste Art und Weise angeregt:

- *Durch Lichtquellen:*
  Blitzlampe;
  kontinuierliche Leuchtstoffröhre (ähnlich der im Haushalt gebräuchlichen);
  zweiter Laser (zum Beispiel Excimerlaser für Farbstofflaser).
  Diese Energiezufuhr mittels einer Lichtquelle nennt man, wie schon erwähnt, optisches Pumpen.
- *Durch eine Gasentladung:*
  Diese Pumpmethode ist charakteristisch für die große Gruppe der Gaslaser, zum Beispiel Kohlendioxid- oder Excimerlaser. Hierbei wird eine Inversion durch Elektronenstoß in einer Gasentladungsröhre erzeugt. Elektronen nehmen durch Beschleunigung in einem elektrischen Feld Energie auf, die sie dann durch Zusammenstoß mit Atomen, Molekülen oder Ionen des laseraktiven Gases abge-

ben; dies nennt man Stöße erster Art. Bei manchen Lasergasen ist die Anregung etwas komplizierter. Hier setzt man Hilfsgase zu, die zunächst von den beschleunigten Elektronen gestoßen werden und dann durch Stöße Anregungsenergie an das Lasergas abgeben; sie werden daher als Stöße zweiter Art bezeichnet.

– *Durch chemische Anregung:*
Bekanntlich gibt es chemische Reaktionen, bei denen Wärme erzeugt wird. Mit dieser freiwerdenden chemischen Energie wird dem Lasermaterial «Feuer gemacht», um es zum Lasen anzuregen, zum Beispiel beim Fluorwasserstoff-Moleküllaser:

$$H_2 + F \rightarrow HF^* + H \; (+ \text{Wärme})$$

Wasserstoffgas und atomares Fluorgas verbinden sich zu angeregtem Fluorwasserstoff (HF^*), der beim Zurückfallen in den nichtangeregten Zustand Laserstrahlung abgibt. Außerdem entstehen atomarer Wasserstoff und Wärme. Die chemische Energie pro Volumen kann sehr groß sein. Durch chemische Anregung kommt man somit zu sehr leistungsstarken Lasern.

– *Durch elektrische Anregung:*
Diese Art der Anregung wird bei Halbleiterlasern verwendet. Man läßt durch den Halbleiter einen elektrischen Strom fließen, durch dessen direkte Wirkung die Inversion erzeugt wird (siehe Seite 47f).

Tabelle 3
Einige Beispiele für Lasertypen und ihre Anregungen

Typ (Material)	Anregung
Gaslaser Helium-Neon-Laser Kohlendioxidlaser (CO_2-Laser)	Gleichstrom-Gasentladung
Flüssigkeitslaser Farbstofflaser	Optisches Pumpen mit Blitzlichtlampe, Excimerlaser, Argon-Ionen-Laser
Festkörperlaser Rubinlaser, Neodymlaser	Optisches Pumpen mit Lampen, zum Beispiel Xenon- oder Quecksilberlampen
Halbleiterlaser Gallium-Arsenid-Diodenlaser	Elektrischer Strom

Der Resonator

Nachdem die Pumpenergie eine Besetzungsinversion im Lasermaterial erzeugt hat, kommt es zunächst zu spontanen Emissionen in alle Richtungen. Diese induzieren dann weitere Ausstrahlungen in Nachbaratomen – der «Lawineneffekt» tritt ein. Wie läßt sich nun aber die Emissionsintensität noch weiter erhöhen? Man vergrößert einfach die Strecke, die das Licht im laseraktiven Medium zurücklegt. So kann man durch Verlängern des Lasermaterials den Lichtweg ausdehnen. Hat es zum Beispiel die Form eines langgestreckten Zylinders, dann wird entlang der Zylinderachse wesentlich mehr stimulierte Strahlung auftreten als senkrecht zu ihr. Ist das Licht auf diesem langen Weg genügend verstärkt, tritt zu beiden Seiten Laserlicht aus. Ein zu 100 Prozent reflektierender Spiegel (Spiegel 1 in Abbildung 6, S. 33), der auf einer Seite des Mediums aufgestellt wird, erhöht durch Reflexion die Strahlung weiter; der Strahl wird *rückgekoppelt*. Setzt man nun einfach einen zweiten Spiegel auf die andere Seite, kann das Licht durch mehrmalige Reflexion an beiden Spiegeln einen sehr langen Weg zurücklegen und durch weitere stimulierte Emissionen zu Laserstrahlung verstärkt werden.

Wenn der zweite Spiegel *teildurchlässig* ist, also eine Reflexion unter 100 Prozent besitzt, wird ein Teil des Lichts dort nicht zurückgeworfen, sondern durchgelassen. Der Laserstrahl wird *ausgekoppelt*.

Diese Spiegelanordnung wird *Resonator* genannt. Während bei einem Lautsprecher oder einer Gitarre die Resonanzraumabmessungen in der Größenordnung einer Wellenlänge liegen, können bei einem Laserresonator (optischer Resonator) viele Wellen anschwingen, da der Resonator im Vergleich zu den Wellenlängen des Lichts sehr groß ist. Es bilden sich durch Reflexionen an den Resonatorwänden sogenannte stehende Lichtwellen aus (Abb. 6). Diese dem Resonator eigenen Schwingungen werden häufig mit dem englischen Wort *mode* Resonanzfrequenz) bezeichnet. Alle anderen Frequenzen außer den Resonanzfrequenzen werden unterdrückt. Typische Resonatorabmessungen variieren von 1 Meter bei Gaslasern bis zu 1 Millimeter bei Halbleiterlasern.

Somit wird die Frequenz des Laserlichts grob durch die Art des aktiven Materials und fein durch den aus beiden Spiegeln gebildeten Resonator bestimmt.

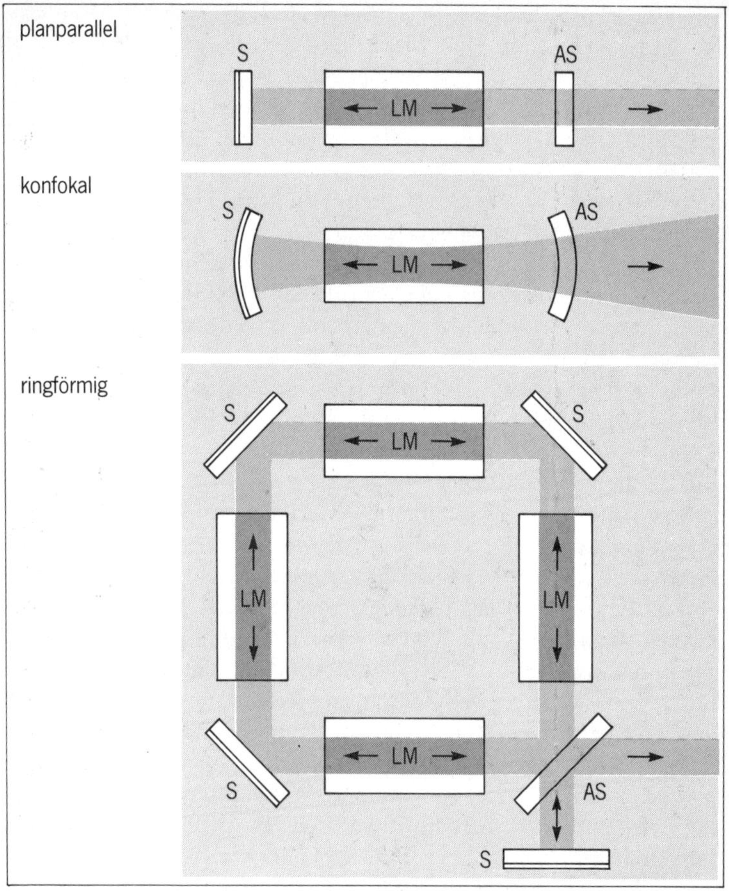

Abb. 12 *Verschiedene Resonatortypen (S = Spiegel, LM = Lasermaterial). Jeder Resonator hat einen Auskoppelspiegel (AS), der für die Strahlung teildurchlässig ist.*

Es gibt sehr viele verschiedene Resonatortypen: Die Anordnung aus parallelen ebenen (planparallelen) Spiegeln (Abb. 12a) hat den Vorteil, daß ihr Abstand beliebig vergrößert werden kann. Dafür erfordert allerdings die Spiegelausrichtung höchste Genauigkeit, und die Empfindlichkeit gegen Erschütterung ist sehr groß.

Natürlich werden nicht nur planparallele Spiegel benutzt. Tauscht man diese gegen gekrümmte (sphärische) Spiegel aus, so erhält man den sogenannten konfokalen Resonator (Abb. 12b), bei dem der Krümmungsradius der Spiegel einen bestimmten Abstand vorgibt. Der konfokale Resonator muß weniger genau justiert werden und verursacht die geringsten Strahlungsverluste.

Ein Resonator muß nicht immer nur aus zwei Spiegeln aufgebaut sein. Es gibt auch Anordnungen mit drei und mehr Spiegeln. Hier wird das Licht nicht hin- und herreflektiert, sondern durchläuft einen ringförmigen Weg (Abb. 12c). Man charakterisiert einen Resonator durch seine *Güte*. Je größer die Verluste sind, desto geringer ist seine Güte und umgekehrt (siehe dazu auch Seite 49 f).

Der Laser, ein «optischer Oszillator»

Ein Oszillator hat die Eigenschaft, selbsterregt ständig Schwingungen zu produzieren, wenn sein Schwingungsvorgang erst einmal in Gang gesetzt ist – beispielsweise ein zu stark aufgedrehtes Hörgerät, das plötzlich unabhängig vom Eingangssignal zu pfeifen beginnt.

Auch einen Laser kann man als Oszillator auffassen. Er ist definitionsgemäß ein Gerät, das Licht durch stimulierte Emission verstärkt. Durch Kombination des verstärkenden Mediums mit einem optischen Resonator wird er zu einem Laser-Oszillator, der in einer oder mehreren seiner Resonanzfrequenzen schwingt.

Wird ein Laser betrieben, gibt es beim Pumpen eine charakteristische Schwelle. Nur oberhalb dieser Schwelle kann Laserstrahlung ausgesandt werden. Wo aber liegt sie? Führt man dem Lasermaterial mit der Pumpquelle Energie zu, so geben die spontan emittierten Photonen den Startschuß zu den darauffolgenden stimulierten Emissionen. Eine spontane Ausstrahlung bedeutet aber auch gleichzeitig Verluste, solange noch keine Inversion vorliegt. Bei steigender Pumpleistung gleicht dann die Verstärkung infolge induzierter Emissionen diese Schwäche (Verluste) aus. Dies ist der entscheidende Punkt: Hier setzt abrupt Laseremission ein, bei der die Anzahl der stimuliert emittierten Photonen lawinenartig anwächst, wenn nicht noch weitere Verluste im System auftreten. Solche Verluste entstehen beispielsweise durch Reflexion und Streuung im Resonator; außerdem geht dem

Schwingvorgang der Anteil des ausgekoppelten Laserstrahls verloren, und darüber hinaus wird ein großer Teil der Pumpleistung in Wärme umgewandelt. Der Zustand, der erreicht werden muß, um die «Lawine» auszulösen, in dem der Oszillator also beginnt, selbsterregt zu schwingen, wird *Schwellenbedingung* genannt.

Wellenlängendurchstimmbarkeit

Es gibt Laser, bei denen man sich innerhalb eines begrenzten Wellenlängenintervalls eine bestimmte Wellenlänge «herausgreifen» kann. Diese Möglichkeit bieten Farbstofflaser im sichtbaren und Halbleiterlaser im infraroten Spektralbereich.

Das aktive Medium des Farbstofflasers ist eine Farbstofflösung. Farbstoffmoleküle absorbieren Licht in einem weiten Wellenlängenbereich und senden Licht niedrigerer Energie in einem breiten Spektrum wieder aus. Jede Farbstoffsorte «verschluckt» aber ganz charakteristische Wellenlängen. Das Farbstoffenergieschema ähnelt einem Vier-Niveau-System (Abb. 11). Das untere Laserniveau ist relativ breit. Daher emittiert der Farbstofflaser Licht über einen relativ großen Wellenlängenbereich.

Hierin zeigt sich die Raffinesse des Farbstofflasers: er bietet die Möglichkeit, innerhalb dieses breiten Spektrums einzelne Wellenlängen herauszufiltern. Dafür sorgt zum Beispiel ein Prisma mit seinem bekannten Regenbogeneffekt. So wie es einen Strahl weißen Sonnenlichts in viele Strahlen unterschiedlicher Farbe zerlegt, die es in verschiedene Richtungen verlassen, so kann man mit einem Prisma im Laserresonator durch seine Ausrichtung bestimmte Wellenlängen auswählen. Dies ist die so wichtige *Wellenlängendurchstimmbarkeit*, die den Farbstofflaser zu einem universellen Instrument für viele Anwendungen macht.

Beim Halbleiterlaser muß man sich anderer Techniken beim Durchstimmen bedienen, denn er besitzt nicht den üblichen Resonatoraufbau mit äußeren Spiegeln. Das aktive Medium besteht aus einem nur etwa 1 Kubikmillimeter großen Halbleiterwürfel. Die parallel geschliffenen Kristallendflächen dienen gleichzeitig als Spiegel. Halbleiter haben keine diskreten Energieniveaus, sondern Energiebänder (Abb. 7c, S. 35). Das bei Raumtemperatur kaum mit Elektronen besetzte sogenannte *Leitungsband* ist der obere und das sogenannte *Valenzband* der untere Laserzustand. Legt man einen elektrischen Strom an den Halbleiter an, kommt es zum Treppensprung der Elektronen ins Leitungsband. Im Valenzband bleiben dann sogenannte «Löcher» zurück, die wie eine positive Ladung zu betrachten sind. Nach einer kurzen Verweilzeit von 10^{-10} Sekunden vereinigen sich die Elektronen wieder mit den Löchern; Elektronen wandern wieder ins Valenzband und geben dabei Strahlung ab. Dieser Vorgang wird *Rekombination* genannt. Außerdem baut man in den Halbleiter Fremdatome ein, die mehr Elektronen oder weniger Elektronen («Löcher») besitzen als das Grundmaterial. Man nennt diesen Prozeß *Dotierung*. Ein reiner Halbleiter wird nun von einer Seite negativ (Elektronen) und von der anderen Seite positiv (Löcher) dotiert, so daß eine Art Diode entsteht. Ein elektrischer Strom kann eine ausreichende Inversion erzeugen, so daß sich aus der spontanen Emission, die bei der Rekombination von Elektronen und Löchern entsteht, eine stimulierte Emission entwickeln und verstärken kann.

Beim Halbleiterlaser ist das Geheimnis des Durchstimmens ein ganz anderes; es ist dazu lediglich eine gezielte Temperaturänderung nötig, durch die sich der Abstand zwischen Leitungs- und Valenzband und damit die ausgestrahlte Wellenlänge ändert. Ebenso läßt sich eine Laserwellenlänge auswählen, wenn auf die Halbleiterdiode ein mechanischer Druck ausgeübt wird.

Die Erzeugung kurzer intensiver Pulse

Kontinuierlich arbeitende Laser, also Laser, die ständig Licht ausstrahlen, erzielen je nach Typ bis zu 25 Kilowatt Ausgangsleistung, zum Beispiel der Kohlendioxidlaser. Einer Steigerung der Lichtintensität durch Erhöhung der Anregungsleistung sind jedoch technisch kaum überwindbare Grenzen gesetzt. Eine Blitzlichtlampe beispielsweise würde explodieren, wenn man die Entladungsenergie immer weiter erhöhte. Ein Gasentladungsrohr wiederum würde von einer bestimmten Größe des Entlastungsstromes an zu schmelzen beginnen. Doch gibt es andere Möglichkeiten, die Ausgangsleistung zu vergrößern. Eine Intensitätssteigerung erreicht man durch gleichzeitige Herabsetzung der Strahlungsdauer. Man erhält so bei Festkörperlasern eine Lichtpulsdauer von nur 10^{-11} Sekunden, dafür allerdings mit einer Leistung von einer Billion (10^{12}) Watt! Diese Leistung übersteigt also für winzigste Bruchteile von Sekunden die mittlere Energieversorgungsleistung der Welt! Die Erzeugung kurzer intensiver Pulse ist besonders für die Forschung und Materialverarbeitung von großer Bedeutung.

Normaler Pulsbetrieb

Es gibt Laser – etwa den Rubinlaser –, die «von Natur aus» im Pulsbetrieb arbeiten; dazu wird eine gepulste Pumpquelle verwendet. Das hat den Vorteil, daß nun die Anregungsleistung Spitzenwerte annehmen kann, da sie ja nur sehr kurze Zeit vorliegen muß. Eine Xenon-Blitzlichtlampe zum Beispiel kann nun sogar Leistungen von einer Million Watt (gegenüber 1000 Watt bei normalem Dauerbetrieb) aushalten, ohne zu explodieren. Das ist eine tausendfache Leistungssteigerung.

Güteschaltung (Q-Switch)

Mit Hilfe der Güteschaltung läßt sich die Pulsdauer weiter schrumpfen bis um den Faktor 10 bis 100. Der Trick dieser Methode besteht darin, Energie im Resonator zu speichern und sie *plötzlich* freizusetzen. Das Prinzip der Güteschaltung (englisch: Quality = Güte, Switch = Schalter) soll am Beispiel einer Wasserpumpe verdeutlicht werden (Abb. 13). Eine Pumpe befördert gerade so viel Wasser in ein Becken, wie durch eine Öffnung wieder herausfließt. Dabei bleibt im Gleichgewicht der Wasserpegel immer auf derselben Höhe (stationärer Betrieb). Auch ein Laser, der stationär betrieben wird, erreicht einen gewissen «Pegelstand» n_p, wenn durch Pumpen ebenso viele Elektronen in das obere Laserniveau gehoben werden, wie durch stimulierte Emission wieder in das untere Niveau abwandern. Daher bleibt die Anzahl der induzierten Photonen und damit die Laserintensität konstant. Verschließt man nun die Öffnung des Wasserbeckens mit einem Stöpsel, so kann der Pegel bis zum Deckel des Beckens ansteigen, und das Wasser wird gespeichert.

Genau so einen «Stöpsel» brauchen wir auch für unseren Laser, damit der obere Laserzustand maximal besetzt werden kann. Man muß folglich dafür sorgen, daß eine Zeitlang keine Rückkopplung stattfindet. Die Güte des Resonators (siehe Seite 46) muß also künstlich «verschlechtert» werden, damit die Verluste groß sind und die ganze Anregungsenergie zur Besetzung des oberen Niveaus ausgenutzt werden kann. Dann sind quasi alle Elektronen im angeregten Zustand, und es besteht eine maximale Besetzungsinversion mit einer Teilchendichte n_{max}, die jetzt wesentlich über der Teilchendichte des Gleichgewichtszustandes n_p liegt. Der Stöpsel ist ein «abgedeckter» Resonatorspiegel. Er bewirkt, daß der Laseroszillator nicht anschwingen kann, da die Verstärkung nicht mehr ausreicht, um den Laserprozeß in Gang zu bringen. Auf diese Weise läßt sich im laseraktiven Medium Energie speichern, die nun jederzeit abrufbereit ist.

Hat der Wasserstand seine Pegelmarke erreicht und wird der Stöpsel herausgenommen, strömt das Wasser mit großem Druck aus. Es fließt jetzt einen kurzen Moment lang mehr Wasser hinaus als im stationären Betrieb. Gibt man entsprechend den abgedeckten Spiegel frei, ist der Resonator wieder optimal, und Laserstrahlung kann entstehen. Ein spontan emittierendes Elektron kann jetzt in einer sehr kurzen Zeit die schon bekannte lawinenartige Lichtverstärkung herbeiführen, und das obere Laserniveau wird freigeräumt. *Die gesamte gespeicherte Energie wird durch dieses Verfahren in einen einzigen sehr kurzen Lichtpuls* (Riesenimpuls oder englisch giant pulse) *«gezwängt»*.

Beeinflußt wird der Riesenimpuls in seiner Intensität und Dauer durch die Zeit, die benötigt wird, den Stöpsel herauszuziehen, also den Resonatorspiegel wieder freizugeben. Dies kann durch verschiedene *Schaltertypen* gesteuert werden.

Es gibt zum Beispiel *mechanische* Schalter wie Drehspiegel oder Prisma oder *elektrooptische* Schalter wie die sogenannte Pockelszelle. Aber auch *sättigbare Absorber* werden verwendet. Sie bestehen beispielsweise aus einer Farbstofflösung, die das Laserlicht bis zu einer bestimmten Intensität «schlucken» kann und dabei immer mehr ausbleicht, bis der Farbstoff dann für das Laserlicht durchlässig wird. Die Schaltzeit dieser optischen Schalter, also die Zeitspanne, in der der Güteschalter geöffnet ist, dauert bei den meisten mechanischen Schaltern mit 1 millionstel Sekunde am «längsten» und beträgt beim elektrooptischen nur 1 milliardstel Sekunde.

Neben dem normalen Pulsbetrieb und der Güteschaltung gibt es noch eine andere Methode, kurze Pulse zu erzeugen: die *Modenkopplung*. Sie ist das beste, aber auch das komplizierteste Verfahren. Es verringert die Pulsdauer nochmals um den Faktor 10 bis 1000. Mit Hilfe der sogenannten Modenkopplung sind Pulse im Pikosekundenbereich (10^{-12} Sekunden), ja sogar im Femtosekundenbereich (10^{-15} Sekunden) erreicht worden. Dabei werden mittels bestimmter Techniken

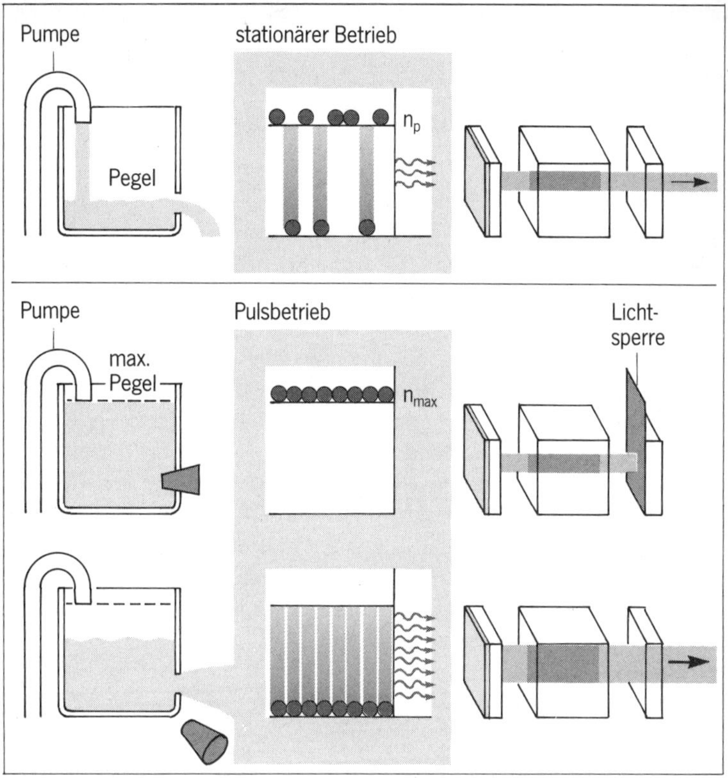

Abb. 13 *Erzeugung extrem kurzer Laserpulse: Prinzip der Güteschaltung (● = 1 Elektron)*

viele Frequenzen im Resonator überlagert. Man spricht von Frequenzüberlagerung oder auch Modenkopplung. Ein solcher modengekoppelter Laser sendet bei kontinuierlicher Anregung eine Folge sehr kurzer Pulse in gleichbleibenden Zeitabständen aus.

Zukünftige Entwicklungen – der Weg in den Röntgenbereich

Die wohl ungewöhnlichste und abenteuerlichste Art, kohärente Strahlung zu erzeugen, ist ein *Röntgenlaser.* Zu den erfolgversprechenden Systemen zählen der Plasma-Röntgen-, der Freie-Elektronen-Laser sowie Methoden der sogenannten nichtlinearen Optik, wie die oben erwähnte Frequenzvervielfachung von Laserstrahlung. Der Begriff «Röntgenbereich» wird oft großzügig für Wellenlängen ausgelegt, die kleiner als 100 Nanometer sind (siehe Abb. 2, S. 20).

Der Öffentlichkeit wurde der Begriff Röntgenlaser oder X-Ray-Laser erstmals im Zusammenhang mit dem SDI-Programm der USA vorgestellt. Mittlerweile ist die Erzeugung von Röntgenlaserstrahlung für zivile Anwendungen in den Vordergrund gerückt. Ungeahnte Anwendungsmöglichkeiten würden sich ergeben: Dem Mikrokosmos könnten bislang noch verborgene Geheimnisse entlockt werden, sowohl im Bereich der Atom- und Molekülphysik als auch bei der Erforschung biologischer Strukturen. 50 Nanometer kleine Strukturen von Rattenspermien konnten bereits zweidimensional aufgelöst werden. Dabei ist wohl das ehrgeizigste Ziel die Röntgenholographie, die es ermöglichen könnte, dreidimensionale Bilder solcher winzigsten Strukturen herzustellen.

Doch stößt man bei den Entwicklungsarbeiten auf große prinzipielle Schwierigkeiten: Je kürzer die Wellenlänge ist, um so mehr überwiegt die spontane Emission gegenüber der induzierten, die ja für das «Lasern» notwendig ist. Deshalb müssen extrem hohe Pumpintensitäten aufgebracht werden. Zur Anregung einer Laserstrahlung im weichen Röntgenbereich von 10 Nanometern ist bereits eine Intensität von über einem Terawatt pro Quadratzentimeter erforderlich. Derartige und noch größere Intensitäten können erst seit kurzem mit modernen Hochleistungslasersystemen auch in kleineren Laboratorien erzeugt werden, so daß die Entwicklung von kohärenten Röntgenquellen vor einem Durchbruch steht.

Plasma-Röntgenlaser

Das laseraktive Medium des Röntgenlasers besteht aus einem hocherhitzten Plasma. Ein Plasma ist ein stark ionisiertes Gas, das heißt, den einzelnen Atomen sind sehr viele Elektronen entzogen. Es kann auf verschiedene Weise erzeugt werden. In den Anfängen der militärischen Röntgenlaserforschung geschah dies durch eine Kernexplosion. Mit einem Zinkplasma konnte auf diese Weise Röntgenstrahlung mit einer Wellenlänge von 1,42 Nanometern erzeugt werden.

Dieser durch eine Kernexplosion betriebene Laser hat einen ganz entscheidenden Nachteil: Er zerstört sich selbst. Außerdem entsteht bei der Explosion radioaktives Material, und es stellt sich das Problem der Entsorgung dieses «Wegwerflasers». Er kann daher auch kein Laborlaser sein, bei dem die Pumpenergie sozusagen «aus der Steckdose» kommt.

Als Alternative bietet sich die Erzeugung eines heißen Plasmas durch Beschuß mit fokussierten Hochleistungslasern. Ein derartiges Experiment wurde erstmals 1984 in den USA in Livermore durchgeführt. Die Wissenschaftler benutzten hier Strahlung des Riesenpulslasers NOVA, den derzeit weltgrößten Laser (siehe Foto S. 153). Es handelt sich um ein Neodymlaser-System, das intensive Pulse liefert. Zwei Strahlen dieses Lasersystems wurden auf eine mit Selen bedeckte Folie von 75 Nanometern «Dicke» gerichtet. Durch die Fokussierung auf der Folie entstand eine ungeheure Intensität von etwa 5 Terawatt pro Quadratzentimeter. Die Folie explodierte schlagartig, und es kam zu einer gleichförmigen Ausbildung eines 5 Millionen Grad (!) heißen Plasmas, das weiche Röntgenstrahlung von 20 Nanometern emittierte. Durch Ionisation verschiedener Materialien können andere Wellenlängen erzeugt werden. Derzeit liegt die kürzeste mit dieser Methode erzeugte Röntgenlaserstrahlung bei 4,4 Nanometern, entsprechend einem Übergang im 45fach ionisierten Tantal.

Ein entscheidender Nachteil dieser Röntgenlaser besteht darin, daß sie mit riesigen Lasersystemen wie dem NOVA-Laser gepumpt werden müssen, die weltweit nur an wenigen Stellen zur Verfügung stehen. Außerdem erstrecken sich ihre Aufbauten über viele Laborräume. Daher wird heute eine neue Generation von Röntgenlasern favorisiert, die viele entscheidende Vorteile haben. Dies zeigt unter anderem schon ihr Name, denn sie werden häufig mit dem englischen Begriff Table-top-

Röntgenlaser bezeichnet, weil sie mittlerweile in ihren Abmessungen auf Labortischgröße geschrumpft sind.

Durch ein ausgeklügeltes Lasersystem und eine weiterentwickelte Technik der oben dargestellten Modenkopplung sind die Wissenschaftler heute in der Lage, die Spitzenleistung auf 10^{18} bis 10^{19} Watt pro Quadratzentimeter zu steigern, bei Pulslängen, die kürzer als eine billionstel Sekunde sind. Durch die Verwendung dieser extrem kurzen Pulse werden viel kleinere Pumpenergien zur Inversionserzeugung benötigt als bislang. Diese Lasersysteme sind daher kompakter und preiswerter und können heute in einem normalen Labor aufgestellt werden.

Erst durch die rasante Entwicklung und kommerzielle Verfügbarkeit dieser noch kürzeren und intensiveren Laserpulssysteme eröffnen sich viele bislang ungeahnte Möglichkeiten für neue Wege in der Erzeugung kohärenter Röntgenstrahlung. Die für Röntgenstrahlung nötigen Inversionszustände in verschiedenster Materie werden ebenfalls durch Ionisation erzeugt, so daß wiederum ein Plasma entsteht. Das Entreißen der Elektronen – die Ionisation – gelingt aber mit den neuen Lasersystemen in einer so kurzen Zeitspanne, daß sogar eine Inversion zwischen einem angeregten und dem Grundzustand des Ions entstehen kann, bevor schließlich wieder alle Elektronen vom Ion aufgenommen werden und damit der ursprüngliche neutrale Grundzustand wiederhergestellt ist. Dieses Plasma sendet nun entsprechend dem jeweils erzielten Ionisationszustand eine ganz charakteristische Röntgenstrahlung aus. Das diesem Mechanismus zugrundeliegende Phänomen der Inversionserzeugung wird in der Physik durch die sogenannte optische Feldionisation (OFI) beschrieben.

Ende 1994 konnte eine Forschergruppe des Instituts für Quantenoptik an der Universität Hannover erstmals erfolgreich in Deutschland Laserverstärkung mit einer Wellenlänge von 37,4 Nanometern demonstrieren. Die Inversion wird in ionisierten Sauerstoffatomen hergestellt. Das Plasma erzeugt ein Festkörperlaser (Titan: Saphir), der 150-Femtosekunden-Pulse mit einer Wellenlänge von 773 Nanometern und einer Energie von 80 Millijoule emittiert. Diese Laserstrahlung fokussiert man mit einer Linse in den Sauerstoffstrahl, der durch eine Düse in eine Vakuumkammer injiziert wird, deren Ventil nur eine zweihundertmillionstel Sekunde lang geöffnet ist. Durch die Fokussierung erreicht man nun eine extrem hohe Intensität von über 10^{16} Watt pro

Quadratzentimeter, die ausreicht, um durch optische Feldionisation ein Plasma zu erzeugen, in dem den einzelnen Sauerstoffatomen eine exakt bestimmbare Anzahl von Elektronen (hier drei) entzogen werden kann. In einer schnellen Kaskade vereinigen sich die freien Elektronen wieder mit den dreifach ionisierten Sauerstoffatomen, so daß eine Inversion zwischen dem angeregten Ionisationszustand, in dem dem Sauerstoff noch zwei Elektronen fehlen, und seinem Grundzustand entsteht. Dieser Übergang liefert die charakteristische Strahlung mit 37,4 Nanometern.

Um den Spektralbereich der weichen Röntgenstrahlung zu erweitern, werden zur Zeit Experimente mit anderen Materialien wie Kohlenstoff und Stickstoff und bei noch höheren Intensitäten durchgeführt.

Die kürzeste auf diese Weise erzeugte Wellenlänge beträgt 13,5 Nanometer und wurde 1993 von japanischen Wissenschaftlern in einem Lithiumplasma erreicht. Laserintensitäten von 5×10^{18} Watt pro Quadratzentimeter wird eine Laseremission von rund 10 Nanometern in ionisiertem Xenon erwartet, dem 26 Elektronen entzogen wurden.

Freie-Elektronen-Laser

Nach einem ganz anderen Prinzip arbeitet der Freie-Elektronen-Laser (abgekürzt: FE-Laser). Er basiert auf Ergebnissen der speziellen Relativitätstheorie, der zufolge ein stark beschleunigtes Elektron kurzwellige Strahlung aussendet.

Beim FE-Laser werden freie, nicht an Atome gebundene Elektronen als aktives Lasermedium benutzt. Eine ausgeklügelte, regelmäßige Anordnung von Magneten zwingt die Elektronen auf eine Wellenbahn, die dieser Anordnung den Namen «Undulator» («Lockenwickler») einbrachte. Die Elektronen werden nun mit sehr hoher Geschwindigkeit, die nahe der Lichtgeschwindigkeit liegt, in dieses spezielle, sich periodisch ändernde Magnetfeld geschossen und während ihres «Slalomlaufes» zu Schwingungen angeregt. Dabei senden die Elektronen räumlich und zeitlich kohärente elektromagnetische Strahlung aus. Die Laser-Wellenlänge läßt sich durch Veränderung der Elektronenenergie zum Beispiel oder durch Variation des Magnetfeldes kontinuierlich durchstimmen. Im Prinzip ist der FE-Laser vom Mikrowellen- bis in den Röntgenbereich hinein durchstimmbar. Es ist bereits gelungen, beginnend bei der Mikrowellenstrahlung über Infrarotstrahlung bis in den Bereich des sichtbaren Lichts vorzustoßen.

Derzeit laufen Experimente, deren Ziel es ist, FE-Laser auch für den weichen Röntgenbereich zu realisieren. Dafür sind aufwendige Beschleuniger erforderlich, denn die Elektronen benötigen zur Ausstrahlung von Röntgenlicht zehnmal mehr Energie als zur Emission sichtbaren Lichts. Deshalb können die FE-Laser zur Zeit nur an den großen Elektronenbeschleunigeranlagen wie zum Beispiel HERA in Hamburg und BESSY in Berlin eingesetzt werden. Dies begrenzt auch die technischen Einsatzmöglichkeiten dieser Laser auf diese Orte.

Es bestehen berechtigte Hoffnungen, sowohl mit dem Plasma-Röntgenlaser als auch mit dem Freie-Elektronen-Laser in absehbarer Zeit anwendbare Röntgenquellen im weichen Röntgenbereich zu erzeugen. Insbesondere die neue Generation von Plasma-Röntgenlasern kann in einem Labor mittlerer Größe untergebracht werden, was zu einer erheblichen Kostensenkung beiträgt. Damit sind neue interessante Wege auch für kommerzielle Anwendungen offen, zum Beispiel die Herstellung dichter gepackter Computerchips. Und der Röntgenlaser verliert sein Image als reiner Forschungslaser.

Beim gegenwärtigen Stand der Forschung erzeugen Plasma-Röntgenlaser nur Strahlung bei festen Wellenlängen. Ein wünschenswertes Ziel im Hinblick auf kommerzielle Anwendungen ist die Verfügbarkeit eines «handlichen» Lasers, dessen Röntgenstrahlung über einen großen Spektralbereich durchstimmbar ist. Berechtigte Hoffnungen bestehen hier auf dem Gebiet der sogenannten nichtlinearen Optik, wie die bereits oben erwähnte Frequenzvervielfachung und die Frequenzmischung der Strahlung von mehreren Lasern. Mitte 1994 wurde zum Beispiel kohärente Strahlung mit 7 Nanometern in dem Edelgas Helium erzeugt. Dies entspricht einer Frequenzvervielfachung der eingestrahlten Grundfrequenz des Neodym-Glaslasers mit 1053 Nanometern auf das 143fache.

Viele technische Probleme sind noch zu lösen, bevor der Röntgenlaser die erwünschte Strahlungsintensität liefern kann. Bei allem berechtigten Optimismus im Bereich weicher Röntgenstrahlung scheint die Erzeugung harter Röntgenstrahlung beim gegenwärtigen Stand der wissenschaftlichen Erkenntnisse aber noch Utopie zu sein.

Laseranwendungen – Erfolgsgeschichte einer neuen Technologie

Materialbearbeitung – mit Licht durch Stahl

Zu den wohl faszinierendsten Eigenschaften der Laserstrahlung zählt die enorme Energie, die in ihr steckt. Daher war schon seit der Erfindung des Lasers Anfang der sechziger Jahre klar, daß seine intensive monochromatische und kohärente Strahlung hervorragend dazu geeignet sein müßte, nach scharfer Bündelung als Werkzeug bei der Materialbearbeitung zu dienen. Bereits wenige Jahre nach der Entwicklung des ersten Lasers wurden denn auch Versuche zur technischen Anwendung unternommen. Es dauerte dann allerdings noch etwa ein Jahrzehnt, bis der nötige Entwicklungsstand erreicht wurde, um den Erwartungen gerecht zu werden.

Inzwischen hat sich die Materialbearbeitung durch Laser zu einer ausgereiften Technologie gemausert. Laser haben sich ihren festen Platz in verschiedenen Bereichen der Technik, zum Beispiel in der Feinmechanik, Metallkunde, Halbleitertechnik und Optik, erobert. Vom Schnuller für Babyflaschen bis zum Raketentriebwerk reicht die Palette der Produkte, an deren Herstellung der Laser beteiligt ist. Heute stellt der Einsatz von Lasersystemen zur Materialbearbeitung den größten und wachstumsstärksten Bereich unter allen Laseranwendungen dar; die Wachstumsraten betragen zum Teil jährlich 20 Prozent und mehr. Allein in Deutschland wird der Markt für Lasertechnologie nach Schätzungen von Experten bis zum Jahr 2000 auf drei Milliarden Mark anwachsen. Zu den wichtigsten Anwendungen zählen Bohren, Schneiden, Schweißen und Löten, aber auch das Behandeln und Beschriften von Oberflächen. Die Skala der bearbeiteten Materialien reicht von Papier, Textilien, Leder, Holz, Gummi über Kunststoffe, Eisen- und Nichteisenmetalle beliebiger Härte bis hin zu Quarz, Glas, Porzellan und Keramik.

Der Grund für die vielfältigen Anwendungen in der Materialbearbeitung ist der geradezu «stechende Blick» der Lasergeräte. Ihre Strahlung, die im wahrsten Sinne des Wortes «auf den Punkt» gebracht wer-

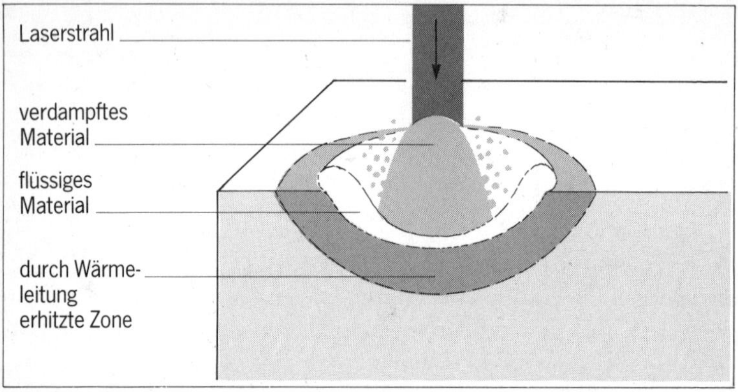

Abb. 14 *Schema für den Materialabtrag durch Laser. Je nach Stärke der Einstrahlung kommt es zum Schmelzen oder Verdampfen des Materials.*

den kann, wird vom Werkstück verschluckt, was zu einer örtlichen, starken Erwärmung des Materials führt. Es wird – je nach Stärke und Dauer der Einstrahlung – schmelzen oder verdampfen (Abb. 14). Im Extremfall wird das Material sogar explosionsartig herausgeschleudert. Diese Abläufe macht man sich nun in der Materialbearbeitung zunutze.

Noch unterhalb der Schmelztemperatur kann man bereits Oberflächen härten, nach dem Schmelzen lassen sich Materialien schweißen, löten, legieren. Und die Verdampfung des Materials kann gar dazu genutzt werden, Löcher zu bohren, Schlitze zu fräsen oder Drähte abzuschneiden.

In vielen Fällen haben Laser die Bearbeitung vereinfacht und zum Teil auch verbilligt. Sie sind herkömmlichen Wärmequellen zur Materialbearbeitung wie Schweißbrennern, elektrischen Lichtbögen usw. in vieler Hinsicht überlegen, denn sie ermöglichen insbesondere eine höhere Produktqualität und eine niedrigere Ausschußquote. Darüber hinaus wirken sich die hohe Flexibilität und erstaunliche Vielseitigkeit des Lasers in Produktionssystemen sehr vorteilhaft aus.

Entgegen herkömmlichen Verfahren bietet die Laserbearbeitung entscheidende Vorteile:

- Der Laserstrahl wirkt berührungsfrei aus der Ferne. Das Werkstück wird insgesamt nicht oder nur wenig beeinflußt: Es gerät nicht in Schwingung, ja, es muß nicht einmal eingespannt werden. Werkzeugverschleiß (Stumpfwerden, Verbiegen) entfällt.
- Der Laser arbeitet schnell und sauber; die Werkstücke müssen in der Regel nicht nachbearbeitet werden.
- Der Laser heizt die Werkstücke nicht nur gezielter, sondern auch schneller auf als herkömmliche Wärmequellen. Es kommt weniger leicht zu Wärmeverzug, Rissen und Spannungen, die das Teil unbrauchbar machen.
- Ein Laserstrahl besitzt weder Trägheit noch Gewicht und läßt sich somit leicht und schnell bewegen und lenken. Daher kann er bequem in automatische Bearbeitungsverfahren, vor allem in Robotersysteme, eingebunden werden. Gerade bei der Fertigung geringer Stückzahlen mit ständig wechselnden Bearbeitungsgängen bietet der Laser wirtschaftliche Vorteile.

Allerdings soll nicht verschwiegen werden, daß es bei der Lasermaterialbearbeitung auch in gewissem Umfang zur Belastung der Luft durch gasförmige Schadstoffe kommt.

Die Lasertypen in der Materialbearbeitung

Um möglichst unterschiedliche Materialien auf vielfältige Weise bearbeiten zu können, müssen Dauer und Intensität des Laserstrahls, aber auch Bündelungseigenschaften und Wellenlänge (Absorptionsverhalten) den Erfordernissen angepaßt werden. Natürlich läßt sich dies nicht alles befriedigend mit einem einzigen Lasertyp erreichen. Daher haben sich im wesentlichen drei «Arbeitspferde» in der Materialbearbeitung herauskristallisiert, nämlich der Kohlendioxidlaser (Gaslaser), der Neodymlaser (Festkörperlaser) und der Excimerlaser (Gaslaser).

Der *Kohlendioxidlaser* arbeitet mit einer Wellenlänge von 10,6 Mikrometern (Infrarotbereich) und wird sowohl kontinuierlich betrieben als auch gepulst. Sein Strahl läßt sich zur Materialbearbeitung auf einen Durchmesser von bis zu 80 Mikrometern bündeln, wobei es zu einer gigantischen Leistungsdichte von 10 Billionen Watt pro Quadratzentimeter kommt. Kein anderer Materialbearbeitungslaser erreicht den guten elektrischen Wirkungsgrad von über 20 Prozent, das heißt, von der aufgewandten elektrischen Energie werden über 20 Prozent in Laserstrahlung umgewandelt. Das führt zu einer hohen durchschnittlichen Ausgangsleistung von bis zu 25 Kilowatt. Daher kommt dieser Laser vor allem in der Schwerindustrie zum Einsatz – so beim Schweißen von Pipelines und Kraftfahrzeugteilen oder bei der Härtung von Kurbelwellen und Zylinderwänden großer Dieselmotoren. Außerdem hat er sich bewährt, wenn es darum geht, dicke Materialien zu schneiden und dabei vergleichsweise hohe Prozeßgeschwindigkeiten zu erreichen. Als Laser der «leichten Klasse» im Bereich von einigen 10 bis einigen 100 Watt bohrt oder perforiert er dagegen unter anderem Kunststoffteile in der Elektroindustrie. Er besitzt somit ein ausgesprochen breites Anwendungsspektrum. Leider wird die Strahlung des Kohlendioxidlasers von blanken Metalloberflächen nur in geringem Maße aufgenommen, so daß häufig Beschichtungen für eine hohe Energieaufnahme erforderlich sind. Den Aufbau eines Kohlendioxidlasers für die Werkstoffbearbeitung zeigt Abbildung 15.

Der *Neodymlaser* (Nd: YAG – chemisches Kürzel für *Neod*ym in *Y*ttrium-*A*luminium-*G*ranat) ist ein Festkörperlaser und besitzt die Emissionswellenlänge 1,064 Mikrometer (Infrarotbereich). Die Anregung in den Neodym-Ionen erfolgt meistens durch eine Blitz- oder Bogenlampe. Der Laser wird somit vorwiegend im Pulsbetrieb eingesetzt, das heißt, er gibt eine Folge energiereicher Strahlungspulse auf das Werkstück ab – bis zu mehreren tausend pro Sekunde. Bei einem Wirkungsgrad von rund 3 Prozent beträgt seine mittlere, also über alle Pulse gemittelte Leistung bis zu 1 Kilowatt. Für die Materialbearbeitung muß er jedoch Spitzenpulsleistungen von bis zu 50 Kilowatt liefern. Weil man ihn noch feiner als andere Laser bis auf einen Radius von etwa einem zehntel bis hundertstel Millimeter bündeln kann, wird er oft dazu eingesetzt, auch kleinere Werkstücke wie Kolbenringe und Miniaturzahnräder zu veredeln. Eine solche Veredelung hat den Zweck, die Oberfläche zu härten und die Verschleißfestigkeit zu erhöhen. Durch hohe Pulsintensitäten und erhöhte Absorption der Laserenergie an Metalloberflächen im Wellenlängenbereich des Neodymlasers können auch Edelmetalle trotz ihres hohen Wärmeleitvermögens mit guter Qualität geschnitten werden. Die häufigste Anwendung findet er allerdings beim Schweißen und Bohren nahezu aller Metalle, Kunststoffe, Gläser und Keramiken, wobei das Bohren von Rubinen in der Uhrenindustrie zu besonders beeindruckenden Ergebnissen führt.

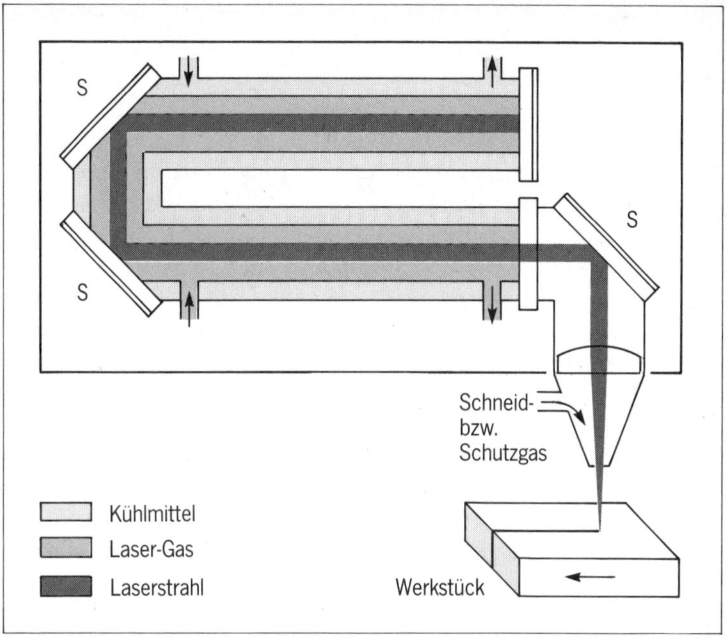

Abb. 15 *Aufbauschema eines Kohlendioxidlasers zur Materialbearbeitung. Die Laserrohre werden mit Wasser gekühlt. Im Schneidkopf wird der Laserstrahl gebündelt und gleichzeitig das erforderliche Schneid- beziehungsweise Schutzgas zugeführt (S = Spiegel).*

Die Lochdurchmesser liegen zwischen 5 und 100 millionstel Meter (Mikrometer).

Bei den *Excimerlasern* handelt es sich um Gaslaser. Sie werden mit Argonfluorid-Gas (193 Nanometer), Kryptonfluorid-Gas (248 Nanometer), Xenonfluorid-Gas (351 Nanometer) betrieben (in Klammern jeweils die Emissionswellenlänge).

Excimerlaser liefern energiereiche, kurzwellige UV-Strahlung, die von fast allen Metallen gut absorbiert wird. Die kurze Pulsdauer beträgt weniger als 50 milliardstel Sekunden (50 Nanosekunden). Da man ihren Strahl bis hinab zu weniger als 1 Mikrometer fokussieren kann, benutzt man sie dazu, Mikrostrukturen zu trennen und feinste

Löcher auch in Metalle zu bohren, zum Beispiel für Siebe und Düsen. Vor einigen Jahren ist es in den USA dank ihrer Hilfe gelungen, einen mikroskopisch kleinen Elektromotor zu fertigen, der schmaler ist als ein Haar!

Besonders vielversprechend ist die noch junge Entdeckung, daß die Strahlung des Excimerlasers Nichtmetalle ohne Erwärmung der bearbeiteten Stelle abtragen kann (Photoablation, siehe Seite 164). Ganze Schaltkreise können so «auf kaltem Wege» auf den mikroelektronischen Chips herausgearbeitet werden.

Tabelle 4
Zuordnung der wichtigsten Bearbeitungsverfahren von Metallen und Nichtmetallen zu verschiedenen Lasertypen

Bearbeitungsverfahren	**Lasersysteme** Kohlendioxid	Neodym	Excimer
Veredeln	Metalle	Metalle	
Schweißen und Löten	Metalle, Nichtmetalle	Metalle	
Schneiden und Trennen	Metalle, Nichtmetalle	Metalle	
Bohren und Markieren	Metalle, Nichtmetalle	Metalle, Nichtmetalle	Metalle
Chemische Anwendung			Nichtmetalle

Der Wirkungsgrad beträgt etwa 2 Prozent, die mittlere Leistung rund 100 Watt. Im Pulsbetrieb werden allerdings Leistungen von 20 Megawatt erreicht, woraus sich Leistungsdichten von über 100 Billiarden Watt pro Quadratzentimeter (10^{17} W/cm^2) ergeben! Tabelle 4 zeigt Laser zur Materialbearbeitung und ihren industriellen Einsatz im Überblick.

Bohren

Das bekannteste und wohl am häufigsten angewandte Materialbearbeitungsverfahren ist das Bohren, das «Löchereinschießen». Dabei muß der Laser richtig «Dampf» machen, da er die Werkstückoberflä-

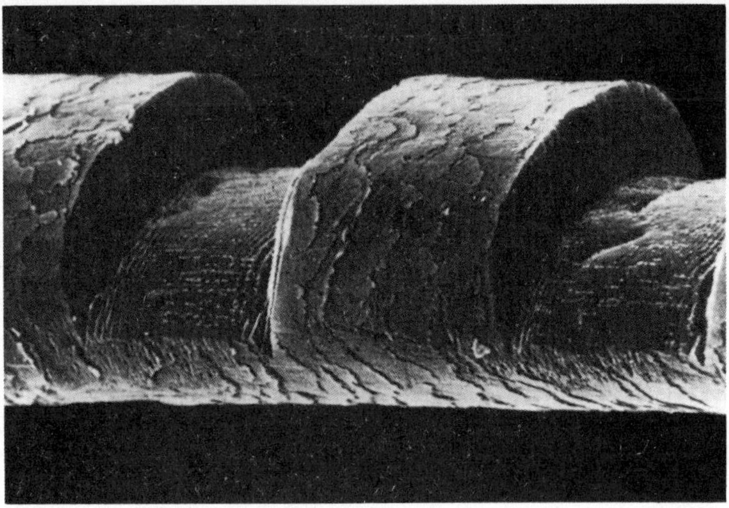

Abb. 16 *Feinste Bearbeitung eines menschlichen Haares mit einem Excimerlaser. Die Einschnitte liegen im Mikrometerbereich.*

che an der Bohrstelle durch seine abgestrahlte Energie bis zur Verdampfungstemperatur aufheizen muß, gleichzeitig aber bei Metallen Wärme schnell in das Werkstück abfließt, also verlorengeht. Ist die Verdampfungstemperatur erreicht, wird das «herausgebohrte» Material durch den hohen Dampfdruck mit Geschwindigkeiten von 100 bis 1000 Metern pro Sekunde, also etwa der Geschwindigkeit einer Gewehrkugel, fortgeschleudert. Um zu verhindern, daß Wärme ins Werkstück abfließt, ist es erforderlich, die Energie in kleinen Portionen und in sehr kurzen Zeiten – im sogenannten Pulsbetrieb – zuzuführen. (Üblicherweise liegen die Pulszeiten im Mikrosekundenbereich.) Nach der Methode «Steter Tropfen höhlt den Stein» sticht sich der Laser immer tiefer in das Material hinein, wobei jeweils nur kleinste Mengen verdampft werden. Eine explosionsartige Verdampfung großer Materialmengen, die zu einem unsauberen Rand des Bohrlochs führen könnten, wird vermieden. Auch trübt das verdampfende Material dann nicht die Laserstrahlung.

Der Hauptanwendungsbereich des Laserbohrens liegt bei Lochdurchmessern von einigen Mikrometern bis etwa 1 Millimeter. Kleinere Bohrlöcher können mit einem einzigen Puls gefertigt werden, wobei Bohrgeschwindigkeiten von bis zu zweihundert Löchern pro Sekunde erreicht werden! Größere Bohrlöcher bis zu 1 Millimeter Durchmesser werden mit mehreren, kurz hintereinander folgenden Pulsen in das Material getrieben. Bei noch größeren Bohrlöchern wird das Material praktisch gefräst: Der feinfokussierte Laserstrahl folgt in kreisender Bewegung dem äußeren Umfang des Bohrloches und arbeitet sich spiralförmig nach innen und gleichzeitig in die Tiefe. Die Bearbeitungszeit bei diesem «Trepanierverfahren» liegt je nach Durchmesser und Materialdicke im Bereich von einigen Sekunden.

Am deutlichsten zeigen sich die Stärken des Lasers beim Bohren kleinster Löcher in Uhrenlagersteine aus extrem hartem Saphir beziehungsweise Rubin. Auch die Löcher in Diamantziehsteinen werden heute meist von Lasern gefertigt. Hierfür benötigt man nur noch einige Minuten Arbeitszeit gegenüber 24 Stunden nach den herkömmlichen Verfahren. Eine breite Anwendung findet man auch im Flugzeug- und Turbinenbau, wo besonders harte Materialien wie Turbinenschaufeln und Auskleidungen von Brennkammern gebohrt werden müssen. Insbesondere die Kühlkanäle in Turbinenschaufeln zeigen die Leistungsfähigkeit des Laserbohrens. Damit die Schaufeln funktionstüchtig sind, müssen winzige Kanäle gebohrt werden, deren Durchmesser (bis hinab zu einem zehntel Millimeter), Tiefe und Einfallswinkel zur Oberfläche genau stimmen müssen. Dafür kommen meistens gepulste Festkörperlaser, neuerdings Neodymlaser zum Einsatz. In der Automobilindustrie werden feinste Löcher bis zu drei tausendstel Millimetern in die Einspritzdüsen von Dieselmotoren gebohrt. Der geringe Treibstoffverbrauch führt zu entsprechend geringem Schadstoffausstoß.

Einerseits dienen Laser dazu, Schnuller von Babyflaschen, chirurgische Nadeln, Gummi- und Kunststoffschläuche, Düsen für Spraydosen, Kontaktlinsen und Papierfilter mit den nötigen Löchern zu versehen. Auf der anderen Seite wird der Laser in der Schwerindustrie gern zum Entgraten, zum «Nachbohren» von Löchern benutzt, an die man mit anderen Werkzeugen schlecht herankommt oder bei denen die Gefahr besteht, die fertige Oberfläche zu beschädigen. Zylinder und Kurbelwellen von Motoren gehören zu den aussichtsreichsten Kandidaten einer solchen Nachbehandlung.

Abtragen und Beschriften

Der Laser kann nicht nur bohren, man kann mit ihm auch Material abtragen sowie gravieren und beschriften.

Oft müssen genau dosierte Mengen Material abgetragen werden, um zum Beispiel Unwucht bei rotierenden Teilen zu beseitigen oder Systeme genau einzustellen. So muß man etwa bei der industriellen Fertigung Zeigermeßwerke auswuchten, Quarze und Stimmgabeln abgleichen, Kabel abisolieren oder Schichtwiderstände trimmen, das heißt auf einen passenden Wert einstellen. Die abgetragenen Massen sind winzig und betragen oft nur einige Milligramm oder gar nur Mikrogramm pro einwirkenden Laserimpuls, wobei das Verfahren auch bei schwingenden und rotierenden Teilen angewandt und dabei weitgehend automatisiert werden kann.

Sehr raffiniert, vor allem sauber und schnell, geschieht auch das Abisolieren von Kabeln (hauptsächlich durch kontinuierliche Kohlendioxidlaser mit bis zu 50 Watt Ausgangsleistung). Die Laserstrahlung durchtrennt auch extrem reiß- und hitzefeste Isolierungen, ohne die Kabellitze zu beschädigen. Die infrarote Strahlung des Kohlendioxidlasers wird fast von allen Isolatoren zu 100 Prozent absorbiert und von den darunterliegenden metallischen Leitern zu mehr als 90 Prozent reflektiert. Der Leiter bleibt somit unbeschädigt, nachdem die Isolierung durchtrennt wurde.

Um die oben erwähnten Widerstände zu trimmen, werden die Widerstandsbahnen mit dem Laser eingeschnitten. Länge und Form des Schnittes bestimmen die Erhöhung des Widerstands. Dabei kommen fast ausschließlich kontinuierlich gepumpte Neodymsysteme zum Einsatz. Die verwendeten Ausgangsleistungen liegen ebenfalls im Bereich bis 50 Watt, für feinste Schnittbreiten werden Systeme von 4 bis 6 Watt mit Frequenzverdopplung (Wellenlänge 0,53 Mikrometer statt 1,06 Mikrometer) betrieben. Der Abgleich wird heutzutage vollautomatisch über Mikroprozessorsysteme gesteuert.

Häufig ist es erforderlich, diverse Produktionsgüter wie Gläser, Werkzeuge, Uhren, Elektronik-, Auto- und Flugzeugteile, aber auch Schmuck und chirurgisches Gerät zu markieren oder zu beschriften. Während übliche Verfahren wie Stempeln, Ätzen usw. oft zu wenig haltbaren oder lesbaren Ergebnissen führen, bietet der Laserstrahl, hier meist aus einem Neodymlaser, ideale Möglichkeiten, «Stichelarbeit» zu verrichten. Der bestrahlte Werkstoff wird an der Markierungsstelle verdampft oder geschmolzen; es kommt gleichsam zu einer Gravur, wobei der Laserstrahl durch Spiegel und/oder das Werkstück mechanisch in einem Arbeitsfeld von einigen Quadratzentimetern hin- und hergeführt werden. Schrift- oder Markierungszeichen werden dabei entweder als geschlossener Linienzug, als Punktraster oder durch Maskenabbildung hergestellt, das heißt durch kurzzeitige Bestrahlung einer Schablone mit einem Kohlendioxid- oder Excimerlaserpuls hoher Leistung. Mit solchen Verfahren sind schon die unterschiedlichsten Markierungen vorgenommen worden: nuancenreiche Dekors auf Gläsern und Porzellan, Strichcodes (verschlüsselte Warenpreisschilder für elektronische Ladenkassen) auf Verpackungen oder etwa die Datumsgravuren auf künstlichen Hüftgelenken. Immer bietet das Laserverfahren den Vorteil einer berührungsfreien, materialschonenden, meist vollautomatischen Bearbeitung.

Schneiden

Der Laserstrahl ist auch ein perfektes Messer. Auf 0,1 Millimeter Durchmesser gebündelt, bringt er das Material zum Schmelzen, das anschließend mit Hilfe eines Gasstromes aus der Schnittfuge getrieben wird. Hierbei hinterläßt er zur Oberfläche fast senkrechte Schnittkanten und meist glatte Schnittflächen, die eine Nachbearbeitung oft überflüssig machen. Dabei unterscheidet man die drei Bereiche Sublimations-, Schmelz- und Brennschneiden.

Beim *Sublimationsschneiden* wird der Werkstoff im Bereich der Schnittfuge verdampft, ohne vorher zu schmelzen. Das gilt besonders für Werkstoffe wie Holz, Papier, Keramik und Kunststoffe. Die Wärmebelastung des gesamten Materials ist minimal, da der Laserstrahl nur kurzfristig einwirkt. Die Schnittkanten sind glatt und nicht durch Luftsauerstoff chemisch verändert (oxidiert), so daß unmittelbar weitergearbeitet werden kann (zum Beispiel Lackieren). Verwendet werden meist Neodymlaser im Pulsbetrieb.

Beim *Schmelzschneiden* wird der Werkstoff, meist Gläser oder Metalle wie Titan oder Aluminium, lediglich aufgeschmolzen und die Schmelze – wie bei Metallen – durch nichtoxidierende Gase wie Stickstoff oder Argon ausgetrieben. Die größere Schnittgeschwindigkeit hat allerdings eine Schattenseite: durch abfließende Schmelze werden die Schnittränder riefig.

Schließlich lassen sich beim *Brennschneiden*, das überwiegend für Stahlbleche (zum Beispiel in der Autoindustrie) genutzt wird, mit Hilfe des Schneidgases Sauerstoff, das in die Schnittfuge geblasen wird, hohe Schnittgeschwindigkeiten bei großen Materialstärken erzielen. Denn Sauerstoff reagiert mit den meisten Metallen bei hohen Temperaturen unter Freisetzung von Wärme. Die Metalle verbrennen buchstäblich. So schmelzen sogar 0,5 Zentimeter dicke Stahlplatten mit einer Geschwindigkeit von über einem Meter pro Sekunde unter dem Laser dahin. Je nach Werkstoff, Schnittfugenbreite, Schneidgeschwindigkeit und Materialdicke verwendet man derzeit Kohlendioxidlaser bis 5 Kilowatt und Festkörperlaser bis 400 Watt mittlerer Ausgangsleistung.

Gegenüber herkömmlichen Trennmethoden erobert sich der Laser als «Schere für alle Zwecke» in zunehmendem Maße einen Platz in der industriellen Produktion. Anwendungsschwerpunkte sind das sogenannte Formschneiden von ebenen Blechen (zum Beispiel zur Herstellung von Sägeblättern) wie auch von Teilen mit räumlicher Tiefe. Der Strahl kann dabei – über Spiegel gelenkt – hochkomplizierte Bahnen beschreiben und über einen Rechner gesteuert werden. Vorteilhaft sind unter anderem die extrem schmalen Schnittfugen (wenig Schrott), der Umstand, daß die Schnittkanten bei harten und spröden Metallen nicht ausbrechen können, und natürlich der fehlende Werkzeugverschleiß. Der Laser ist dabei nicht wählerisch, er schneidet von Rohdiamanten über Asbest bis Gummi fast alles. Auch bei extrem dünnen und daher leicht zu schneidenden Werkstoffen wie Folien und Textilien bietet der Laser unerwartete Vorteile. So müssen in der Textilindustrie Stoffe ständig in einzelne Bahnen zerteilt werden. Auch die Mode profitiert vom Laser, denn in der Konfektionsindustrie müssen Teile oft nach komplizierten Mustern geschnitten werden: man trägt neuerdings also «Laserschnitt». Mit einem intensiven Laserstrahl wird der Stoff durch Verbrennung getrennt. Entstehende Dämpfe werden abgesaugt, der Schnitt ist äußerst scharf und ohne Faserung, so daß man in bestimmten Fällen aufs Säumen verzichten kann. Auch für die Textilauskleidung von Kraftfahrzeuginnenräumen werden Stoffe auf diese Weise zugeschnitten.

Mit großem Erfolg wird der Laser auch für die Werkzeugherstellung

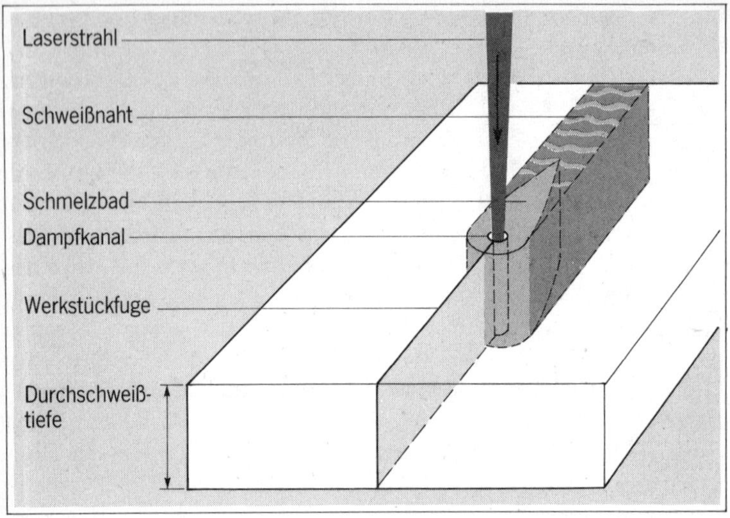

Abb. 17 *Schematische Darstellung des Schweißbades beim Tiefenschweißen. Der in einem Dampfkanal laufende Laserstrahl wird durch die Werkstückfuge gezogen.*

in der Kartonagenfabrikation eingesetzt. Hier hat der Laser in 2 Zentimeter dicken Sperrholzplatten sogenannte Formschnitte zu erzeugen, tiefe, nach einem besonderen Muster verlaufende Führungsrillen, in die später Stanzmesser gesteckt werden. Dabei frißt sich ein 2 Kilowatt starker Kohlendioxidlaser mit einer Geschwindigkeit von mehreren Metern pro Minute durch das Holz.

Schweißen

Auf diesem Gebiet zeigt der Laser nun auch einmal seine verbindenden Eigenschaften, indem er sich für das Verschweißen und Löten von Werkstoffen «stark macht». Anders als beim Bohren wird beim Schweißen und Löten die Wärmeleitung ausgenutzt, um eine innige und gleichmäßige Verbindung der Teile zu erreichen.

Beim wichtigsten Schweißverfahren, dem *Tiefenschweißen*, wird der Laserstrahl im Bereich der Fuge, die beim Anstoßen der zu verbindenden Teile entsteht, so justiert, daß die Zone mit der höchsten Temperatur unter der Oberfläche der Werkstücke liegt. Es entsteht im Material ein Kern aus überhitztem Dampf, umgeben von einem Schmelzemantel. Der nach oben abströmende Dampf bildet in der Schmelze einen feinen Kanal, eine Kapillare aus. Durch diese kann der Laserstrahl tiefer in die Fuge zwischen den Werkstücken eindringen und sie damit in ihrer ganzen Dicke durchdringen (Abb. 17). Aufgrund der Laserstrahlbewegung wird die Kapillare durch die Werkstückfuge gezogen. Der Rest der Schmelze strömt um diese Kapillare herum, kühlt sich an deren Rückseite ab, erstarrt zu einer Schweißnaht und verbindet so die beiden Werkstücke. Auf diese Weise sind Schweißnähte möglich, die bei einer bestimmten Breite wesentlich tiefer ausfallen als bei herkömmlichen Verfahren. Das Hauptanwendungsgebiet des Laserschweißens liegt im Blechbereich bis zu 6 Millimeter Stärke und wird von der Automobilindustrie, beispielsweise für die Herstellung von Kupplungen und Gehäusen, intensiv genutzt. Die Schweißgeschwindigkeit liegt je nach Blechdicke bei mehreren Metern pro Minute. Mit Hilfe von Laser-Tiefschweißen wurden bei FIAT über eine Million Getriebe hergestellt.

Laserschweißen wird häufig unter *Schutzgas* durchgeführt, indem man bestimmte Gase über das Werkstück strömen läßt und so den Zutritt der umgebenden Luft verhindert. Hierfür kommt unter anderem das Edelgas Helium in Frage, weil es nicht mit anderen Materialien reagiert. Meist wird jedoch aus Kostengründen das Edelgas Argon eingesetzt. Beim *Absorptionsschweißen* wird dem Schutzgas bis zu 10 Prozent Sauerstoff beigegeben. Dadurch läßt sich die Schweißtiefe verdoppeln, weil der Sauerstoff mit dem heißen Material reagiert und es wegbrennt.

Zur Zeit werden insbesondere für die Stahlbearbeitung kontinuierliche Kohlendioxidlaser im Bereich bis zu 10 Kilowatt eingesetzt. Neben diesen Lasern kommen gepulste Festkörperlaser (Neodym) mit Pulsleistungen von einigen Kilowatt und Pulsdauern im Millisekundenbereich zum Einsatz. Durch die trickreiche Technik, zwar nur einzelne Schweißpunkte anzubringen, sie aber so dicht zu setzen, daß sie sich überlappen, verringern sich die Wärmebelastung des Werkstücks und der Leistungsbedarf zum Aufschmelzen der Schweißnaht. Auf diese Weise werden unter anderem Druckmembranen, Thermoleitungen und elektronische Metallgehäuse geschweißt. Abgesehen davon, daß Schweißdrähte, Flußmittel oder Schutzstoffe überflüssig werden, vermeidet man insbesondere, daß sich die Werkstücke verziehen. Innere Spannungen und Risse entfallen weitgehend, was besonders wichtig ist, wenn verschiedene Materialien, die sich bei Erwärmung unterschiedlich ausdehnen, verschweißt werden sollen.

So lassen sich nicht nur Wolfram- und Nickeldraht verbinden, wie es bei der Glühlampenherstellung erforderlich ist. Auch Uhrenfedern aus gehärtetem Stahl können auf Weicheisen mit höchster Maßgenauigkeit geschweißt werden. Allein bei einem deutschen Federhersteller wurden auf diese Weise pro Jahr über 100 Millionen Federn lasergeschweißt! Ob in der Zahntechnik, der Meßgerätetechnik oder in der Kamera- und Brillengestellfertigung, in der Bundesrepublik sind mittlerweile über tausend Laserschweißgeräte im Einsatz, gleich ob es darum geht, Draht mit Draht, Draht mit Blech oder Blech mit Blech zu verbinden. Aber auch zum Verschweißen von Kunststoffen kann der Laser eingesetzt werden. Das Paradebeispiel hierfür ist der Kunststoff Polyethylen. Mit dem Kohlendioxidlaser läßt sich die etwa 0,2 Millimeter dicke Kunststoff-Folie mit hoher Geschwindigkeit verschweißen. In der pharmazeutischen Industrie werden mit Laserhilfe Glasampullen verschlossen. Bei feuergefährlichem und temperaturempfindlichem Inhalt konnten bisher nur rund zwei Drittel des Ampullenvolumens gefüllt werden. Durch den Laserstrahl wird nur eine sehr kleine Zone erhitzt. Somit kann man die Ampullen nahezu vollständig füllen. Unter anderem bedeutet das eine Einsparung von Transport- und Lagervolumen.

Lasergeräte revolutionierten auch die Schweißtechnik in der Elektronik. Die stetige Miniaturisierung der Bauteile machte es erforderlich, Verbindungen in immer kleineren Dimensionen auszuführen. Hier erwiesen sich jedoch konventionelle Schweißverfahren als kaum anwendbar. Demgegenüber bietet das Laserschweißen eine Reihe von Vorteilen:

Da sich der Laserstrahl bis in den Bereich einiger Mikrometer fokussieren läßt (durch den Einsatz von Excimerlasern sogar bis in den Submikrometerbereich) und da Schweißzeiten aufgrund seiner hohen Leistungsdichte für punktförmige Verbindungen nur wenige Millisekunden betragen, kann der Einfluß auf wärmeempfindliche Nachbarbereiche auf ein Minimum beschränkt werden. Viele elektronische Bauelemente werden nämlich bei zu großer Hitze zerstört. Jetzt lassen sich zum Beispiel an empfindlichen integrierten Schaltkreisen und anderen Halbleiterbauelementen Drähte mit einem Durchmesser von nur 10 Mikrometer problemlos anschweißen. Auch Röhrenteile für Fernseh- und Mikrowellenröhren werden so schnell und exakt gefertigt.

Weiterhin sind Schweißungen auch an unzugänglichen Stellen, etwa in Sacklöchern, die das Werkstück nicht vollständig durchdringen, oder durch Glasabdeckungen hindurch möglich. Man kann sogar mit Hilfe von Umlenkoptiken buchstäblich um die Ecke schweißen. Schweißungen können darüber hinaus in Gasen, Vakuum und Flüssigkeiten durchgeführt werden. Ein Beispiel wäre das Reparaturschweißen in Vakuumröhren. So lassen sich unter anderem in Fernseh- und Mikrowellenröhren gebrochene Heizflächen oder Zuleitungen zu Elektroden wieder anschweißen.

Einen weiteren Vorteil bietet das Schweißen durch Isolationen hindurch, so daß Drähte vorher nicht abisoliert werden müssen, weil die Isolation bereits unterhalb der Schmelztemperatur des Metalls verdampft und sogar noch dessen Oxidation mindert. Selbst extrem reiß- und hitzefeste Isolierungen sowie Lacke und Oxidschichten sind beim Kontaktieren meist kein Hindernis.

Und schließlich können über speziell geformte Linsensysteme oder Faseroptiken mehrere Schweißpunkte gleichzeitig erzeugt werden. Dies verhindert, daß sich das Werkstück durch einseitige Hitzeeinwirkung verbiegt.

Oberflächenbehandlung

Die Oberflächenveredelung metallischer Werkstoffe hat zum Ziel, ihren Außenflächen jene besonderen Eigenschaften zu verleihen, die für den Langzeitbetrieb unter erschwerten Bedingungen – dazu zählen mechanische Belastungen, hohe Temperaturen und chemisch aggressive Umgebungen – erforderlich sind. Sie umfaßt die Bereiche *Härten, Umschmelzen, Auflegieren* und *Beschichten.* Gemeinsames Merkmal ist die schnelle Aufheizung einer nur sehr dünnen Oberflächenschicht (typische Tiefe: 0,5 bis 2 Millimeter). Anschließend wird die Schicht rasch abgeschreckt, indem die Wärme in den tieferliegenden, kalten Werk-

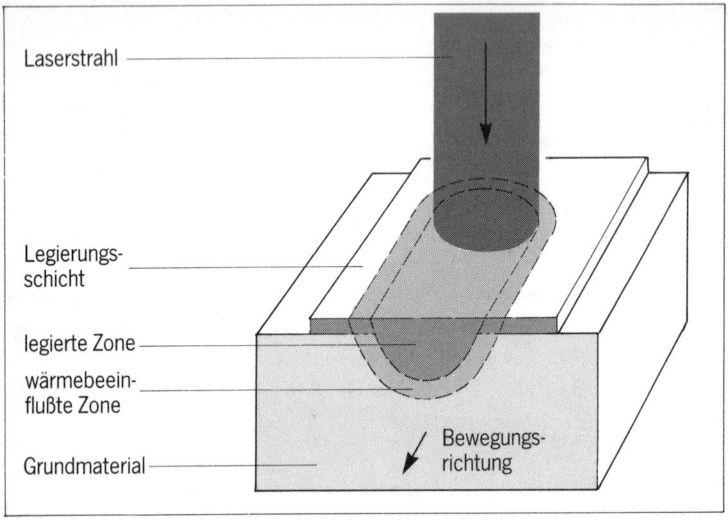

Abb. 18 *Schema der Materialbeeinflussung bei der Oberflächenbehandlung mit dem Laser. Der Laserstrahl dringt nur wenige Millimeter in das Werkstück ein und führt dort zu den gewünschten kristallinen Umlagerungen.*

stoff abgeleitet wird (Abb. 18). Somit darf die Laserenergie nur kurzzeitig einwirken. An den erhitzten Stellen werden die Moleküle oder Kristalle im Werkstück so umgelagert, daß sie der Oberfläche die gewünschten Eigenschaften verleihen. Reicht bloßes Härten nicht aus, müssen die Werkstücke an den beanspruchten Zonen regelrecht gepanzert werden. Dazu werden spezielle Metallpulver (zum Beispiel Titan) aufgestreut und mit einem Laserstrahl «festgebacken».

Wegen der erforderlichen hohen Leistungsdichten und Gesamtenergien kommen vor allem Kohlendioxidlaser zur Anwendung. In der Automobilindustrie wird das Härten beispielsweise bevorzugt im Motorbau, vor allem für Kolben, Zylinderlaufflächen, Ventile, Nocken- und Kurbelwellen sowie für Zahnräder, angewandt.

Die Oberfläche von Nockenwellen kann mittels Laserstrahlen veredelt werden. Dieses Verfahren, bei dem ein strichförmig ausgeformter Laserstrahl die Oberfläche bei 1200 Grad Celsius aufschmilzt, hat die

Herstellung von Nockenwellen revolutioniert. Denn der Vorgang dauert nur wenige Sekunden und ist damit viel kürzer als das bislang übliche Verfahren, bei dem sich die Werkstücke durch die längere Hitzebehandlung verformen und deshalb der Ausschuß rund ein Drittel beträgt. Mit dem Laser können viel mehr Wellen behandelt werden, und der Ausschuß ist gleich Null. Außerdem ist dieses Verfahren, das 1990 mit dem Technologietransfer-Preis ausgezeichnet und 1992 von VW eingeführt wurde, umweltschonender (siehe Seite 61 f).

Aber nicht nur die Oberflächen metallischer Werkstücke können mit dem Laser bearbeitet werden. Auch in der Steinrestaurierung findet er seinen Einsatz. Überall dort, wo aus Umweltschutzgründen auf Lösungsmittel verzichtet werden soll oder die zu reinigende Oberfläche sehr schonend behandelt werden muß, ist der Laser Favorit. Mit einem Nd:YAG-Laser werden beispielsweise die Steinreliefs an der Kathedrale von Amiens gereinigt.

Sogar Champagner läßt der Laser perlen. Mit einem gepulsten CO_2-Laser wird mit einem einzigen Laserschuß ein Moussierpunkt in einem Champagnerglas berührungsfrei aufgebracht. Hierbei handelt es sich um eine punktuelle Aufrauhung der Oberfläche, die das Perlen des Champagners unterstützt.

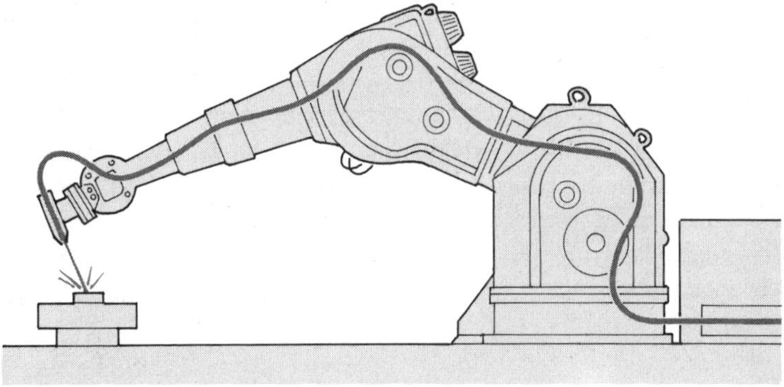

Künftige Laseranwendungen in der Materialbearbeitung

Künftige Anwendungen auf diesem Gebiet, vor allem in der Elektronikfertigung, ergeben sich dadurch, daß man gelernt hat, mit der Laserstrahlung chemische Prozesse zu starten, zu steuern oder zu unterstützen. So wird man in der Lage sein, Elektronikbauteile mit Laserstrahlen zu ätzen oder Beschichtungen aufzutragen, indem Material aus dem flüssigen oder gasförmigen Zustand abgeschieden wird.

Auch das Laser-Sintern, das heißt das Verschmelzen feinkörniger Stoffe, wird beachtliche Wachstumsimpulse bringen.

Ein Forschungs- und Technologiethema, das aufhorchen läßt, sind Verfahren des «Rapid Prototyping», der bis zu 90 Prozent Kosten, Material und Zeit einsparenden Herstellung von Prototypen mittels Lasertechnik.

Eine weitere Entwicklung der Laser ist das Vordringen in den Bereich kleinster Wellenlängen bis hin zum Röntgenbereich. Für die Materialbearbeitung bedeutet dies, daß man hervorragende Werkzeuge zur Manipulation und Erzeugung kleinster Strukturen bis hin zu submikroskopischen, molekularen Größenordnungen erhält. In der Halbleitertechnik wird dadurch die Herstellung von Mikrochips mit noch kleineren Strukturen und höherer Packungsdichte möglich.

Materialbearbeitung in Zusammenhang mit kostengünstiger Automatisierung verlangt immer leistungsstärkere und intelligentere Robotergenerationen: die Nachfrage nach Industrierobotern soll sich von derzeit weltweit rund 600000 auf eine Million erhöhen.

Solche und ähnliche Aussichten legen die Forderung nahe, nicht nur die Entwicklung des Lasers selbst voranzutreiben, sondern das gesamte Spektrum der industriellen Fertigungsprozesse nach sinnvollen Einsatzmöglichkeiten für den Laser abzusuchen. Nur so läßt sich gewährleisten, daß die Möglichkeiten des Werkzeugs Laser in der Materialbearbeitung voll ausgeschöpft werden.

Holographie – dreidimensionale Bilder

In den letzten Jahren haben die faszinierenden Möglichkeiten der Holographie immer mehr Menschen in ihren Bann gezogen. Dabei handelt es sich um ein neuartiges, dreidimensionales Bildaufzeichnungs- und -wiedergabeverfahren, mit dessen Hilfe vollkommen räumlich wirkende Abbildungen von Gegenständen hergestellt werden können. Dieses Verfahren steht zweifellos noch in einer stürmischen Entwicklung. Fachleute bezeichnen es als eine der wichtigsten Schlüsseltechnologien der Zukunft und prophezeien ihm ein riesiges Wachstum. Dabei wird die Holographie in viele Lebensbereiche vordringen, neue Produkte schaffen und neue Marktsegmente finden.

Heute spielt sie bereits in der Werkstoffprüfung, der Mikroskopie und der Medizin eine gewichtige Rolle, während sich die holographische Bildaufzeichnung für Kino und Fernsehen noch im Entwicklungsstadium befindet. Und wer kennt Hologramme nicht aus Kunst und Werbung, diese kleinen, flachen, oft schillernden Objekte. Bei ihrer Betrachtung liefern sie faszinierende dreidimensionale Bilder, von allen Seiten und in allen Einzelheiten zu studieren, als plastische Lichtskulpturen frei im Raum schwebend, zum Greifen nahe und doch nicht zu fassen.

Diesmal ist es die unübertroffene zeitliche und räumliche Kohärenz des Laserlichts, die solche Anwendungen ermöglicht. Dabei ist das Prinzip der Hologramme nicht neu. Bereits 1947 beschrieb der aus Ungarn stammende Physiker Dennis Gábor ein System zur photographischen Speicherung optischer Informationen. 1971 wurde er hierfür sogar mit dem Physik-Nobelpreis ausgezeichnet. Damals standen jedoch noch keine hinreichend kohärenten Lichtquellen zur Verfügung, so daß erst der gezielte Einsatz der neuen Lasertechnologie durch die amerikanischen Wissenschaftler Emmett Leith und Juris Upatnieks im Jahre 1962 brauchbare Resultate erbrachte und der Holographie zum endgültigen Durchbruch verhalf.

Nachteile der herkömmlichen Photographie

Wie ist es nun zu erklären, daß die Holographie vieles ermöglicht, was die herkömmliche Photographie nicht zu leisten vermag?

Die Photographie verwendet zur Beleuchtung eine gewöhnliche, also inkohärente Lichtquelle – meist die Sonne oder eine künstliche Lampe –, wobei das dreidimensionale Objekt durch die Linse eines Photoapparates auf einem lichtempfindlichen Film abgebildet wird. Dabei tritt bereits eine Reihe von Abweichungen vom Original auf: Neben den Abbildungsmängeln der Linse und ihrer begrenzten Tiefenschärfe kommen Fehler hinzu, die durch den chemischen Entwicklungsprozeß und die begrenzte Auflösung der Photoschicht hervorgerufen werden – feinste Strukturen sind im körnigen Raster des Bildes nicht mehr auszumachen. Vor allem aber wird das Objekt nur flächenhaft, also zweidimensional wiedergegeben. Diesen Nachteil kann auch die Stereophotographie nicht aufheben. Bei diesem Verfahren wird wie beim natürlichen Sehen jedem Auge ein entsprechendes Halbbild vermittelt, woraus im Gehirn ein räumlicher Bildeindruck entsteht. Hier ist der Beobachtungsstandpunkt jedoch von vornherein festgelegt, das heißt, alle Einzelheiten des Objekts, die sich während der Aufnahme überdeckt haben, zum Beispiel eine Schachfigur, die durch eine zweite teilweise verdeckt ist, sind für die Wiedergabe verloren. Auch kann sich das Auge nicht, wie das beim Betrachten realer Dinge möglich ist, auf einen Punkt in der Tiefe der Aufnahme einstellen, weil das betrachtete Bild eben ist und keine tatsächliche räumliche Tiefe besitzt.

Alle diese Mängel haben ihre Ursache darin, daß nur die *Intensität* des Lichts auf der Photoplatte registriert wird. Die Amplitude der Lichtwelle ist ein Maß für die Intensität, mit der die Photoplatte geschwärzt wird. Lichtwellen sind jedoch auch noch durch Phase und Frequenz gekennzeichnet. Während die *Frequenz* oder die Wellenlänge, die das Auge als Farbe interpretiert, bei der Farbphotographie noch festgehalten wird, geht bei der herkömmlichen Photographie die Information über die *Phase* verloren.

Bei der Holographie ist alles anders; viele der geschilderten Nachteile kann sie überwinden. Zum einen sind hier keine Linsen erforderlich, zum anderen werden die Informationen der *Lichtwelle in ihrer Gesamtheit* gespeichert, das heißt, auch hintereinanderliegende Einzelheiten wie die eben erwähnte verdeckte Schachfigur werden erkennbar, wenn der Betrachter seine Blickrichtung, in der Regel durch Neigen des Kopfes, verändert. Daher stammt auch das Wort *Holographie*, das in Anlehnung an das Wort «Photographie» gebildet wurde. «Holos» heißt, frei aus dem Griechischen übersetzt, soviel wie «ganz», «umfassend».

Die Aufnahme eines Hologramms

Abbildung 19 a zeigt das Prinzip der Aufnahme eines Hologramms. Mit einem aufgeweiteten Laserstrahl wird das abzubildende Objekt beleuchtet. Die vom Objekt reflektierte Wellenfront *(Signalwelle)*, die vor ihrem Auftreffen vollkommen gleichmäßig war, besitzt nun eine charakteristische Verzerrung in Form eines komplizierten räumlichen Musters. Jeder kennt sicherlich den Effekt, wie beim Bootfahren gleichmäßige, durch ein Paddel erzeugte Wasserwellen nach der Reflexion am Bootskörper völlig ungeordnet und «durcheinander» zurücklaufen. Die reflektierte Signalwelle trägt damit, wenn auch verschlüsselt, die optischen Informationen über den Gegenstand – speziell auch die räumliche Struktur – mit sich fort. Sie fällt anschließend auf eine Photoplatte, die in Richtung des reflektierten Lichts steht. Gleichzeitig beleuchtet man die Platte über einen Spiegel zusätzlich von der Seite mit den ungestörten, ebenen Wellenfronten eines ausgeblendeten, am Objekt vorbeigeführten Teils des ursprünglichen gleichmäßigen Laserstrahls *(Referenzwelle)*.

Beide Wellenfronten überlagern sich nun auf der Photoplatte, es kommt zu Interferenz. Je nach Phase und Intensität der beiden miteinander interferierenden Teilbündel entsteht über die Photoplatte verteilt für jeden Punkt eine Schwächung oder Verstärkung des Lichts: Laufen Signal- und Referenzwelle im Gleichschritt, so wird das Ergebnis der Interferenz einen helleren Lichtpunkt erzeugen als der direkte Referenzstrahl allein. Gelangt andererseits das vom Objekt reflektierte Licht gegenphasig mit dem direkten Licht zur Interferenz, so entsteht ein dunklerer Lichtpunkt, als wenn direktes Licht allein auftreffen würde.

Man sieht daher erst nach dem Entwickeln der Photoplatte – nun Hologramm genannt – auf ihr ein bestimmtes, für das Auge nicht als Objekt erkennbares Muster aus unterschiedlich geformten Linien und

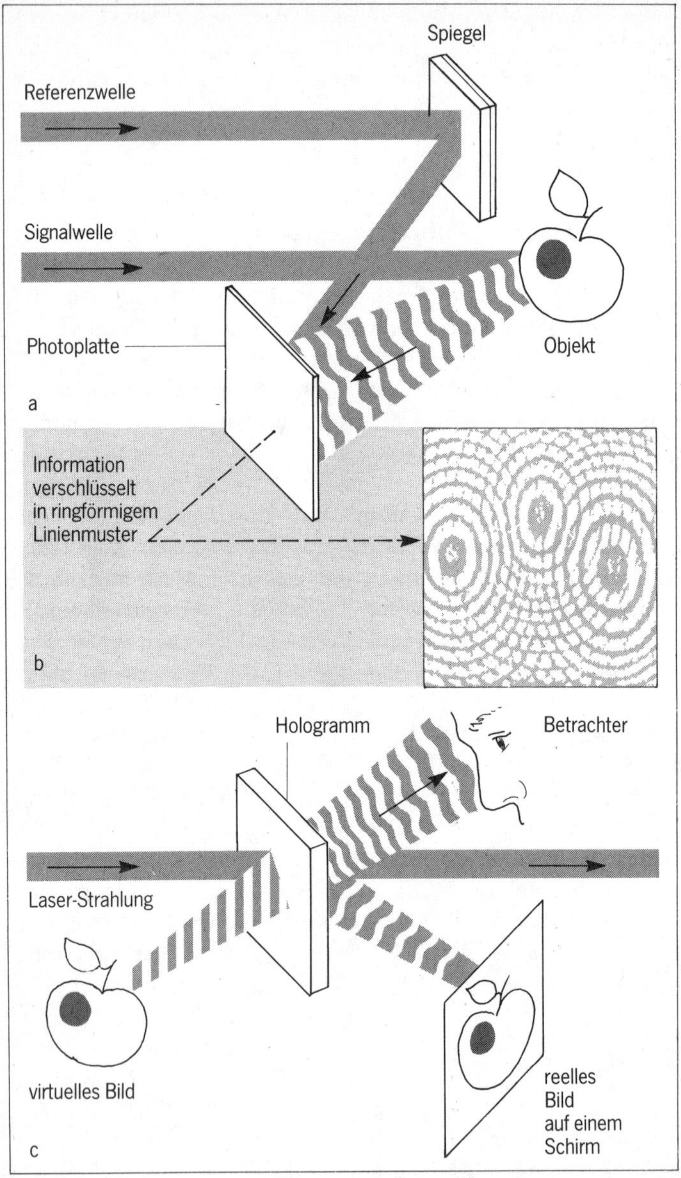
Spiegel
Referenzwelle
Signalwelle
Photoplatte
Objekt
a
Information verschlüsselt in ringförmigem Linienmuster
b
Hologramm
Betrachter
Laser-Strahlung
virtuelles Bild
reelles Bild auf einem Schirm
c

Kreisen, deren Abstand wegen der geringen Wellenlänge des Laserlichts außerordentlich klein ist (Abb. 19b). Dieses Muster enthält nun – durch die Interferenz in Hell-dunkel-Schattierungen verschlüsselt – neben der Intensität auch die Phase der vom Objekt reflektierten Wellenfront! Dazu müssen jedoch die geteilten Strahlenbündel der Lichtquelle völlig farbrein und streng kohärent sein, das heißt in einer festen Phasenbeziehung stehen, die nur durch die Objektoberfläche beeinflußt werden darf. Solch hinreichend kohärentes Licht liefert eben nur ein Laser.

Die Wiedergabe

Im Hologramm ist damit die gesamte optische Information des Gegenstands gespeichert, die zum Zeitpunkt der Aufnahme vorhanden war, und zu jedem beliebigen späteren Zeitpunkt kann diese Information wiedergewonnen werden. Durch ein *Rekonstruktion* genanntes Verfahren wird erreicht, daß sich wieder ein Wellenfeld mit dem Aussehen des Objekts bilden kann. Dazu wird das Hologramm mit einem aufgeweiteten Laserstrahl aus der gleichen Richtung beleuchtet, aus der bei der Aufnahme der Referenzstrahl einfiel (Abb. 19c). Das Laserlicht wird am Muster auf der Hologrammplatte gebeugt, das heißt so durch das Muster beeinflußt, daß die Wellen bezüglich Phase und Intensität weiterlaufen, als kämen sie vom aufgenommenen Objekt. Man spricht vom *virtuellen* Bild, das dort erscheint, wo sich bei der Aufnahme das Objekt befand. Das Auge kann, von hinten durchs Hologramm schauend, das Objekt sehen und dabei nicht mehr zwischen Realität und Bild unterscheiden. Und nun das Erstaunliche: Durch Bewegen des Kopfes und Änderung des Blickwinkels kann der Betrachter das Bild von verschiedenen Seiten und unter verschiedenen Perspektiven sehen

Abb. 19 *Aufnahme eines Hologramms.*
(a) Signalwelle und Referenzwelle überlagern sich auf der Photoplatte.
(b) Schematische Darstellung eines Hologramms. Das Muster zeigt keinerlei Ähnlichkeit mit dem aufgenommenen Gegenstand.
(c) Rekonstruktion der Bilder mit Hilfe eines Laserstrahls. Es entstehen zwei Bilder: das für das Auge sichtbare virtuelle und das auf einem Schirm erfaßbare reelle Bild.

und daher in seiner räumlichen Tiefe erfassen. Wieder können hintereinanderliegende Bildpunkte wahrgenommen werden. Das Bild ist dreidimensional, die Tiefenschärfe nahezu unbegrenzt. Ein faszinierendes Beispiel aus der Praxis: Bei der Rekonstruktion eines Hologramms von einer zwanzig Zentimeter dicken Wasserschicht eines Teiches konnte man im Mikroskop auf jeden beliebigen Punkt scharf einstellen und dabei kleinste Lebewesen betrachten. Dies ist letztlich der Grund, warum im Raum stehende holographische Bilder – zum Beispiel auf der Bühne – so realistisch aussehen.

Gleichzeitig wird bei der Rekonstruktion ein Teil der gebeugten Wellenfront *hinter* dem Hologramm zu Bildpunkten gebündelt. Das ergibt auf der zur Beleuchtung rückwärtigen Seite des Hologramms, also zum Beobachter hin, ein *reelles*, ebenfalls dreidimensionales Bild, das sich gut photographieren läßt. Dabei geht allerdings die räumliche Tiefe wieder verloren, da nur die Ebene der photographischen Platte scharf abgebildet wird.

Vor- und Nachteile holographischer Aufnahmeverfahren

Abgesehen von der geschilderten dreidimensionalen Bildspeicherung besteht der Vorteil des holographischen Aufnahmeverfahrens vor allem darin, daß weder bei der Aufnahme noch bei der Rekonstruktion Linsen benötigt werden und damit auch keine Linsenfehler ins Bild eingehen können. Auch machen sich Staub, Kratzer und andere Unregelmäßigkeiten auf dem Hologramm nicht bemerkbar, denn das Interferenzmuster ist über die ganze Speicherfläche verteilt – ein fast unvorstellbarer Umstand, der bedeutet, daß jede Stelle des Hologramms praktisch das ganze Objekt aufzeichnet. Alle Informationen über das ursprüngliche Objekt lassen sich daher auch aus kleinsten Teilen eines Hologramms gewinnen! Es geht dann lediglich ein Teil der Feinheiten in der Rekonstruktion verloren.

Weiterhin bedarf es keiner chemischen Prozesse wie bei der Entwicklung eines Papierbildes oder Diapositivs in der herkömmlichen Photographie, um ein Bild zu erlangen, das dem Objekt möglichst ähnlich sieht. Zur Herstellung von Kopien braucht man nur einen Kontaktabzug des Hologramms; dieser liefert wieder das normale holographische Bild.

Und schließlich lassen sich Hologramme auch vergrößern: man muß sie nur bei der Wiedergabe mit einer größeren Wellenlänge durchstrahlen als bei der Aufnahme. Das ist besonders interessant bei Hologrammen, die mit kurzwelligem Ultraviolett-Laserlicht oder sogar relativ kohärenter Röntgenstrahlung aufgenommen wurden, denn mit dieser Strahlung lassen sich höhere Auflösungen erreichen, andererseits sind die Wellenlängen für das Auge unsichtbar. Beim Beleuchten mit Laserlicht im sichtbaren Bereich werden die Strukturen für das Auge überhaupt erst erkennbar *und* gleichzeitig vergrößert.

Eine andere Vergrößerungsmethode besteht darin, das Hologramm mit einem sich stark aufweitenden, kegelförmigen Lichtbündel zu durchstrahlen, etwa so, wie es auch bei der Projektion eines Dias geschieht. Beide Verfahren kombiniert ergeben beachtliche Vergrößerungseffekte.

Auf der anderen Seite ist es ungleich schwieriger, ein Hologramm aufzunehmen als ein herkömmliches Photo zu «schießen». Bewegt man die Kamera während einer Aufnahme, wird das dabei entstandene Photo verschwommen erscheinen, es ist «verwackelt». Ein Hologramm wird sogar durch kleinste Erschütterungen vollkommen verhindert: Es entstehen keine Interferenzfiguren, die ja das Bild in sich kodiert enthalten. Der Aufbau während der Belichtungszeit einer holographischen Aufnahme muß daher äußerst stabil und maßgenau sein. Maße von einem Zehntel der eingesetzten Wellenlänge (etwa 0,05 tausendstel Millimeter) müssen eingehalten werden. Nicht selten verwendet man deshalb eine Folge kurzer Laserpulse. Die Zeit, die man benötigt, um die Photoplatte zu belichten, hängt unter anderem von der Stärke des Lasers, der Empfindlichkeit der Photoschicht und der Menge des Lichts, die vom Objekt reflektiert wird, ab. Dabei darf kein störendes Tageslicht zugegen sein; die Aufnahme muß im Dunkeln erfolgen. Die Belichtungszeiten liegen zwischen einer Sekunde und einer Minute, doch sind bei lichtschwachen Verhältnissen Belichtungszeiten bis zu einer halben Stunde nichts Außergewöhnliches. Bewegliche Objekte können ohnehin nur mit einem Laserpuls hoher Intensität aufgenommen werden, ähnlich dem Blitzlicht in der herkömmlichen Photographie. Auch an das photographische Aufnahmematerial müssen hinsichtlich der Körnung der Photoschicht hohe Anforderungen gestellt werden, um die feinen Bildlinien, deren Abstand in der Größenordnung der Lichtwellenlänge liegt, gut voneinander trennen zu können. Eine Auflösung von mehreren tausend Linien pro Millimeter wird verlangt.

Der *Wiedergabeprozeß* eines Hologramms ist nicht ganz so schwierig. Dazu bedarf es nicht einmal unbedingt eines Lasers; es genügen unter Umständen sogar besondere Lichtquellen mit kleiner Kohärenzwellenlänge, zum Beispiel Quecksilberdampflampen. Selbst normales Tageslicht kann es schaffen. Dadurch wurden Hologramme einfacher handhabbar, was unter anderem zur Folge hatte, daß sich die Holographie in der Öffentlichkeit sprunghaft verbreitete.

Anwendungen: über alles «im Bilde» sein

Materialprüfung

In der Industrie und in der Wissenschaft erobert sich die Holographie als ein hochsensibles Meßverfahren zunehmend dort einen Platz, wo Werkstücke mit höchster Präzision auf Maßgenauigkeit, Verformungsschwächen oder Schwingungseigenschaften überprüft werden müssen.

So verfügen heute bereits die meisten Automobilhersteller über holographische Meß- und Prüfeinrichtungen, um Schwingungs- und Materialanalysen an Motoren und Karosseriebauteilen durchzuführen. Ebenso werden Flugzeugtragflächen oder Hubschrauberrotorblätter wie auch Autoreifen und Lautsprechermembranen auf mögliche Fehlerstellen holographisch überprüft. Und in der medizinischen Forschung bedient man sich beispielsweise des Verfahrens, um Trommelfellschwingungen oder Deformationen von Zahnprothesen zu messen. Bei der Untersuchung des Schwingungsverhaltens von Materialien, der sogenannten *Schwingungsanalyse*, ist die Holographie so einzigartig, daß vollkommen neue Erkenntnisse gewonnen werden können.

Mit Hilfe der Holographie können Formänderungen von Gegenständen, zum Beispiel durch mechanische Belastung, mit hoher Genauigkeit festgestellt werden. Das zugrundeliegende Verfahren heißt *Interferometrie*. Ein Beispiel zur Verdeutlichung dieser Meßtechnik: Ein Autoreifen soll auf Schwachstellen untersucht werden. Dazu nimmt man zunächst ein Hologramm vom unbelasteten Reifen auf. Dann wird sein Bild mit Laserlicht rekonstruiert, und zwar so, daß es mit dem

Reifen selbst, der an seinem Platz verbleibt, zur Deckung kommt. Jetzt wird im Reifen geringfügig der Druck verändert. Hat sich der Reifen an einer fehlerhaften Stelle verformt, werden beim Betrachten der Überlagerung von virtuellem Bild und Originalreifen an den Stellen der Veränderung *Interferenzringe* sichtbar. Da die Rekonstruktion des Hologramms von den Änderungen des Reifens unberührt bleibt, befinden sich das rekonstruierte und das aktuell reflektierte Licht nicht in Phase – es kommt zur Interferenz. Um den jeweiligen Fehlerort herum sieht der Ingenieur Interferenzringe auch dann, wenn die Fehlstellen unter der Oberfläche des Reifens liegen, da die Methode bereits auf kleinste Verformungen in der Größenordnung der Lichtwellenlänge anspricht. So gelangt man mit Licht zu den «dunkelsten Punkten» des Reifens. Im Idealfall haben die Ringe einen Abstand von einer halben Lichtwellenlänge und lassen sich meßtechnisch gut auswerten.

Eine andere Methode speichert durch Doppelbelichtung zwei Hologramme – aufgenommen, bevor und nachdem der zu untersuchende Gegenstand verformt wurde – gleichzeitig auf der Photoplatte. Bei der Rekonstruktion erscheinen dann beide Bilder zugleich und führen zu einer nichtidentischen Überlagerung; es erscheinen wiederum Interferenzlinien. Die holographische Prüfung von Reifen, speziell von runderneuerten Flugzeugreifen, ist in der Luftfahrt bereits seit Jahren eingeführt. Viele Luftfahrtgesellschaften schreiben eine solche Prüfung sogar vor, zumal Flugzeugreifen bis zu sechsmal runderneuert werden.

Mit dem holographischen Meßverfahren läßt sich vieles unter die Lupe nehmen: Turbinenkränze und Rotorblätter, Zahnräder, Bremsscheiben und Auspuffkrümmer, Lautsprecher und Musikinstrumente, Geschützrohre wie auch Kunststoff-Flaschen – um nur einige Beispiele zu nennen – werden auf Material- und Klebefehler, Risse sowie Fehler an Löt- und Schweißnähten, aber auch auf ihr besonderes Schwingungsverhalten untersucht.

Meistens kommen dabei leistungsstarke Argon-Ionen-Laser zum Einsatz, in der schon genannten Schwingungsanalyse auch Riesenpulslaser. Auf diese Weise kann man Verformungen bis auf ein hundertstel Mikrometer genau ermitteln! Inzwischen kommt auch der Computer dem Menschen zu Hilfe, weil die Auswertung der holographischen Muster recht anspruchsvoll ist. Der Computer stellt seine Berechnungsergebnisse meistens in Form eines – auch ästhetisch schönen – reliefartigen Gitternetzes dar, aus dem der Fachmann schneller und

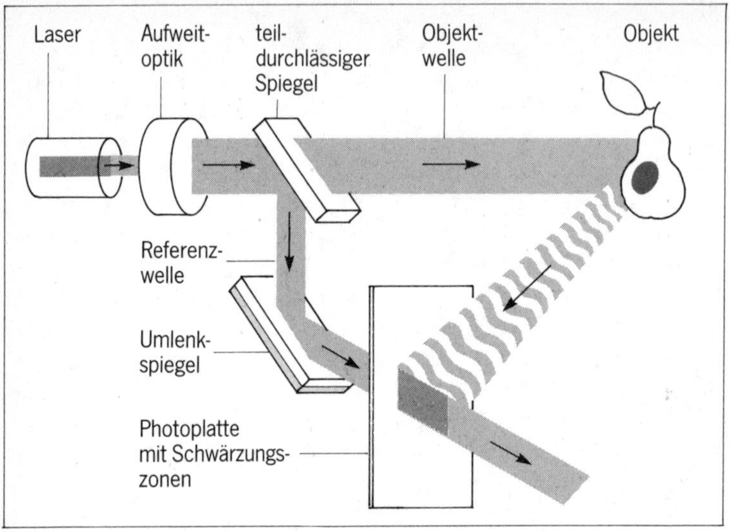

Abb. 20 *Prinzip der Volumenholographie (Tiefenholographie). Objekt- und Referenzwelle fallen von entgegengesetzten Seiten auf eine Photoschicht.*

übersichtlicher Informationen erhält als aus dem üblichen Streifenmuster. Ja, der Großcomputer hat sogar die übliche Laseranwendung vereinfacht, indem er diejenige Struktur, die bei der Herstellung eines Hologramms mit Laserlicht auf der Photoplatte gespeichert würde, theoretisch ermittelt und großflächig zu Papier bringt.

Bildaufzeichnung

Auch das Fernsehen wird vielleicht eines Tages in einem ganz anderen Licht erstrahlen. Besonders interessant ist in diesem Zusammenhang die Entwicklung von sogenannten *Volumenhologrammen* (auch Tiefenhologramme genannt), die es ermöglichen, mit gewöhnlichem weißem Licht Bilder zu rekonstruieren, ja sogar Farbholographie zu betreiben. Der Clou ist dabei, Objekt- und Referenzwelle von entgegengesetzten Seiten auf eine relativ dicke Photoschicht (etwa 20 Mikrometer) fallen zu lassen (Abb. 20). Durch Überlagerung der Wellen wird dann auch in der Tiefe der Platte eine Struktur erzeugt, das heißt, die verschiedenen Komponenten eines Hologramms werden übereinander in der Schichtdicke festgehalten. Bei einer Schichtstärke von etwa 20 Mikrometern lassen sich so fünfzig bis sechzig Schichten festhalten. Das Hologramm kann somit als eine Art Kristall aufgefaßt werden. Dies eröffnet aber für die Rekonstruktion ungeahnte Möglichkeiten:

Beleuchtet man nämlich ein solches Hologramm von der Seite der Referenzwelle her, entsteht durch Reflexion und Interferenz an den inneren Strukturen der Schicht ein Bild, wobei genau die Wellenlänge, das heißt die Farbe, die bei der Aufnahme verwendet wurde, herausgefiltert wird. Es kommt also trotz Verwendung von weißem Licht zu einer einfarbigen, dreidimensionalen Rekonstruktion. Wurde das Hologramm durch Beleuchtung des Objekts mit mehreren Laserwellenlängen aufgenommen (zum Beispiel durch die Kombination eines Argon-Ionen-Lasers mit seinen sechs verschiedenen Wellenlängen im blaugrünen und eines Helium-Neon-Lasers im roten Bereich), so erzeugt jede von ihnen im Volumen der Schicht die für diese Wellenlänge spezifische kristallartige Struktur. Bei Beleuchtung mit weißem Licht entsteht dann eine farblich richtige Rekonstruktion, obwohl die Information nur in einer schwarzweißen Photoplatte gespeichert ist. In der Mikroskopie nutzt man das Verfahren, indem man das zu untersuchende Präparat in Kontakt mit der Photoplatte bringt, die dann von beiden Seiten mit mehrfarbigem Licht bestrahlt wird. Zur Rekonstruktion genügt gewöhnliches Tageslicht.

In der Bildaufzeichnung bei Kino und Fernsehen kann die Volumenholographie weitere revolutionierende Möglichkeiten eröffnen. Denn das Hologramm besitzt ja die Eigenschaft, daß sich auf einer Photoplatte *mehrere Bilder gleichzeitig* festhalten lassen. Wenn man nämlich die Photoplatte während der Aufnahme dreht oder den Einfallswinkel des Referenzstrahls ändert, erhält man eine Serie von Hologrammen, die einander nicht stören. Diese Technik heißt Multiplex-Holographie. Mit ihr «lernt» die Holographie laufen: Wird nämlich die Platte bei der Betrachtung gedreht, so erscheinen die einzelnen Bilder nacheinander – es ist praktisch ein Holographie-Film mit bewegten, dreidimensionalen Bildern entstanden. Gelegentlich sieht man auf Ausstellungen Hologramme, die bewegte Bilder liefern, etwa einen im Tunnel verschwindenden Eisenbahnzug. Dazu muß man allerdings den Kopf seitlich drehen oder um ein gebogenes, zylinderförmiges Hologramm herumgehen. Es handelt sich dabei jedoch nicht um Volumenhologramme, sondern um vertikale Streifen von Szenenbildern, die *nebeneinander* im Hologramm gespeichert sind. In der Fernsehtechnik lassen sich Bilder aus Volumenhologrammen – wenn auch mit erheblichem Aufwand – bereits im Labor herstellen. Aber das Verfahren ist noch zu unwirtschaftlich, denn zur Übertragung der rund 100 Milliarden Bildpunkte eines quadratischen Hologramms von etwa 25 Zentimeter Kantenlänge wäre nach den heute üblichen Verfahren die gigantische Bandbreite von einer Million Megahertz erforderlich. Der Aufwand wird sich jedoch reduzieren lassen, wenn man die Auflösung herabsetzt, die Codes zur Übertragung verbessert und Laserstrahlen mit ihrer hohen Übertragungskapazität verwendet. Andererseits ist auch die Aufnahmetechnik noch problematisch, weil die ganze Szenerie mit kohärentem Licht beleuchtet werden und zudem die Aufnahmekamera eine außerordentlich hohe Auflösung haben muß. Dennoch könnte die Zukunft dem dreidimensionalen Fernsehen gehören.

Druck- und Sicherheitstechnik

Seit es möglich geworden ist, Hologramme drucktechnisch herzustellen, erobern sie den Alltag des Menschen. Diese *Prägehologramme* stellen nach Ansicht von Fachleuten einen der bedeutendsten Fortschritte in der Drucktechnik seit Erfindung des Mehrfarbendrucks dar. Dabei handelt es sich um massenhaft vervielfachte, gedruckte Hologramme, die in hohen Auflagen relativ schnell produziert werden können. Druckhologramme eignen sich besonders gut zum Einsatz in der Werbung. Sie können für Visitenkarten, Briefpapier und Werbematerialien, aber auch etwa für Modeschmuck verwendet werden. Des weiteren sind sie hohem Maße *fälschungssicher*. Dies veranlaßte viele Unternehmen, kleine Druckhologramme beispielsweise auf Kredit- und Scheckkarten, aber auch auf Uhren, Tennisschlägern und Originalersatzteilen anzubringen und als Echtheitsmerkmal zu benutzen.

Die Aufnahmetechnik eines solchen Hologramms entspricht zunächst den üblichen Verfahren: auf einer Photoplatte kommen Signal- und Referenzwelle zur Interferenz. Dann folgt aber ein zweiter, entscheidender Schritt: aus dem Laserlicht-Hologramm wird ein sogenanntes *Weißlicht-Hologramm* erzeugt. In das durch Laserlicht rekonstruierte, sich frei im Raum ausbreitende Wellenfeld wird eine neue Aufnahmeplatte gestellt und mit Laserlicht bestrahlt. Aus dem reellen Bild des ersten Hologramms und dem Referenzlicht entsteht ein zweites Hologramm. Dabei – und das ist der Trick – wird das erste Hologramm allerdings mit einer waagerechten, etwa fünf Millimeter hohen Spaltblende abgedeckt. Bei der Durchlichtrekonstruktion des gewonnenen zweiten Hologramms mit weißem Licht (Spektralfarbenbündel) erzeugt nun jede Farbe, das heißt jede Wellenlänge, neben dem eigentlichen, virtuellen Bild ein eigenes, reelles Bild der Spaltblende.

Je nach Augenstellung sieht der Betrachter das virtuelle Bild des Objekts nur durch jeweils eines der reellen Spaltbilder in *einfarbigem* Licht. Wegen der geringen Kohärenz des weißen Lichts ist die räumliche Tiefenschärfe des Hologramms begrenzt und außerdem durch Verwendung der waagerechten Spaltblende bei der Aufnahme auf die Horizontale beschränkt. Diese Qualitätsminderung nimmt man aber bewußt in Kauf, um das Hologramm bei normalem Tageslicht oder dem intensiv weißen Licht einer Glühlampe betrachten zu können – daher der Name «Weißlicht-Hologramm». Immerhin entsteht ein guter plastischer Eindruck, wenn der Blickwinkel seitlich – nach links oder rechts – verschoben wird. Bewegt man hingegen den Kopf auf- und abwärts, so sieht man aufgrund der Spaltblendentechnik bei der Aufnahme das Bild nacheinander in allen Regenbogenfarben (Regenbogen-Hologramm). Hier wird gleichsam ein Farbhologramm vorgetäuscht. In Wirklichkeit ist es natürlich einfarbig. Derzeit arbeitet man aber in den Lichtlaboratorien an wirklich farbigen Weißlicht-Hologrammen, die dann noch schärfer und räumlicher wirken.

Für die drucktechnische Herstellung eines solchen Hologramms erzeugt man eine Art Oberflächenrelief, indem man die belichtete Photoplatte chemisch behandelt und so die Interferenzmuster freilegt. Die durch Nickel-Metallbeschichtung gehärtete Reliefoberfläche dient dann als Preßform für eine dünne Polyesterfolie. Die reißfeste Folie läßt sich auf verschiedene Unterlagen rollen und bei 130 Grad Celsius fest verkleben. Sie ist der eigentliche Träger des Hologramms. Jedes Hologramm wird vor dem Auftragen von hinten mit einer dünnen Aluminiumschicht zur Lichtreflexion überzogen und anschließend von vorn mit Lackschutzschichten überdeckt. Insgesamt ergibt sich eine Schichtdicke von nur 23 Mikrometern. Jeder Versuch, dieses sogenannte Prägehologramm abzulösen, würde das filigrane Gebilde zerstören. Die komplexe und kostenintensive Technik des Prägedrucks beherrschen in Deutschland nur wenige Unternehmen. Allein schon diese Tatsache gewährleistet einen außerordentlich hohen Sicherheitsgrad.

Auch Dieben wird das Handwerk erschwert. Eine verblüffende Methode, extreme Fälschungssicherheit – besonders bei Dokumenten und Bildern – zu erzielen, besteht darin, die nahezu unbegrenzten Möglichkeiten der *Modulation* von Objekt- und Referenzstrahl der Laser zu nutzen. So braucht zum Beispiel der Referenzstrahl nicht unbedingt eine ebene, ungestörte Welle zu sein. Ein zweites, zusätzlich in den Referenzstrahl gestelltes Objekt moduliert die Wellenfront und führt zu völlig neuen, charakteristischen Interferenzen auf der Photoplatte. Bei der Rekonstruktion muß dann dieses *Referenzstrahlobjekt* wieder in der ursprünglichen Position stehen. Nur in diesem Falle erscheint das Bild. In der Kriminalistik versucht man beispielsweise, Fingerabdrücke als Referenzstrahlobjekte für Bilder und Photos von Tätern zu benutzen. So ließe sich für einen unbekannten Abdruck genau das dazugehörige, gesuchte Bild herausfiltern – vorausgesetzt, es wurde vorher gespeichert.

Holographische Datenspeicherung

Die bisherigen Erläuterungen haben gezeigt, daß Hologramme im Prinzip gigantische Datenspeicher sind. Photoplatten oder lichtempfindliche Kristalle erlauben prinzipiell höchste Speicherdichten, da wegen des hohen Auflösungsvermögens der Photomaterialien die Größe des Speicherplatzes nur von der Wellenlänge des Laserlichts abhängt. Deshalb versucht man vermehrt, die Speichereigenschaft des Hologramms im Bereich moderner Informations- und Kommunikationssysteme (Archive, Büchereien, EDV-Anlagen) zu nutzen.

Beim Aufzeichnungsvorgang interferiert die Objektwelle, nachdem sie die Datenvorlage (zum Beispiel Zahlenmaterial oder Texte auf Transparentfilm) «durchleuchtet» hat, mit der Referenzwelle zu dem gewünschten Hologramm auf der Speicherplatte. Nach Wechseln der Datenvorlage können auf benachbarten Stellen der Speicherplatte weitere Hologramme erzeugt werden. So lassen sich über zehntausend punktförmige Miniaturhologramme in Reih und Glied abspeichern.

Die gespeicherten Informationen werden wieder ausgelesen, indem die Rekonstruktionswelle über ein Lichtablenkungssystem Stück für Stück die Hologramme der Speicherplatte durchstrahlt. Die entstehenden reellen Bilder erzeugen auf einer flächigen Anordnung von Photoelementen elektrische Signale, die – zum Beispiel für eine Bildschirmdarstellung – weiter verarbeitet werden können (Abb. 21). Je nachdem, ob Flächen- oder Volumenholographie zum Einsatz kommt, können zur Zeit etwa 10 Millionen bit pro Quadratzentimeter beziehungsweise 10 Milliarden (10^{10}) bit pro Kubikzentimeter gespeichert werden, wobei 1 bit – eine Einheit aus der Datentechnik – die kleinste logische Informationseinheit darstellt. Zum Vergleich: das menschliche Gehirn hat eine Speicherkapazität von mehr als 100 Milliarden (10^{11}) bit pro Kubikzentimeter. Theoretisch ließen sich sogar Speicherdichten von 1 Billion (10^{12}) bit pro Kubikzentimeter erreichen. Damit könnte man den kompletten Inhalt einer Uni-Bibliothek in einem Kristall von der Größe eines Zuckerwürfels speichern! Doch das ist noch Zukunftsmusik. Bisher wurden vor allem nicht löschbare optische Massenspeicher aufgebaut, die, wie ein Buch, nur einmal fest mit Daten beschrieben werden können.

Kleinere optische Speicher von 10^7 bit und mehr sind schon vereinzelt als Datenbank in den Computern des Bankwesens im Einsatz. An holographischen Speichermedien, die wieder löschbar sind, wird zur Zeit noch gearbeitet.

Die Anwendungsmöglichkeiten der Holographie befinden sich trotz verbreiteten Einsatzes der Technologie immer noch im Anfangsstadium. Denn der Einsatz des Lasers ist mit den angesprochenen Bereichen noch nicht erschöpft. Bedenkt man, daß die Methode der Holographie nicht auf die Wellenlängen des Lichts beschränkt ist, wird verständlich, daß intensive Forschungen mit dem Ziel betrieben werden, Hologramme mit weitgehend kohärenten Röntgenwellen, Mikrowellen, ja auch mit Schallwellen (vornehmlich Ultraschall, reproduziert jedoch mit Lasern und dadurch optisch sichtbar gemacht) zu erzeugen. Sicherlich wird die Holographie dann auch in zahlreichen anderen Bereichen, in der Mikroskopie, Medizin oder in der Strömungslehre, wo die Eigenschaften strömender Flüssigkeiten oder Gase untersucht werden, in Zukunft noch eine bedeutendere Rolle spielen als bisher.

Kunst und Unterhaltung

Laser mit Strahlverteilungsoptiken und beweglichen Spiegelablenksystemen werden schon seit langem zur Dekoration und Werbung eingesetzt. Diskotheken und Musikveranstaltungen bieten Lasershows, die Farbtöne aus dem gesamten Farbspektrum (Kryptonlaser) produzieren und das Publikum in eine wahre Flut aus Laserstrahlen tauchen. Selbst städtebauliche Akzente werden in der Dunkelheit durch farbige, in den Himmel projizierte Laserstrahlraster gesetzt.

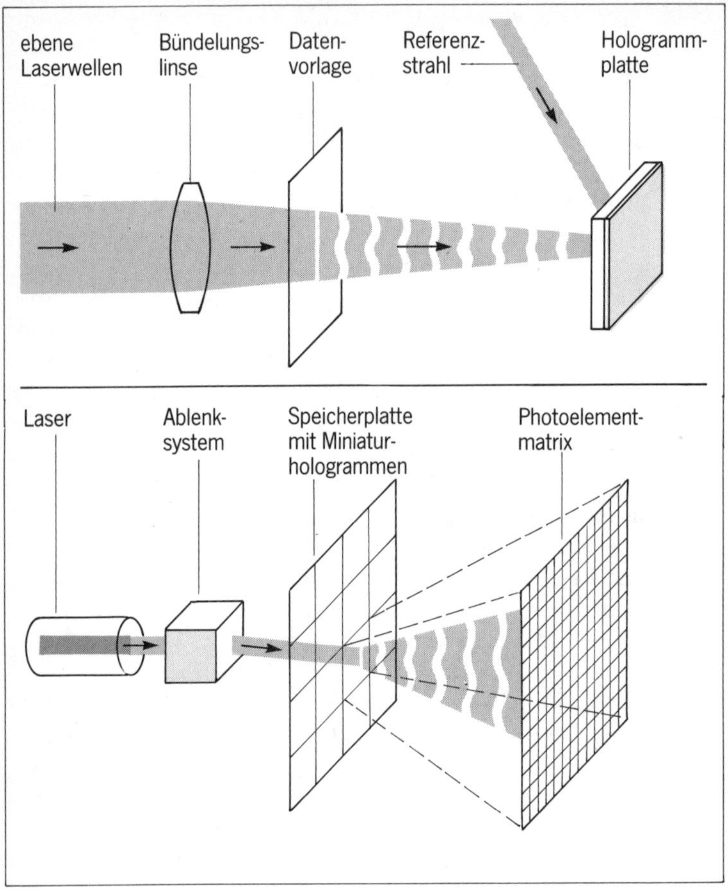

Abb. 21 *Holographische Datenspeicherung und -wiedergabe. Bei der Aufnahme wird die Datenvorlage vom Laserlicht durchleuchtet. Bei der Rekonstruktion erzeugen die reellen Bilder auf einer Photoelementmatrix elektrische Impulse.*

Mit der Holographie erleben wir darüber hinaus die Geburt einer neuen Dimension in der Kunst: dreidimensionale Scheinobjekte schweben gewissermaßen im Raum. Greift man nach ihnen, scheinen sie sich, einer Fata Morgana gleich, in Luft aufzulösen. Im Theaterbereich lassen sich Figuren oder Gebäude auf die Bühne projizieren und mit der eigentlichen Bühnendekoration überlagern. Schauspieler können dann geisterhaft die lasererzeugten Trugbilder durchdringen.

Auch Photographen zeigen gern ihr künstlerisches Talent, indem sie oft beeindruckende holographische Abbildungen bestimmter Vorlagen präsentieren: Die wohl größte Hologrammsammlung befindet sich zur Zeit im Museum für Holographie in New York, eine weitere beachtliche holographische Sammlung präsentiert das Museum im Kopenhagener Tivoli.

Industrielle Meßtechnik – Grenzen der Genauigkeit

Fluchtung

Die große Bündelungsschärfe des Lasers, kombiniert mit seiner hohen Lichtintensität, eröffnet ihm überall dort eindrucksvolle Anwendungsmöglichkeiten, wo man «masselose» Bezugslinien oder -ebenen benötigt, der Laser also die Richtschnur ersetzt. Im Maschinenbau, im Flugzeug- und Schiffbau, im Hoch- und Tiefbau sowie im Bergbau müssen oft bestimmte Bauteile oder Meßpunkte auf ihre waagerechte, lotrechte oder andere geradlinige Lage hin überprüft und ausgerichtet – kurz «gefluchtet» werden. Oft tritt auch das Problem auf, Maschinen, bewegliche Verschalungen im Hoch- und Tiefbau und dergleichen mehr in ihrer geradlinigen Bewegungsrichtung zu steuern und zu kontrollieren. Viele der bisher gebräuchlichen Meß- und Kontrollgeräte (Fluchtungsfernrohr, Theodolit, Meßlatten usw.) arbeiten so, daß die zu fluchtenden Teile – oft durch eine vergrößernde Optik betrachtet – in Sichtrichtung zur Deckung gebracht werden müssen. Sie sind aber entweder zu ungenau oder erfordern bei der Messung einen zu hohen Zeitaufwand. Außerdem lassen sie sich nur unzureichend in direkte Korrektur- und Steuerungsinformationen für den automatisierten Arbeitsprozeß umwandeln.

Für diese Aufgaben setzt man Laser ein, damit «die Richtung stimmt». Gegenüber dem Licht herkömmlicher Quellen, das sich auch durch Reflektoren und Bündelungsoptiken nur selten zu Leitstrahlen fügen läßt, eignet sich der Strahl eines Gaslasers sehr gut als «optischer Bindfaden», also als Bezugsachse. Die ohnehin schon geringe Divergenz des Strahls kann durch eine Aufweitoptik auf ein Minimum gebracht werden. Selbst auf eine Entfernung von einigen hundert Metern läuft der Strahl bei einem typischen Durchmesser von zwei Zentimetern noch nahezu in sich parallel. Dabei besitzt er noch genügend Strahlungsdichte, um zum Beispiel von Zieltafeln oder Meßlatten beziehungsweise elektronischen Empfängern geortet zu werden. Außerdem ist das Licht so gut monochromatisch, daß es mit Hilfe von Filtern ohne große Schwierigkeiten vom Störlicht zu trennen ist.

Wird durch den Laserstrahl nur eine Bezugsachse vorgegeben, genügt es oft schon, die Lage der Gegenstände, zum Beispiel Wandelemente im Hausbau, ohne Hilfsmittel direkt mit dem Laserstrahl zu vergleichen und so weit zu verschieben, bis keine Abweichung mehr festzustellen ist. Oder aber es werden optische Zieltafeln mit Gitter- oder Fadenkreuzmustern auf dem zu fluchtenden Bauteil montiert, um so eine direkte Kontrolle der Laserstrahlung durch den Lichtfleck zu gewährleisten. Der Einsatz von Lasern lohnt sich vor allem beim Fluchten von Einrichtungen mit großen Abmessungen. Auf diese Weise werden Schornsteine, Türme und Masten, Flugzeughallen, Großflugzeuge und Raketen, ja sogar Tanker ausgerichtet und vermessen. Beispielsweise stellte sich der Jumbo-Jet Boeing 747 dem Laserlicht, als seine dreißig Meter langen Tragflächen mit Hilfe von Laserfluchtungsgeräten mit 0,3 Millimeter Genauigkeit montiert wurden. Mit konventionellen Verfahren erreicht man eine solche Präzision kaum.

Verwendet man optische Strahlteiler und Umlenkoptiken, so läßt sich ein ganzes Netz achsenparalleler beziehungsweise dazu senkrechter Fluchtachsen schaffen, um so sich wiederholende Montagevorgänge – zum Beispiel im Beton-Skelettbau – zu erleichtern. Die Wasserwaage hat hier schon lange ausgedient. Drehbar gelagerte Laser oder Umlenkprismen können auch an gebogenen Begrenzungen wie Gewölben und Tunneln zeitlich nacheinander ein ganzes Bündel von Lichtstrahlen erzeugen und so die Rundungen exakt vorgeben (Abb. 22). Es ist auch möglich, durch Zylinderlinsen ein Flächenfadenkreuz zu erzeugen, um so eine Richtungsführung beispielsweise für Bearbeitungsmaschinen unter Tage zu haben.

Für Planierungsarbeiten, um Fundamente und Fußböden auf gleiche Höhe zu bringen oder zur Montage räumlicher Bauelemente (Dekken und Wandelemente) hat man Rotationslaser entwickelt. Mit Hilfe eines sich drehenden Prismas rotiert der Laserstrahl – gleich einem Leuchtfeuer – mit etwa zehn bis zwanzig Umdrehungen pro Sekunde um eine feste Achse. Die dadurch aufgespannte Laserebene kann im Umkreis bis zu mehreren hundert Metern geortet werden und erlaubt so auf vielen Hektar gleichzeitig Bauarbeiten in dieser Bezugsfläche, beispielsweise beim Bau von Flughäfen.

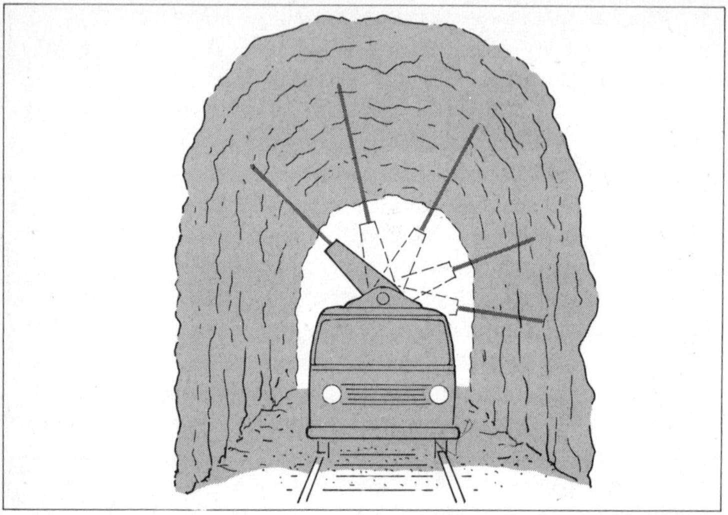

Abb. 22 *Drehbar gelagerte Laser können auch in Gewölben exakte Begrenzungen vorgeben.*

Möchte man Bearbeitungsmaschinen vollautomatisch steuern, muß ein elektronischer Empfänger, ein Photoempfänger als Zielscheibe für den Laser eingesetzt werden. Er besteht beispielsweise aus einem Feld mit vier getrennten Photoelementen und ähnelt damit einer kleinen, viergeteilten Torte, die es erlaubt, mit Hilfe einer Auswertelektronik die Abweichung des Laserstrahls in waagerechter und senkrechter Richtung zu ermitteln. Die elektronisch ermittelten Daten der Abweichung dienen dazu, die Seiten- beziehungsweise Höhentriebe der Maschinen automatisch so zu steuern, daß das Zentrum des Photoempfängers, der mit der Maschine fest gekoppelt ist, immer mit der Laserstrahlachse übereinstimmt. Es waren also Laser, die in vielen Städten beim Bau der U-Bahnen die tonnenschweren Bohrmaschinen und Fräsen steuerten: Abweichungen vom vorgegebenen Weg lagen dabei unter einem Zentimeter. Außerdem waren die Tagesleistungen deutlich höher als bei herkömmlichen Verfahren mit mechanischen Winkelmeßgeräten, den Theodoliten. Allerdings sind Feinfluchtungen mit dem

Laser nur unter ausreichend stabilen atmosphärischen Bedingungen möglich, denn Luft kann den Laser «aus dem Lot» bringen: Turbulenzen, Druck und Temperatur wirken sich auf die Brechkraft der Luft aus und können so die Intensitätsverteilung des Laserlichts stören. Fehlmessungen sind dann nicht ausgeschlossen.

Entfernungsmessung

In vielen industriellen Bereichen läuft der Laserstrahl die Strecke ab, wenn es gilt, eine bestimmte Entfernung zwischen zwei Punkten zu messen. Bei kleineren Strecken unter hundert Metern spricht man auch von Längenmessung. Hier eröffnen sich den Pulslasern wegen ihrer starken Bündelung und hohen Intensität neue Möglichkeiten.

Für die Entfernungsmessung mit Hilfe elektromagnetischer Wellen – und dazu zählen ja auch die Laserstrahlen – gibt es verschiedene Methoden. Hier soll das sogenannte *Pulslaufzeit-Verfahren* erläutert werden:

Ein Pulslaser mit einer Spitzenleistung von einigen hundert Megawatt sendet einen scharf gebündelten Strahl in Richtung Meßobjekt aus. Von diesem wird je nach Beschaffenheit ein mehr oder minder großer Anteil der Strahlung in Richtung Sender reflektiert. Am Empfangsort wird die Strahlung durch einen Hohlspiegel gebündelt, durch Filter vom störenden Fremdlicht befreit und einer photoelektrischen Anzeige zugeführt. Die eingebaute Elektronik stellt fest, wie lange das Licht braucht, um zurückzukommen, indem sie aus dem abgehenden und vom Meßobjekt reflektierten Laserlicht zwei elektrische Marken bildet (Abb. 23). Da die Lichtgeschwindigkeit bekannt ist, kann aus dem zeitlichen Abstand der beiden Marken sofort die zu messende Entfernung errechnet werden, ja die Anzeigevorrichtung läßt sich sogar direkt in Entfernungseinheiten eichen.

Dieses dem Echolot beziehungsweise dem herkömmlichen Radar der Funkmeßtechnik verwandte Verfahren unterscheidet sich von diesen lediglich durch die kürzere Wellenlänge der ausgesandten Strahlung, dank deren sich der Meßstrahl stärker bündeln und somit die Entfernung auch kleinerer Objekte messen läßt. In dieser Hinsicht ist es allen anderen optischen Meßverfahren für große Entfernungen überlegen. Häufig findet man für das optische Radar auch die Bezeichnung

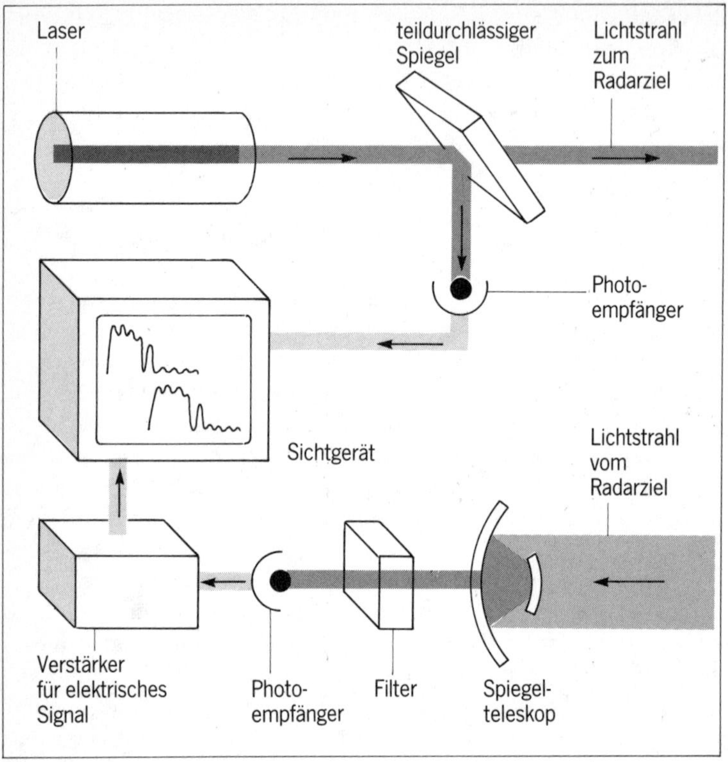

Abb. 23 *Prinzip eines Laser-Radars. Das abgehende und das vom Meßobjekt reflektierte Laserlicht erzeugen auf dem Sichtgerät zwei Marken. Aus dem zeitlichen Abstand der Marken kann die zu messende Entfernung bestimmt werden.*

Colidar, eine Wortzusammensetzung aus dem englischen «*Co*herent *li*ght *d*etection *a*nd *r*anging».

Nachteilig wirkt sich immer der atmosphärische Einfluß, speziell Nebel und Regen, auf die Laserstrahlung aus. Da steht der Laser schon mal «im Dunkeln». Das gilt – mit Einschränkung – allerdings auch für andere optische Meßverfahren. Außerdem ist es schwierig, mit dem scharf gebündelten Laserstrahl das Ziel zu erfassen. Daher muß man ihn durch ein Fernrohr mit Fadenkreuz führen. Werden kleinere Objekte angepeilt, muß der Sender überdies frei von Erschütterungen aufgebaut sein, damit sein «Schuß» nicht verwackelt. Erschwerend kommt hinzu, daß schon geringste Hindernisse, wie einzelne Leitungsdrähte oder Äste, Strahlung reflektieren und somit die Messung stören. Deshalb müssen die rückkehrenden Signale durch eine aufwendige Elektronik nach Zeit und Intensität sortiert werden. Für präzise Entfernungsmessungen mit dem Laser-Radar ist die Kürze der ausgesandten Laserpulse wichtig. Vor allem muß die Zeit zwischen den elektrischen Marken exakt gemessen werden. Bestimmt man die Zeit auf eine milliardstel Sekunde genau, so kann man die Entfernung über Kilometer hinweg auf ± 30 Zentimeter angeben. Transportiert der Laserstrahl dagegen spezielle Meßwellen, kann mit Hilfe von Interferenzauswertungen eine Genauigkeit von rund einem Zentimeter auf 10 Kilometer erreicht werden! Bei schönem Wetter ist es mit einer guten Meßapparatur möglich, auf der Erde Entfernungen bis zu 50 Kilometern zu messen. Da der Strahl dann aber bei dieser Entfernung trotz Bündelung einen Durchmesser von etwa 50 Metern erreicht, kann er leicht im Vorfeld auf Hindernisse treffen und die oben erwähnten Schwierigkeiten bereiten.

Bei der Messung solch weiter Strecken bringt man am Untersuchungsobjekt einen Spiegel an, durch den ein großer Teil des Lichts zum Empfänger reflektiert wird. Der Spiegel müßte jedoch äußerst genau justiert werden, um mit dem reflektierten Strahl auch tatsächlich den Empfänger zu treffen. Um dies zu umgehen, verwendet man einen *Tripelspiegel* oder auch ein *Tripelprisma*, drei Spiegel beziehungsweise Prismen, die wie die Seiten eines Quaders in einer Ecke aufeinanderstoßen. Die reflektierenden Flächen stehen also senkrecht aufeinander, sie bilden eine verspiegelte Ecke (Abb. 24). Der Spiegel oder das Prisma hat die Eigenschaft, auftreffendes Licht unabhängig von seinem Einfallswinkel exakt in die Richtung zu reflektieren, aus der es einfiel. Durch solche Anordnungen ergeben sich sehr viel höhere Empfangsleistungen, so daß auch bei schlechten Witterungsverhältnissen gemessen werden kann und das Signal sich deutlich von den Störreflexen der Umgebung abhebt.

Laserentfernungsmesser werden unter anderem als exakte Höhenmesser im Flugzeug bei der Aufnahme von Stereoluftbildern, wie sie zur genauen Landschaftsvermessung benötigt werden, eingesetzt, da die Auswertung dieser Bilder nur bei ausreichend genau bekannter Flughöhe im Moment der Aufnahme möglich ist. In der Militärtechnik findet man oft in Fahrzeugen montierte Lasermeßgeräte, um die Entfernung zu Zielen oder Orientierungspunkten zu bestimmen.

Besonders gute Leistungen erbringt das Lasermeßverfahren im Weltraum, wo die Schwächung der Strahlung durch die Atmosphäre entfällt: Bei amerikanischen und sowjetischen Raumsonden wurde dank Laserhilfe von Bord aus die exakte Höhe während der Landung auf Mond und Mars und darüber hinaus auch die Entfernung zwischen einzelnen Raumschiffen bei Ankoppelmanövern oder zu Satelliten und anfliegenden Raketen teilweise bis auf wenige Zentimeter genau ermittelt.

Aber auch von der Erde aus sind Versuche unternommen worden, Objekte im Weltall anzupeilen. Der Laserstrahl verläßt die Erdatmosphäre nach etwa 10 Kilometern und kann sich dann im Weltraum ohne Abschwächung ausbreiten. Die Hauptschwierigkeit bestand darin, daß der Strahl beim Übergang von der Atmosphäre in den Weltraum abgelenkt wird und bei seiner Rückkehr die Meßapparatur nicht mehr trifft. Trotzdem ist es gelungen, Satelliten, die mit Tripelprismen besetzt waren, in 1000 Kilometer Entfernung anzupeilen und ihre Bahnen zu verfolgen. Neben militärischen Anwendungen (siehe Kapitel «Laserwaffen») wird eine verbesserte Lagevermessung der Kontinente angestrebt. Auf diese Weise entdeckte man auch, daß zum Beispiel Sizilien langsam nach Norden driftet und in einigen hunderttausend Jahren die Höhe von Neapel erreichen wird.

Ein besonders beeindruckendes Experiment war die Vermessung der Entfernung zwischen Erde und Mond, die erstmals 1964 durchgeführt wurde. Mit Hilfe eines Rubinlasers, dessen Puls von der Mondoberfläche reflektiert wurde, und eines 260-Zentimeter-Teleskops als Sender und Empfänger gelang es, die Strecke auf rund 2 Meter genau zu bestimmen. Sie beträgt im Mittel 384 000 Kilometer. Die Genauigkeit war vor allem durch Unregelmäßigkeiten der Oberfläche sowie durch die Krümmung des Mondes begrenzt. In den folgenden Jahren wurden dann von den amerikanischen Astronauten der Apollo-11-Mission und vom sowjetischen Mondfahrzeug Lunochod 1 auf dem Mond Laserreflektoren installiert, die einen wesentlich größeren Teil des Lichts zur Erde zurücksenden. Die Reflektoren bestehen aus bis zu hundert Tripelprismen (Abb. 24) von hochpräzisem Schliff, und sie sind so gehaltert, daß trotz extremer Temperaturschwankungen von

– 170 bis + 130 Grad Celsius keine Instabilitäten auftreten. Im August 1969 ertastete dann ein Riesenpulslaserstrahl von 1,8 Millionen Kilowatt vom Teleskop des Lick-Observatoriums in Kalifornien die Tripelspiegel auf dem Mond. Der feine Laserstrahl hatte beim Auftreffen eine Streuung von 1,6 Kilometern, und der reflektierte Strahl war bei der Rückkehr auf die Erde 16 Kilometer breit, wovon 3 Meter wieder in dem Teleskop landeten. Der ganze Vorgang dauerte rund 2,5 Sekunden. Aus der auf zehn Dezimalstellen exakten elektronischen Zeitmessung konnte die Entfernung Erde – Mond auf 20 Zentimeter genau gemessen werden.

Nicht für die *absolute* Entfernung interessieren sich die Wissenschaftler; sie möchten vielmehr wissen, ob sich die Entfernung nach einigen Monaten oder Jahren verändert. Damit ließen sich nämlich Fragen klären, die die Verteilung der Masse innerhalb des Mondes oder die Kontinentverschiebungen auf unserem Erdball betreffen. Die Meßergebnisse könnten auch zur Überprüfung der Hypothese beitragen, daß sich das Weltall ausdehnt, indem sie die Frage beantworten, ob die Schwerkraft mit der Zeit eine langsame Veränderung erfährt. Die Klärung solcher Fragen ist von fundamentaler Bedeutung für unser astronomisches Weltverständnis.

Längenmessung

Ein weiteres Anwendungsgebiet des Lasers ist die *Präzisionslängenmessung* mit Hilfe des Interferometerprinzips. Schon heute ist es bei mehreren Anwendungen, zum Beispiel bei der Herstellung astronomischer Beobachtungsinstrumente, erforderlich, Längenmessungen über einige Meter mit einer Toleranz von weniger als einem Mikrometer durchzuführen. Das Prinzip der Längenmessung läßt sich am besten am Michelson-Interferometer verstehen (Abb. 25). Der Laserstrahl wird durch einen optischen Strahlteiler, oft ein halbdurchlässiger Spiegel, in zwei aufeinander senkrecht stehende Teilstrahlen zerlegt. Die an den beiden Endspiegeln S 1 (fest) und S (beweglich) in sich reflektierten Bündel laufen, vom Strahlteiler wieder zu einem Bündel vereint, zu einem Photodetektor. Dort entstehen Interferenzen als Folge der Überlagerungen der beiden Teilstrahlen (siehe Kapitel «Holographie»). Zur Interferenz kann es allerdings nur kommen, wenn die gleichzeitig aus-

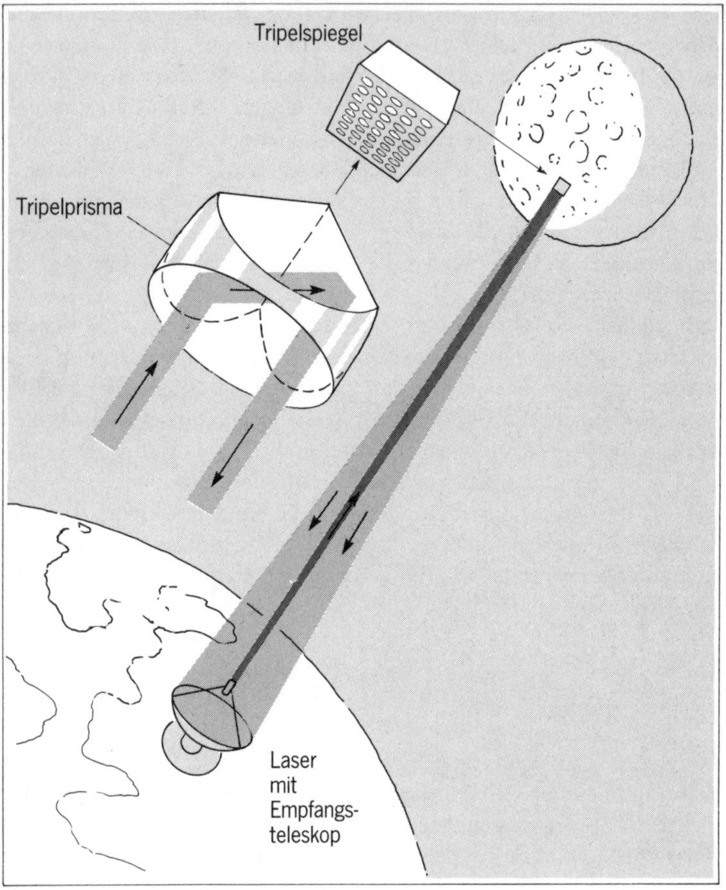

Abb. 24 *Laserprismen, von Astronauten auf dem Mond installiert, reflektieren den Laserstrahl zum Empfangsteleskop auf der Erde. Der Aufbau des Tripelprismas (Tripelspiegel) zeigt die parallele Rückführung des Lichts nach Reflexion an zwei Spiegelflächen.*

gesandten Lichtwellenzüge lang genug sind, um sich trotz unterschiedlicher Weglänge zwischen den Spiegeln doch noch zu überlagern. Wegen der großen Kohärenzwellenlänge der Laserstrahlung ergeben sich jedoch auch bei großen Meßstrecken, das heißt großen Wegunterschieden zwischen den Spiegeln, deutliche Interferenzen, so daß sogar Längen bis zu 50 Metern und darüber erfaßt werden können. Die Lage der Interferenzstreifen ist abhängig vom Unterschied der Strecken, die das Licht über S1 und S zurücklegt. Verschiebt man nun den Endspiegel S, so wandern die Interferenzstreifen am Photodetektor entsprechend der Phasenlage der reflektierten Lichtbündel. Ein angeschlossener Zähler zählt die Anzahl der Hell-dunkel-Wechsel, die somit ein Maß für die Bewegung des Spiegels S sind. Der am Zähler angeschlossene Rechner zeigt die Spiegelverschiebung direkt in Metern, Millimetern und Mikrometern an. Verwendet man Helium-Neon-Gaslaser, so können sehr kleine Weglängen bis zu einem zehntel Mikrometer gemessen werden. Mit Hilfe elektronischer Auswertmethoden sind sogar noch Spiegelverschiebungen von einem Hundertstel der verwendeten Wellenlänge – das sind millionstel Millimeter! – und darunter sicher zu erfassen.

Maschinen laufen nun an der «Laser-Leine», denn das aus dem Rechner kommende elektrische Signal läßt sich sofort zum aktiven Steuern von Bearbeitungsautomaten einsetzen. Hierzu zählen unter anderem computergesteuerte Werkzeug- und Koordinatenmeßmaschinen, wie man sie zum Bohren, Drehen und Fräsen von Werkstücken benötigt. Allerdings läßt sich die hohe Genauigkeit des Lasermeßsystems zur Zeit von diesen Maschinen noch nicht voll ausschöpfen, da ihre Mechanik die erforderliche Präzision nicht erreicht.

Geschwindigkeitsmessung

Mit einem Laserstrahl können auch Geschwindigkeiten gemessen werden, da mit dem kohärenten Sendestrahl ein Überlagerungsempfang, wie bei der Längenmessung erläutert, möglich ist. Ein wesentlicher Vorteil für die Messung ist die ausgezeichnete Bündelung der Meßstrahlung. Außerdem besteht die Möglichkeit, auch kleinste Geschwindigkeiten von wenigen Millimetern pro Sekunde sehr genau zu messen, beispielsweise an Werkzeugmaschinen oder in strömenden Flüssigkeiten.

Der Messung zugrunde liegt der *Dopplereffekt*: Wird von einem Sender eine Wellenfront zu einem Empfänger geschickt, so ist bei einer Bewegung von Sender und Empfänger relativ zueinander die am Emp-

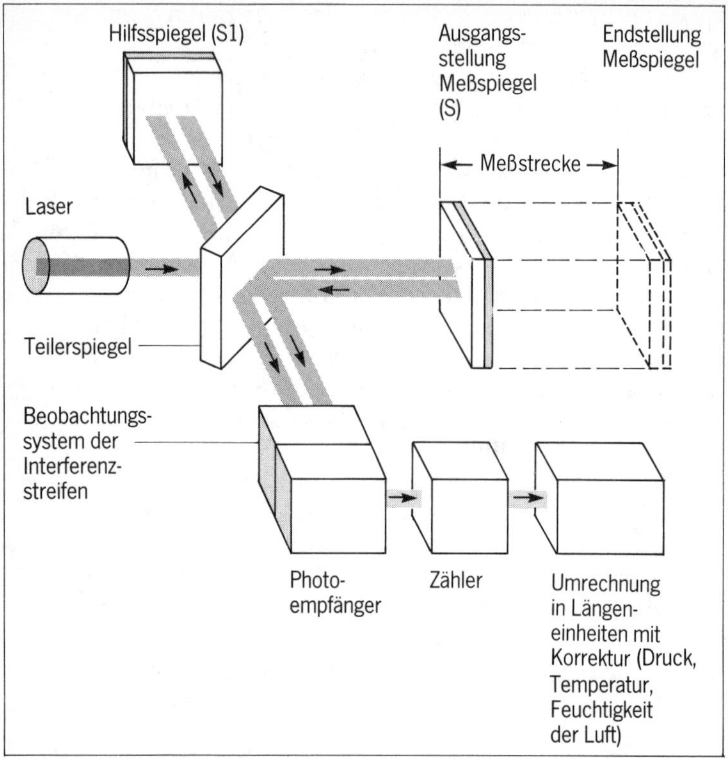

Abb. 25 *Aufbau eines Interferometers. Der Laserstrahl wird in zwei Teilstrahlen zerlegt, die nach Reflexion an den Endspiegeln S1 (fest) und S (beweglich) wieder gebündelt einem Photodetektor zugeführt werden. Aufgrund der unterschiedlichen Weglänge der Teilstrahlen (Armlänge) kommt es am Detektor zur Interferenz.*

fänger aufgenommene Frequenz nicht gleich der vom Sender ausgestrahlten. Bewegen sich nämlich Sender und Empfänger aufeinander zu, so wird eine höhere Frequenz empfangen, bewegen sie sich voneinander weg, so ist die empfangene Frequenz niedriger. Dieser Effekt ist von der Autobahn her wohlbekannt und läßt sich dort mit Schallwellen nachempfinden: Bewegt sich ein Fahrzeug auf den Beobachter zu, so hört man ein helles Motorengeräusch. Beim Vorüberfahren schlägt der Ton um und nimmt eine niedrigere Tonhöhe an, das heißt, die Frequenz des Motorengeräusches scheint niedriger geworden zu sein. Dabei fährt das Fahrzeug mit gleichbleibender Geschwindigkeit. Das menschliche Ohr ist so empfindlich, daß es die dabei auftretenden Frequenzunterschiede zu erkennen vermag. Auch die Polizei nutzt diesen Dopplereffekt – allerdings mit Radarwellen – zur Geschwindigkeitskontrolle. Neuerdings setzt sie auch sogenannte «laser speed guns» ein: Die Fahrgeschwindigkeit wird mit einem Laser, also mit Lichtwellen, ermittelt.

Für Lichtwellen gilt nämlich das gleiche Prinzip, nur sind die Frequenzänderungen sehr klein. Sie können aber mit Hilfe des *optischen Überlagerungsempfanges* gemessen werden. Das vom sich bewegenden Objekt reflektierte Licht wird – ähnlich wie bei der Längenmessung – mit einem Teil des ausgesandten Lichts auf einen Photoempfänger gegeben. Durch die Überlagerung entsteht eine sogenannte *Schwebungsfrequenz*. Das ist eine Art Zwischenfrequenz, die ausgewertet wird. Sie ist der Geschwindigkeit des bewegten Objekts proportional. Je kleiner die benutzten Wellenlängen sind – also Laserlicht anstelle von Radiowellen –, desto größer sind die erzielten Frequenzänderungen. Sie liegen für Objektgeschwindigkeiten von einigen Metern pro Sekunde im Megahertzbereich, für Objektgeschwindigkeiten über 100 Kilometern pro Stunde im Gigahertzbereich. Fazit: Dem Laserlicht entgeht keiner, aber für ein universell einsetzbares Geschwindigkeitsmeßgerät muß die aufwendige Elektronik einen großen Frequenzbereich überstreichen.

Für die Geschwindigkeitsmessung kommt nur ein kontinuierlicher Laser, meistens ein Helium-Neon-Laser, in Frage. Entscheidend ist dabei dessen geringe Strahlaufweitung und damit gute Auslesefähigkeit. Es lassen sich Entfernungen zu Objekten, die das Licht gestreut reflektieren, bis zu 100 Metern überbrücken, bei Verwendung von Tripelspiegeln am Objekt wächst die Entfernung auf rund einen Kilometer.

Im Weltraum entfällt die atmosphärische Störung. Dort kann die Geschwindigkeit von Objekten mit Helium-Neon-Lasern über eine Entfernung von rund 20 Kilometern gemessen werden. Wenn es eines Tages gelingt, mit den leistungsstärkeren Argonlasern hinreichend stabile Ausgangsfrequenzen bereitzustellen, werden die zulässigen Entfernungen beachtlich größer.

Besonders wichtig ist die Geschwindigkeitskontrolle beim Rendezvous zweier Raumflugkörper, da es hier vor allem darauf ankommt, kleinste Geschwindigkeitsdifferenzen der Raumschiffe untereinander zu ermitteln. Mit Hilfe des Dopplereffekts ist es dabei möglich, auch die Richtung der Bewegung – aufeinander zu oder voneinander weg – festzustellen. Auch für die Messung der Landegeschwindigkeit von Flugzeugen sowie deren Entfernung zum Aufsetzpunkt wurde der Laser, in diesem Fall ein Kohlendioxidlaser, schon versuchsweise eingesetzt. Bordrechner ermittelten aus der Veränderung zwischen Hin- und Rücklauf von Abtaststrahlen die für den Piloten erforderlichen Werte.

Neben der Vermessung von Objekten, die so groß sind wie ein Fußballplatz, ist es mittlerweile gelungen, auch die Geschwindigkeit kleinster Partikel in der Größenordnung von einem tausendstel bis zu einem zehntausendstel Millimeter zu bestimmen. Solche Partikel findet man in bestimmten Gasen und als Staub auch in der Luft. Wird das Licht an bewegten Teilchen gestreut, so tritt der Dopplereffekt auf. Im gestreuten Licht entsteht eine Frequenzverschiebung, die der Geschwindigkeit proportional ist. Dadurch konnte zum Beispiel die Ausstoßgeschwindigkeit der Gase von Raketentriebwerken so exakt bestimmt werden, wie es ohne Laser nicht erreichbar gewesen wäre. Im Windkanal sind jetzt berührungslose und damit störungsfreie Messungen der Strömungsgeschwindigkeit möglich, wo früher ausschließlich Sonden mit allen ihren Nachteilen eingesetzt wurden. Und schließlich konnte man mit dem Leuchtfinger «in die Glut fassen», wobei Geschwindigkeitsmessungen am glühenden Walzgut bis hinunter zu 0,2 Millimetern pro Sekunde durchgeführt wurden.

Lichtstreuung wird auch dazu benutzt, winzige Bewegungen und Oberflächenveränderungen von Objekten zu entdecken und zu vermessen.

Während bei der Beleuchtung eines Gegenstandes mit weißem Licht nur Strukturmerkmale wie zum Beispiel Löcher und Rauhigkeiten zu erkennen sind, kommt bei der Streuung von Laserbeleuchtung eine alles überziehende Körnigkeit hinzu, die sogenannte Lasergranulation. Im Englischen spricht man von *speckle*.

Ursache ist die strenge Kohärenz des Laserlichts. Vor einer optisch rauhen Oberfläche, das heißt mit zufällig verteilten Unregelmäßigkeiten mindestens von der Größenordnung der Lichtwellenlänge λ, überlagern sich viele gestreute Teilwellen und addieren sich mit je nach zurückgelegtem Weg variierenden Phasen. Bei der Addition kommt es nach statistischen Gesetzen zu einer örtlich wechselnden Helligkeit, dem Lasergranulationsmuster. Es ist somit ein verschlüsseltes Abbild der Oberflächenfeinstruktur.

Aus der allmählichen Änderung des Speckle-Musters kann man nun auf Änderungen der Oberfläche, hervorgerufen etwa durch chemische oder mechanische Korrosion, schließen. Durch Vergleich von Speckle-Mustern, zum Beispiel mit Hilfe von Doppelbelichtungsaufnahmen, lassen sich bereits winzigste Bewegungen und Oberflächenveränderungen von etwa einem Zehntel der Lichtwellenlänge registrieren. Anwendungen sind unter anderem Untersuchungen zum Wachstumsverhalten von Pflanzen oder zu Korrosionsprozessen an Steinoberflächen.

Laserkreisel in der Navigation

Mittlerweile macht der Laser sogar dem Kreiselkompaß Konkurrenz, denn er kann auch *Drehbewegungen* messen. Schiffe, Flugzeuge und Raumschiffe kämen ohne solche Messungen nie ans Ziel. Nach herkömmlicher Methode werden Drehbewegungen mit Kreiseln nach dem sogenannten gyroskopischen Prinzip erfaßt: Die Drehachse eines rotierenden Körpers bleibt fest im Raum stehen und wird durch kleine einwirkende Kräfte wie Schwerkraft oder Reibung kaum beeinflußt. Deshalb bleibt zum Beispiel ein Kinderkreisel senkrecht aufgerichtet, wenn er in Drehung versetzt wird.

Technische Kreisel, zum Beispiel auf Schiffen oder in Flugzeugen, werden in einer ausgeklügelten Vorrichtung, die eine freie Bewegung um alle drei Raumachsen ermöglicht, aufgehängt und elektrisch auf hohe Drehzahlen gebracht. Bei einer Drehung des Schiffs- oder Flugzeugkörpers bewegt sich die Rotationsachse des Kreisels nicht mit, sondern bleibt fest im Raum stehen; sie dient anstelle eines Magnetkompasses als Navigationseinrichtung. Denn so, wie die Magnetnadel in unseren Breiten in Nordrichtung gezogen wird, läßt sich auch die Rotationsachse des Kreisels in eine feste Nordstellung bringen.

Die Genauigkeit eines solchen mechanischen Systems ist aber oft unzureichend, da bestimmte äußere Einflüsse störend wirken. Laser garantieren einen besseren «Gleichgewichtssinn». Sie bieten prinzipiell eine neue Lösung in Form *optischer Kreisel*.

Zur Messung der Drehgeschwindigkeit mit Lasern nutzt man den sogenannten *Sagnac-Effekt*, wie er etwa in einem Ringresonator nach Abbildung 26 beobachtet wird. In einem solchen Resonator aus drei oder vier Spiegeln bildet der Strahlengang einen geschlossenen Ring. Es kommt aber nicht zu stehenden Wellen; vielmehr läuft nach der Strahlteilung am Eingangsspiegel eine Lichtwelle links-, eine andere rechtsdrehend um. Dabei sind die Wellen ziemlich unabhängig voneinander. Stellt man eine Laserröhre in den Lichtweg zwischen den Spiegeln, so erhält man einen optischen Resonator mit entsprechender Verstärkung, einen Ringlaser. Dreht man den Resonator nun um eine Achse senkrecht zur Ebene, in der das Licht umläuft, so beobachtet man, daß der sich in Drehrichtung ausbreitende Lichtstrahl eine geringfügig längere Zeit für einen Umlauf benötigt als der sich entgegengesetzt zur Drehrichtung ausbreitende Strahl (so wie wir mehr Zeit brauchen, einen davonfahrenden Bus noch zu erreichen, als einen entgegenkommenden). Dabei ist der Laufzeitunterschied um so größer, je größer die umspannte Fläche des Resonators ist und je schneller er sich dreht. Man könnte den Zeitunterschied auch auf eine scheinbare Verkürzung oder Verlängerung des Resonatorumfangs zurückführen. Damit ändert sich aber wie beim Dopplereffekt die Wellenlänge beziehungsweise die Frequenz.

Werden die links- und rechtsumlaufenden Laserstrahlen hinter dem Auskoppelspiegel auf einem Photoempfänger überlagert, läßt sich der Frequenzunterschied anhand der dort entstehenden Interferenzstreifen ausmessen; nach mathematischer Umwandlung der Daten zeigt das Gerät die Drehgeschwindigkeit in Graden pro Zeiteinheit an (Abb. 26). Allerdings ist der Zeitunterschied der umlaufenden Lichtstrahlen außerordentlich klein. Soll beispielsweise die Rate der Erddrehung von 15 Grad pro Stunde gemessen werden, ergibt sich selbst bei einer relativ großen Resonatorfläche von 1000 Quadratzentimetern nur ein Laufzeitunterschied von etwa einer trillionstel (10^{-18}) Sekunde. Dennoch bekommt die moderne Elektronik solche Werte in den Griff.

Die heutigen Helium-Neon-Lasergyroskope haben typische Abmessungen von etwa 10 bis 15 Zentimeter Kantenlänge. Ihr geradezu phantastischer Meßbereich geht von einem millionstel Grad bis zu tausend Grad pro Sekunde – letzteres entspricht rund 170 Umdrehungen pro Minute –, und ihre Meßgenauigkeit liegt bei einem zweitau-

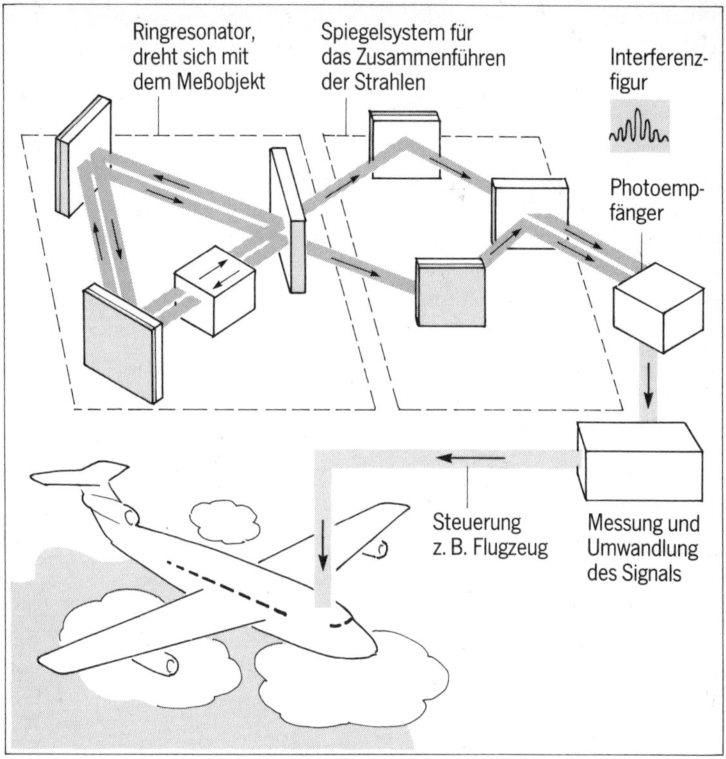

Abb. 26 *Laserkreisel (Gyroskop). Rechts- und linksumlaufender Strahl im Ringresonator werden nach der Auskopplung auf einem Photoempfänger überlagert. Die Auswertung des entstehenden Interferenzmusters dient der Steuerung von Flugobjekten.*

sendstel Winkelgrad! Aus diesen Gründen werden bereits Laserkreisel-Navigationssysteme – bestehend aus drei Kreiseln für die drei Raumebenen – mit großem Erfolg in der zivilen Luftfahrt sowie in der Raumfahrt eingesetzt. Den Airbus A 310 und die Boeing 757/767 führen bereits Laserstrahlen um den Erdball.

Im Laserkreisel gibt es keine bewegten Teile. Er ist unempfindlich gegenüber Stößen und Schwingungen und auch gegen hohe Beschleunigungen. Selbst bei sehr schnellen Drehungen, bis zu zweihundert pro Minute, kann er noch reagieren und eignet sich daher auch zur Steuerung von Raketen.

Eine besonders robuste und kompakte Variante des Laserkreisels ist der *Faserkreisel.* Bei ihm ist das Sendeelement ein Halbleiterlaser außerhalb des Resonators, und der Dreispiegelresonator ist durch eine Lichtleiterfaserspule mit einigen tausend Windungen ersetzt. Dadurch ergeben sich trotz kleiner Abmessungen große umschlossene Flächen, denn diese errechnen sich aus dem Produkt der Fläche der Faserspule und der Anzahl der Windungen. Die Meßgenauigkeit ist dementsprechend hoch. Es ist schon faszinierend, daß solch ein Kompaß ohne mechanisch bewegte Teile und von der Größe einer Schuhcremedose eines Tages den Flugzeugen in aller Welt ihren Weg weisen wird.

Nachrichtenübertragung und Datenspeicherung – der multimediale Einsatz

Die Verwendung von Licht für die Übertragung von Informationen zählt zu den ältesten nachrichtentechnischen Verfahren der Menschheit. Schon in früheren Zeiten übermittelten die Menschen Botschaften über große Entfernungen durch optische Signale: Rauchzeichen, Fackeln, Signalfeuer oder Leuchttürme dienten dazu, auf Sichtweite bestimmte Nachrichten von einem Ort zum anderen gelangen zu lassen. So sind die Rauchzeichen der Indianer nahezu sprichwörtlich, und die Engländer warnten mit großen Feuern vor der sich nähernden spanischen Armada. Später wurden in Frankreich Flügeltelegraphen gebaut, deren Signalmasten man in kilometerweiten Abständen auf Bergkuppen errichtete. Damit konnten Nachrichten stufenweise und in kodierter Form in nur 15 Minuten 200 Kilometer weit befördert werden.

Die Einsatzmöglichkeiten solcher Mittel waren aber begrenzt. Was vor allem fehlte, war die Fähigkeit, Sprache unmittelbar zu übertragen. Ein erster Schritt in diese Richtung war das von dem Amerikaner Alexander Graham Bell im Jahre 1876 erfundene Photophon, mit dem er die Sprachübertragung durch einen Lichtstrahl demonstrierte. Er ließ Sonnenlicht über einen leichten Spiegel auf eine lichtempfindliche Photozelle fallen. Versetzte er den Spiegel durch die Stimme in Schwingungen, so änderte sich damit die Lichtenergie auf der Photozelle, was zu Stromschwankungen führte.

Eine solche *Modulation*, also gezielte Veränderung des Informationsmediums Licht mit Tonfrequenzen, konnte man jedoch erst dann praktisch einsetzen, als elektrische Lichtquellen entwickelt wurden. So verwendete man im Zweiten Weltkrieg Lichtsprechgeräte, mit denen gesprochene Worte über kurze Entfernungen übermittelt wurden. Wie bei den elektromagnetischen Wellen im Radiobereich, so konnte man auch hier mit Hilfe eines elektrischen Systems die Sprachschwingungen aus einem Mikrophon den Lichtwellen «aufprägen», das heißt ihre

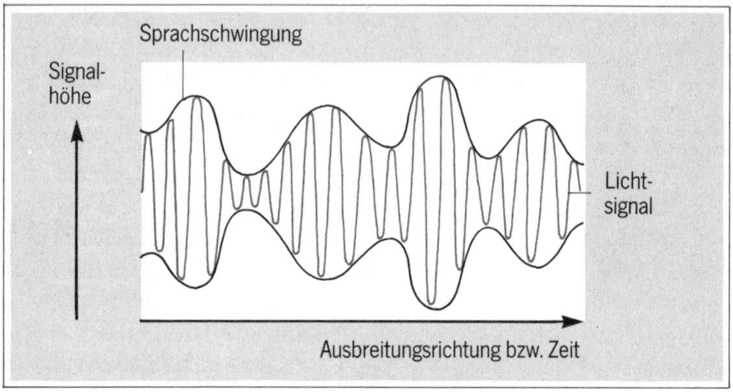

Abb. 27 *Amplitudenmodulation. Die Amplitude der Lichtwelle schwankt im Rhythmus der Sprachschwingung.*

Helligkeit im Rhythmus der Sprache ändern (Abb. 27). Vorteilhaft war dabei, daß die Gespräche im Gegensatz zum Rundfunk nicht abgehört werden konnten. Als Nachteil erwies sich allerdings der Umstand, daß ein heißer Glühfaden nur sehr träge seine Helligkeit ändern kann, das Licht sich also nur mit Tönen geringer Frequenz modulieren ließ. Durch Linsen gebündelt, gelangte das Signal schließlich auf einen Photoempfänger, der die Sprachschwingungen vom Licht trennte. Mit Hilfe eines Lautsprechers wurden die Töne dann wieder hörbar gemacht.

Durch die Entwicklung des Lasers erhielten die Bemühungen zur Informationsübertragung mit Hilfe von Licht großen Auftrieb. Zwar hatte sich schon seit Jahren die Übertragung mit sehr hohen Frequenzen im Mikrowellenbereich auf den Richtfunkstrecken bewährt, aber erst der Einsatz von Lasern brachte der Nachrichtentechnik einen kräftigen Entwicklungsschub.

Ausschlaggebend dafür ist die noch viel höhere Frequenz der Lichtwellen. Ziel aller Bemühungen war es nämlich von jeher, einen möglichst großen Nachrichteninhalt – man spricht von *Informationskapazität* – zu übertragen. Nun nimmt der Transport von Informationen unterschiedlich viele Schwingungen der sich ausbreitenden elektromagnetischen Funk- oder Lichtwelle pro Sekunde in Anspruch. Das ist vergleichbar mit einer Straße, auf der unterschiedlich breite Autos die Informationen transportieren: Ein Telefongespräch benötigt dreitausend, eine Tonsendung in HiFi-Qualität etwa zwanzigtausend, eine Fernsehübertragung sogar fünf Millionen Schwingungen pro Sekunde. Letztere sind also wesentlich «breiter» als ein Telefonat; man sagt, sie benötigen eine *Bandbreite* von 20 Kilohertz (HiFi) oder 5 Megahertz (Fernsehen), wobei 1 Megahertz 1 Million Schwingungen pro Sekunde entspricht (Abb. 28).

Je größer die Informationskapazität der Übertragung werden soll, desto mehr Frequenzbandbreite ist also erforderlich. Das Licht hat eine enorm hohe Frequenzbandbreite von mehr als 100 Billionen Schwingungen pro Sekunde (10^{14} Hz). Nun kann man sich leicht ausrechnen, daß auf einen Lichtstrahl – ähnlich wie in unserem Vergleich unterschiedlich breite Autos auf der Straße nebeneinander fahren können, ohne sich zu stören – theoretisch mehrere Millionen Fernsehprogramme oder gar mehrere Milliarden HiFi-Tonsendungen oder Ferngespräche Platz hätten und somit gleichzeitig parallel übertragen werden könnten. Das ist bis zu zehntausendmal mehr, als mit herkömmlichen Mikrowellen zu erreichen ist, und dürfte auch in weiter Zukunft mehr als ausreichend sein.

Wege zur Glasfaser

Die ursprüngliche Idee, das Laserlicht nach Art des Mikrowellen-Richtfunks durch die Atmosphäre zu senden, erwies sich als wenig zweckmäßig, denn bei Regen, Schnee und Nebel, aber auch in atmosphärischen Gasen und Dämpfen wie Sauerstoff und Wasserdampf ist der Laser so blind, daß es einfacher ist, von der Erde zum Mond zu senden als horizontal durch die Dunstglocke einer Großstadt. Man suchte daher intensiv nach anderen Übertragungsmedien.

Zunächst fand man in Amerika eine Möglichkeit, das Licht im Erdreich durch Röhren zu jagen, die mit einem Gas geringer Absorption gefüllt waren. Diese gasgefüllten optischen Leitungen nutzen den Umstand aus, daß das Brechungsvermögen, das heißt die Fähigkeit, Licht aus seiner Bahn abzulenken, von der Temperatur des Gases abhängt. Durch das natürliche Temperaturgefälle von der Rohrwandung zur Rohrmitte hin erreicht man, daß sich das Gas wie eine Sammellinse

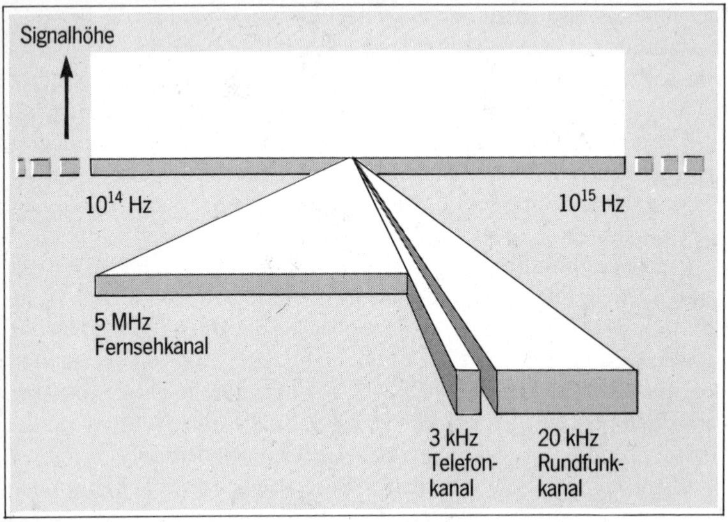

Abb. 28 *Ausnutzung der Frequenz eines Laserstrahls durch Belegung mit Signalen verschiedener Bandbreite. Die Skizze ist nicht maßstabsgerecht. Ein Fernsehkanal belegt einen Frequenzbereich, der zweihundertfünfzigmal breiter ist als ein Rundfunkkanal. Theoretisch passen über eine Million Fernsehkanäle auf einen Lichtstrahl.*

verhält, die die Lichtwellen zur Achse der Leitung hin bündelt. Solche Lichtrohre, die nur wenige Zentimeter Durchmesser haben, können sogar in gebogener Linie verlaufen, wenn man herkömmliche Linsen- und Spiegelsysteme zur Umlenkung der Strahlen einbaut. Daher ist die Verlegung der Lichtrohre schwierig, denn die vielen optischen Elemente erfordern eine extrem genaue Justierung, was bei Temperaturschwankungen und Erschütterungen nur schwer zu erreichen ist. Außerdem ist das Verlegen langer Rohrstrecken teuer.

Die Nachrichtentechniker begannen daher, die Lichtübertragung in *Glasfasern* zu untersuchen. Heute darf man wohl sagen, daß dem Glasfaserkabel die Zukunft gehört, denn ohne dieses optische System, das in der Fachwelt *Lichtwellenleiter* heißt, wären die Planungen auf dem Gebiet neuester Kommunikationstechnik nicht denkbar.

Der Grundgedanke ist nicht neu. Jeder hat schon einmal beobachtet, wie Licht in einem von unten beleuchteten Springbrunnen innen an der Grenze zwischen Wasserstrahlen und umgebender Luft immer wieder ins Wasser zurückgelenkt wird. Das Licht bleibt im Wasser «gefangen», und der Wasserstrahl erscheint von innen hell erleuchtet. Der Physiker nennt dieses Phänomen *Totalreflexion*. Es war auch schon bekannt, daß man mit Kunststoff- oder Glasfasern Licht über kurze Entfernungen leiten kann, ein Effekt, der zum Beispiel bei der Instrumentenbeleuchtung in Armaturenbrettern oder bei der Ausleuchtung des Magens während der Magenspiegelung genutzt wurde. Solche Fasern waren allerdings viel zuwenig lichtdurchlässig, als daß sie sich für nachrichtentechnische Zwecke geeignet hätten. Weil Lichtenergie im Innern einer Faser absorbiert wird, waren sie weniger durchsichtig als Wasser. Wäre andererseits Wasser so durchsichtig wie die modernen Glasfasern, könnte man leicht auf den Grund der tiefsten Ozeane sehen! Erst durch die Entwicklung solch extrem reiner Glasfasern wurde es möglich, Nachrichten über große Entfernungen ohne nennenswerte Dämpfung zu übertragen.

Herkömmliche Glasfasern bestehen im Kern aus einem hauchdünnen Glasfaden von nur 50 bis 200 Mikrometern Durchmesser und sind mit einer dünnen Glasschicht, dem Mantel, überzogen. Dieser Mantel lenkt das Licht wie die umgebende Luft beim erleuchteten Wasserstrahl in den Faserkern zurück. Die Fasern zieht man aus geschmolzenem, hochreinem Quarzsand, dem Siliziumdioxid. Die Lichtstraße wird somit buchstäblich aus Sand, dem häufigsten Rohstoff der Erde, gebaut; damit spart man das teure Metall Kupfer, das sonst für elektrische Leitungen verwendet wird. Licht, das an der Stirnfläche der Faser eintritt, wird durch Totalreflexion an der Grenzfläche von Kern und Mantel in der Faser weitergeleitet (Abb. 29a). Glasfaserkabel leiten das Licht auch um alle nur erdenklichen Kurven und Windungen.

Leider hat eine optische Leitung, die so aufgebaut ist, für die Techniker einen schwerwiegenden Nachteil: Treten Lichtstrahlen an der Stirnseite mit unterschiedlichem Winkel in die Faser, so müssen sie auf ihrem Zickzackkurs unterschiedlich lange Wege zurücklegen und haben damit unterschiedliche Laufzeiten. Man spricht von den *Moden* eines Wellenleiters. Die dem Lichtbündel aufmodulierte Nachricht trifft daher am Faserende zu verschiedenen Zeiten ein. Die ursprünglich kurzen Lichtpulse werden nach einer gewissen Wegstrecke immer länger. Folgen sie zu rasch aufeinander, können sie teilweise ineinanderfließen, so daß die Information verfälscht wird. Der Techniker bezeichnet diesen Effekt als *Laufzeitverzerrung* des Signals. Diese Laufzeitverzerrung begrenzt sowohl die Übertragungsgeschwindigkeit als auch die Entfernung, die sich mit solchen Fasern überbrücken läßt.

Will man dies vermeiden, muß man den Durchmesser des Faserkerns so weit verkleinern, daß nur noch ein einziger Strahl des Lichtbündels hindurchpaßt, gleichsam wie ein Faden durch ein Nadelöhr. Dünner als ein Menschenhaar, hat eine solche *Monomode-Faser* nur noch einen Kerndurchmesser von etwa 5 Mikrometern (Abb. 29b). Mit solchen Lichtfasern können Übertragungsraten bis über 500 Megabit pro Sekunde erreicht werden, das sind etwa 7500 Telefongespräche gleichzeitig. Die vierfache Übertragungsrate wird angestrebt. Allerdings werden die Lichtwellen in Glasfaserleitungen nicht verlustlos fortgeleitet. Etwas Licht geht immer durch Absorption und Streuung, besonders an Verunreinigungen, verloren, so daß die Stärke des übertragenen Signals mit der Länge der Faser zwischen Sender und Empfänger abnimmt: zum Beispiel auf die Hälfte nach einem Kilometer, auf ein Viertel nach zwei Kilometern usw. Für eine Übertragung über lange Strecken müssen also der Sender so stark und der Empfänger so empfindlich wie möglich sein.

Die Durchlässigkeit der modernen Fasern ist jedoch wesentlich besser als im genannten Beispiel. Die Dämpfung beträgt für bestimmte Wellenlängen (zum Beispiel für die üblichen 1,55 Mikrometer im Infrarotbereich) nur noch wenige Prozent pro Kilometer, so daß der Abstand der erforderlichen Zwischenverstärker 50 Kilometer und mehr betragen kann; später sollen sogar 100 Kilometer möglich werden. Ein solcher *Zwischenverstärker* wird «optischer Repeater» genannt. Er besteht aus einem Empfänger, der das Lichtsignal in ein elektrisches Signal umwandelt, einem Verstärker für dieses elektrische Signal und einem Laser, der das wieder erzeugte Lichtsignal in das anschließende Glasfaserstück schickt. Außerdem wird zur Zeit erforscht, wieweit sich für diese Aufgabe Laser als optische Verstärker eignen.

Für den Einsatz in Übertragungssystemen müssen die empfindlichen Glasfasern zu Lichtleiterkabeln verarbeitet werden. Es gibt viele Kabelkonstruktionen: Meist werden zehn bis hundert zu Adern gebündelte Fasern um ein starkes Zentralkabel aus Stahl oder Kunststoff verteilt und zum Schutz mit mehreren Schichten aus Stahldrähten und Kunst-

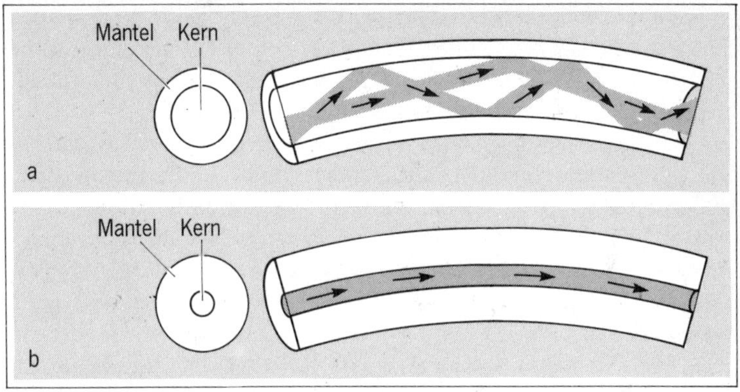

Abb. 29 *Aufbau von Glasfasern.*
(a) Herkömmliche Fasern haben einen im Vergleich zum Mantel großen Kern. Unterschiedliche Lichtwege und -laufzeiten sind möglich.
(b) Monomode-Fasern haben einen besonders kleinen Kern. Nur ein einziger Lichtstrahl kann sich in ihnen fortpflanzen.

stoff-Fasern ummantelt. Daneben werden auch Bandkabel hergestellt. Da man aus technischen Gründen nur Lichtleiter von wenigen Kilometern Länge produzieren kann, müssen die Enden der Teilstücke verbunden werden. Dann heißt es für die Techniker, «Haarspitzen» aneinanderzuschmelzen oder an optische Sender und Empfänger anzukoppeln, was immer noch Schwierigkeiten bereitet. Ohnehin versucht man davon abzukommen, die verschiedenen optischen und elektronischen Komponenten Stück für Stück zusammenzusetzen. Ziel ist es, nach dem Vorbild der Mikroelektronik Chips zu entwickeln, bei denen auf einem einzigen Baustein immer mehr optische Komponenten wie Glasfaser, Laser, Verstärker, Strahlteiler und elektronische Bauelemente Platz haben und die sich zugleich preiswert herstellen lassen. Für diese *integrierte Optik* kommt jedoch das bewährte Silizium als Halbleiter nicht in Frage, weil es sich aus physikalischen Gründen nicht als Baumaterial für Laser eignet.

Komponenten eines Übertragungssystems

Ein optisches Übertragungssystem ist ein komplexes Gebilde, das neben dem Medium Glasfaser vor allem Lichtquelle, Lichtmodulator und Lichtempfänger nebst Demodulator umfaßt (Abb. 30).

Optische Nachrichtensysteme arbeiten gegenwärtig mit zwei Arten von Lichtsendern: mit lichtemittierenden Dioden (LED) und mit Halbleiterlasern. Beide funktionieren nach dem gleichen physikalischen Prinzip. LED sind beispielsweise von der Anzeige auf Taschenrechnern oder von kleinen Kontrolleuchten auf elektronischen Geräten her bekannt. Diese Dioden sind zwar einfach, billig und zuverlässig, haben jedoch nur eine Lichtleistung von 0,1 bis 0,5 Milliwatt und senden vor allem inkohärente Strahlung aus, wobei ihre Modulationsbandbreite aus physikalischen Gründen auf 25 Megahertz begrenzt ist.

Will man diese Nachteile vermeiden, greift man zum Halbleiterlaser. Dieser ist zwar aufwendiger konstruiert als eine LED, gehört aber trotzdem bereits zum Alltag. Wir begegnen ihm in vielen Haushalten und an vielen Arbeitsplätzen: Er ist das Herzstück eines CD-Players und des Lesestifts der optischen Registrierkassen. Schon heute ist er für die Industriezweige, die ihn in ihre Geräte einbauen, der wirtschaftlich bedeutendste aller Laser. Vor allem kann er am wirkungsvollsten elektrische Energie in kohärentes Laserlicht umwandeln.

Ein Halbleiterlaser ist winziger als ein Salzkorn. Der bisher kleinste Halbleiter hat einen Durchmesser von 5 Mikrometern und eine Dicke von nur vierhundert Atomlagen. Zum Vergleich: Zehntausend dieser Miniaturlaser würden auf einen Stecknadelkopf passen. Deshalb braucht man bereits eine Lupe oder besser ein Mikroskop, wenn man ihn genauer betrachten will. Sein ausgesandtes Licht liegt im Infrarotbereich, wird vom menschlichen Auge also nicht wahrgenommen. Er besteht nicht aus dem in der Elektronik verwendeten Silizium, sondern unter anderem aus Galliumarsenid und verwandten Verbindungen. Mit diesen Materialien ist es sogar gelungen, Strahlung bis in den sichtbaren gelben Bereich des Lichts zu erzeugen. Da Lichtleiter eine geringe Dämpfung bei den Wellenlängen 1,3 und 1,55 Mikrometer haben, wurden speziell für diese Wellenlängen Halbleiterlaser entwickelt, die aus InGaAsP (Indium/Gallium/Arsen/Phosphor) bestehen.

Der Aufbau eines Halbleiterlasers gleicht dem einer Schichttorte aus den unterschiedlichsten Galliumarsenidverbindungen (Abb. 31). Man spricht von *Heterostruktur-Laserdioden*. Diese Schichtstruktur schafft

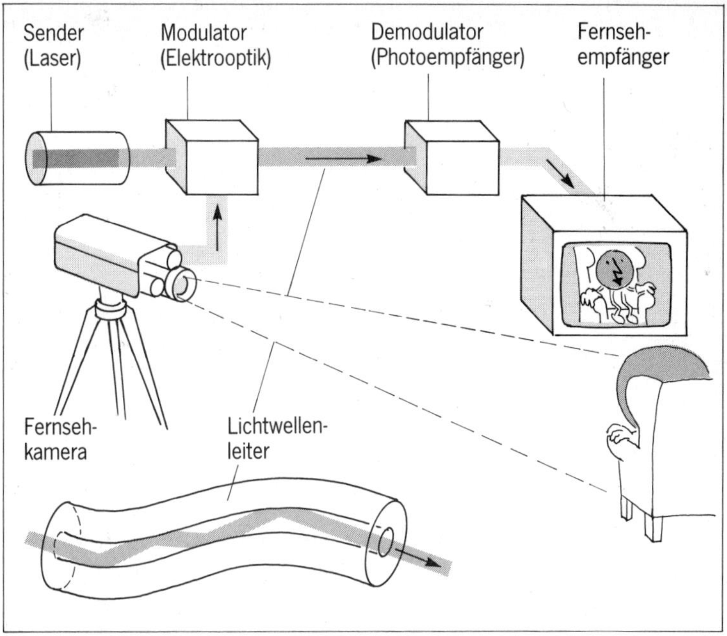

Abb. 30 *Schema eines Lasersystems zur Nachrichtenübertragung, bestehend aus Laser, Lichtmodulator, Lichtwellenleiter, Photoempfänger und Demodulator.*

die für den Laserbereich notwendigen Bedingungen, denn sie konzentriert die Ladungsträger in einem engen Bereich, und sie lenkt das Licht in eine Vorzugsrichtung. Der austretende Laserstrahl besitzt dann nur winzige Ausmaße von etwa 5 mal 1 Mikrometer. Der elektrische Strom wird über ein feines Drähtchen mit dem Durchmesser eines Haares zugeführt. Durch diesen Betriebsstrom kann das Laserlicht auch moduliert werden. Bei Zimmertemperatur erlangt man im Bereich der kurzen Wellenlängen der Glasfasertechnik kontinuierliche Lichtemission, wobei Ausgangsleistungen bis über 100 Milliwatt erreicht werden. Der Wirkungsgrad beträgt bei Zimmertemperatur bis zu 10 Prozent. Faßt man viele Laser in Gruppen zu optisch gekoppelten Anordnungen zusammen, werden sogar Ausgangsleistungen von

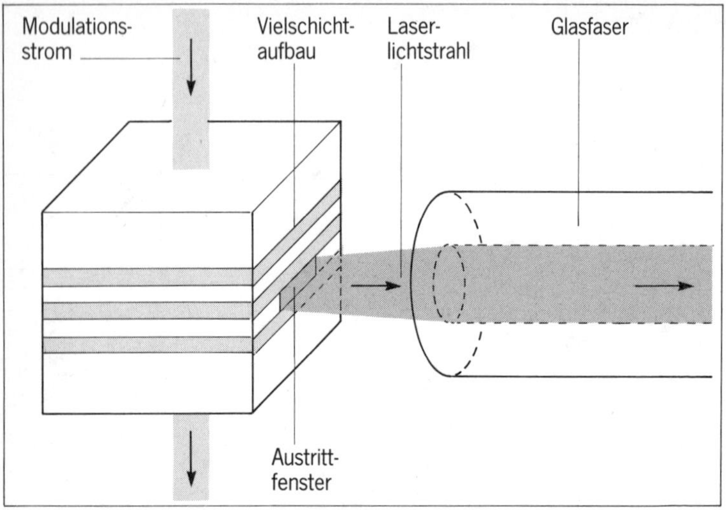

Abb. 31 *Aufbau eines Halbleiterlasers. Die zahlreichen Schichten bestehen aus Galliumarsenid und Galliumaluminiumarsenid (Doppel-Heterostruktur). Der Modulationsstrom wird über äußere Kontaktflächen zu- und abgeführt.*

einigen Dutzend Watt überschritten. Die Modulationsbandbreite liegt bei mehreren hundert Megahertz, bei einigen Systemen sogar im Gigahertzbereich.

Diese Bandbreiten spielen für die Modulation eine wichtige Rolle, denn sie bestimmen unter anderem die Übertragungskapazität. Es gibt zwei Methoden, dem Laserstrahl die zu übertragende Information «aufzuprägen»: Entweder steuert man direkt den Anregungsstrom des Lasers, das heißt, der Laser selbst sendet das modulierte Licht aus, oder aber der Lichtstrahl läuft außerhalb des Lasers durch einen separaten Lichtmodulator, wo ihm die Tonschwingungen «aufgeprägt» werden. In beiden Fällen wird die Intensität des Laserstrahls, also seine Helligkeit, beeinflußt.

Nun hat sich herausgestellt, daß es nicht unbedingt von Vorteil ist, den Laserstrahl im Rhythmus der Signale, die aus Telefon oder Fernsehkamera kommen, in seiner Intensität an- und abschwellen zu lassen.

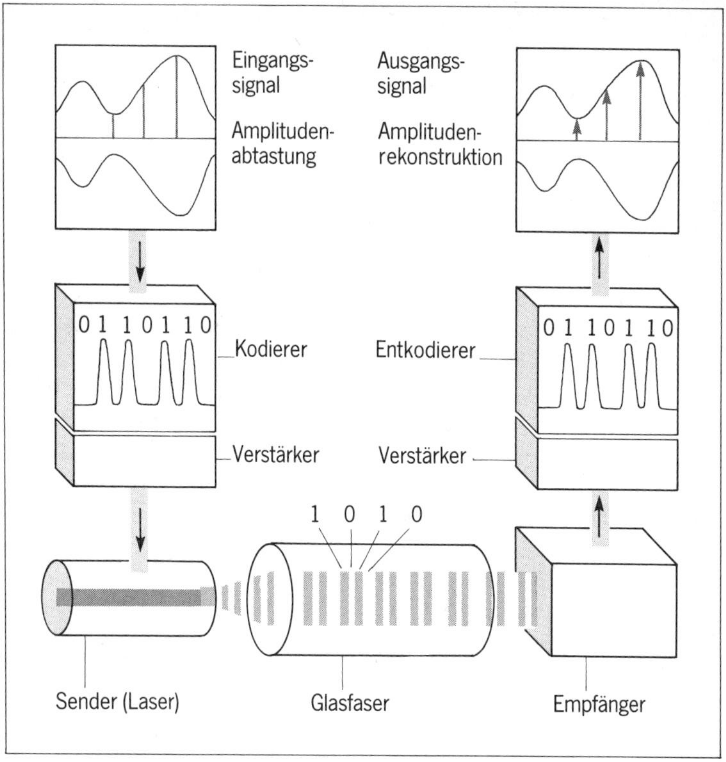

Abb. 32 *Digitale Modulation eines Laserstrahls (Pulscodemodulation). Die zu übertragende Information wird in Form von Binärzahlen kodiert. Bei der Übertragung bedeutet dann ein Lichtimpuls eine 1 und kein Lichtimpuls eine 0.*

Man spricht in diesem Falle von Amplitudenmodulation, wie sie auch von der Rundfunktechnik her bekannt ist. Sie hat jedoch den Nachteil, daß jede Verzerrung, die das amplitudenmodulierte Lichtsignal auf seinem Weg durch die Glasfaser erleidet, zusammen mit dem Signal in den Repeatern und im Empfänger verstärkt wird. Darunter leidet die Übertragungsqualität erheblich.

Eine der wirksamsten Methoden zur Übertragung eines nahezu ungestörten Signals besteht darin, es vor dem Aussenden in eine digitale Form umzuwandeln. Der Nachrichtentechniker gibt die Informationskapazität einer Übertragungsanlage in bits an: ein *bit* ist die kleinste Informationseinheit in digitaler Form und wird durch die Zahlenwerte 1 und 0 dargestellt, was einer *Ja-* oder *Nein-Information* entspricht. Dazu ist lediglich der Strom in kodierter Form – ähnlich dem Morsealphabet – einzuschalten (1) oder auszuschalten (0). Die Umwandlung in bits geschieht dadurch, daß das zu übertragende Signal in regelmäßigen Abständen auf seine augenblickliche Intensität – man sagt, auf seinen Amplitudenwert – hin gemessen wird. Die Meßwerte werden dann in einen *Binärcode*, das heißt in eine kodierte Abfolge von Nullen und Einsen, umgewandelt. Die Nullen und Einsen werden so übertragen, daß beispielsweise für jede 1 ein Lichtpuls und für jede 0 kein Lichtpuls gesendet wird. Der Empfänger entschlüsselt diese Impulse und rekonstruiert dann wieder in umgekehrter Weise die ursprünglichen Amplitudenwerte. Das ganze Verfahren heißt *Pulscodemodulation* und ist in Abbildung 32 bildlich dargestellt.

Der Vorteil dieser Methode macht sich vor allem bei schwachen Signalen bemerkbar. Da nämlich jeder Empfänger physikalisch bedingte Störungen produziert, ist es viel leichter, in diesem Störpegel, auch Rauschen genannt, Nullen und Einsen zu identifizieren, als die teils erheblich verzerrten Intensitätswerte eines amplitudenmodulierten Signals herauszufiltern. Daher kann das digitale Signal einige hundertmal schwächer sein und trotzdem noch sauber entschlüsselt werden. Es können also wesentlich längere Strecken ohne Verstärkung überbrückt werden, wobei die Verstärker nur relativ einfachen Anforderungen zu genügen brauchen. Außerdem lassen sich verstümmelte Signale noch am Empfangsort korrigieren.

Die Technik der Pulscodemodulation gestattet weiterhin besondere Kombinationsverfahren, sogenannte *Multiplexverfahren*, die sehr große Übertragungsraten auf einer Laserwellenlänge zulassen. Damit kann die vorhandene Modulationsbandbreite des Lasers optimal ausgenutzt werden. Es ist sogar möglich, auf ein und derselben Faser die Lichtpulse mehrerer Laser mit unterschiedlichen Wellenlängen gleichzeitig zu übertragen. Die in der Faser «vermischt» laufenden Lichtwellen können beim Empfänger mit Hilfe optischer Filter auf einfache Weise wieder voneinander getrennt werden (Wellenlängenmultiplex). Im Prinzip erfassen herkömmliche Lichtleiter bis zu etwa vierzig verschiedene Lasersignale gleichzeitig, was die Übertragungskapazität nochmals drastisch steigern würde.

Für die Übermittlung eines Telefongesprächs müßten etwa sechstausend digitale Pulse pro Sekunde übertragen werden. Das ist für optische Systeme, wie bereits erläutert, kein Problem, weil man mit großen Bandbreiten arbeiten kann. Das wiederum hebt die Übertragungsqualität und vergrößert damit auch die Länge der Übertragungsstrecke. Man hat in diesem Zusammenhang die Leistungsfähigkeit einer Glasfaserverbindung durch ein Produkt «Bandbreite mal Länge», gemessen in der Einheit Megahertz mal Kilometer, charakterisiert. Heutzutage werden schon Werte von 3000 Megahertz mal Kilometer erreicht und solche von 25 000 Megahertz mal Kilometer in Aussicht gestellt.

Als Empfänger für die modulierten Lichtwellen kommen schließlich photoelektrische Bauelemente, vornehmlich Photodioden, in Betracht, die das Licht in elektrischen Strom umwandeln. Dabei dienen sie gleichzeitig als Demodulator, denn das Demodulationssignal kann direkt als elektrisches Signal abgenommen werden. Nachdem man es verstärkt hat, kann die übertragene Nachricht über Lautsprecher wieder hörbar gemacht werden.

Anwendungen und Modellversuche

Glasfaser-Übertragungssysteme besitzen – wie gezeigt – eine enorme Übertragungskapazität. Dabei handelt es sich nicht nur um Ferngespräche, sondern auch um die Übertragung von Fernseh- und Hörprogrammen und den Austausch von Daten zwischen Computern. Darüber hinaus werden sich ganz neue Möglichkeiten für die Kommunikation zwischen einzelnen Teilnehmern wie zum Beispiel Videokonferenzen und Bildtelefon, bei dem sich die Gesprächspartner gleichzeitig sehen können, erschließen. Die Glasfaser erlaubt auch die Übermittlung von Fernsehbildern mit größerer Zeilenzahl, die eine weit höhere Qualität haben als das heutige Fernsehen.

Vor allem in den USA und Japan gibt es schon zahlreiche Glasfaserkabelverbindungen zwischen Städten oder Inseln. In Europa liegen zum Beispiel Glasfaserkabel auf dem Meeresboden zwischen Teneriffa und Gran Canaria und zwischen England und Belgien. Anfang der neunziger Jahre wurde mit einem Kostenaufwand von 360 Millionen Dollar die erste atlantische Lichtbrücke errichtet, das Glasfaserkabel zwischen Europa und Amerika. Über eine Entfernung von 6700 Kilometern verbindet nun ein nur daumendicker Strang aus vier gepanzerten Glasfasern (Monomode) die beiden Kontinente. Das Bündel kann über dreißigtausend Telefongespräche gleichzeitig übertragen. Es soll aber auch Datenübertragung, Telex und Videokonferenzen ermöglichen. Auch Fernsehübertragungen sind prinzipiell möglich, allerdings zunächst nicht geplant. Das Kabel überträgt zwar nicht ganz so viele Daten wie ein Intelsat-Satellit. Aber es übertrifft mit seiner Lebenserwartung von mehr als 25 Jahren die Dienstzeit der im All kreisenden Relais-Satelliten um gut das Dreifache. Auch entfällt die durch den Umweg ins All bedingte Verzögerung der Übertragung von einer Drittelsekunde; Computer finden das sehr verwirrend. Hier erwächst den Nachrichtensatelliten durch die Glasfasertechnik zumindest auf relativ «kurzen» Strecken ernsthafte Konkurrenz. Für größere Distanzen, etwa von Europa nach Australien, ist der Datenweg über Satellit preisgünstiger. Seit Ende 1994 gibt es eine zweite deutsche Direktverbindung zum amerikanischen Kontinent. Kabelexperten haben für die deutsche Telekom eine neue, 7400 Kilometer lange Glasfaserleitung in den Atlantikboden gegraben. Die Strecke zwischen Westerland auf Sylt und der kanadischen Halbinsel Nova Scotia bindet auch Dänemark, England und Island an und gilt als das schnellste, leistungsfähigste Kabelsystem der Welt: Drei Glasfaserstränge können zusammen dreihunderttausend Telefongespräche oder 96 TV-Kanäle in beiden Richtungen übertragen.

Seit Ende der siebziger Jahre ist auch die Bundespost beziehungsweise Telekom bemüht, die größeren Städte mit Glasfaser zu verkabeln. Heute ist das Fern- und Ortsverbindungsnetz nahezu vollständig auf Glasfaserübertragung umgestellt. Die Technik hat sich mit immer größerem Tempo entwickelt, und ein Ende ist noch nicht abzusehen. Ende 1994 waren in der Bundesrepublik etwa 1,4 Millionen Faserkilometer verlegt. Die Gründe liegen auf der Hand: Immer mehr Firmen, aber auch private Haushalte setzen gleichzeitig Fernschreiber, Telefon, Fernkopierer und Computer ein und schätzen es, alles über einen Anschluß laufen lassen zu können. Naheliegend ist auch die Idee, das bereits erwähnte Bildtelefon einzuführen, die Kombination von Sprache und Bild. Das Bild des Anrufers und Empfängers würde in hunderttausend Einzelinformationen pro Sekunde aufgeteilt und am anderen Ende wieder zusammengesetzt werden. Ob es unbedingt wünschenswert ist, beim Telefonieren gesehen zu werden – man muß schon «gute» Gründe haben, wenn man das Bild nicht einschalten will –, ist dagegen eine Frage, die nicht von Technikern zu beantworten ist.

Mittlerweile existieren zwischen vielen Städten Deutschlands Breitbandkabelnetze unterschiedlicher Übertragungskapazität. Die populär «Datenautobahn» genannten Systeme dienen unter anderem dem Datenaustausch zwischen Großcomputern und könnten über hunderttausend Ferngespräche gleichzeitig übertragen.

Im Projekt *Bigfon* (*B*reitbandiges *I*ntegriertes *G*lasfaser-*F*ernmelde-*O*rts*n*etz) werden sogar die einzelnen Teilnehmer über Glasfaser mit einer Telefonvermittlung verbunden sein, was in einigen Städten (unter anderem in Hamburg, München, Berlin) schon weitgehend realisiert wurde. Bis Ende 1995 sollen allein in den neuen Bundesländern 1,2 Millionen Haushalte über Glasfasersystem versorgt werden. Unter anderem wird auch die Übertragung von Fernseh- und Hörfunkprogrammen und auch das Bildtelefon erprobt. Aus wirtschaftlichen und technischen Gründen ist die Telekom bemüht, ihre vielen Datennetze zusammenzufassen. Das Endziel heißt IBFN *(Integriertes Breitbandiges Fernmelde-Netz)*, wobei dann Fernsprech- und Datennetze (Telex, Teletex) mit Rundfunk und Fernsehen vereint übertragen werden. Die Telekom rechnet zukünftig besonders in den Breitbanddiensten – wie Bildtelefon und Videokonferenzen – mit einer steigenden Nachfrage. Vorläufiges Ziel ist der Aufbau eines Breitbandnetzes, des Global European Network (GEN). Kernstück ist in Deutschland eine teilweise schon fertiggestellte Daten-Ringautobahn von Hamburg über Köln, München, Leipzig, Berlin zurück nach Hamburg.

Bis die Bundesrepublik mit einem Glasfaser-Universalnetz durchzogen ist, wird das 21. Jahrhundert jedoch längst angebrochen sein. Die Glasfaser gar von jedem Haus zu jedem beliebigen anderen Haus ist aber noch Utopie. Man muß dazu wohl unter anderem berücksichtigen, daß auch in Zukunft verschiedene Netzstrukturen nebeneinander existieren werden: *Baumnetze*, die von einem Punkt sich verästelnd bei einer Vielzahl von Teilnehmern enden, zur Verteilung von Fernsehen und *Sternnetze*, die die Teilnehmer über eine Vermittlung untereinander verbinden, fürs Telefon und andere Dienste.

Wohin die Entwicklung geht, kann man nur erahnen. In Laborversuchen sind inzwischen Übertragungsraten von 5 Gigabit pro Sekunde über eine Entfernung von 70 Kilometern erreicht worden. Das entspricht der unvorstellbar großen Menge von rund 78 000 Telefongesprächen oder 36 Fernsehkanälen hoher Qualität auf einer einzigen Glasfaser. Millionen von Telefongesprächen und Hunderte von Fernsehkanälen durch ein einziges Glasfaserkabel versprechen eine nahezu unbegrenzte Kommunikationsmenge zu Preisen, die weit unter den bisherigen liegen.

Damit sind die Möglichkeiten der optischen Nachrichtentechnik aber noch keineswegs erschöpft. Wissenschaftler versuchen mittlerweile, das vom UKW-Rundfunk und vom Fernsehen bekannte Prinzip des *Überlagerungsempfanges* auf die Lasertechnik zu übertragen. Während beim eingangs erwähnten Wellenmultiplex nur etwa vierzig Lasersignale auf der Faser Platz haben, ergäbe sich beim Überlagerungsempfang eine Kapazität von hypothetisch 250 000 Signalen auf einer einzigen Faser. In ferner Zukunft ist es jedoch durchaus denkbar, mit dem als *kohärente optische Nachrichtentechnik* bezeichneten Verfahren hundert oder gar tausend verschiedene Signale gleichzeitig über eine Glasfaser zu übertragen.

Laser in der Raumfahrt

Im Weltraum bieten Laserstrahlen für die Nachrichtenübertragung unbestreitbare Vorteile. Dort gibt es nichts, was den Lichtstrahl ablenkt oder trübt. Seine scharfe Bündelung erlaubt den Empfang mit kleinsten Antennen (zum Beispiel an Satelliten). Das spart Platz und Gewicht und ist somit *wirtschaftlicher* als eine Übertragung im Mikrowellenbereich. Für den Empfang einer Sechs-Gigahertz-Mikrowellenstrahlung wird eine Parabolantenne von immerhin 30 Metern Durchmesser benötigt. Die Strahlung eines Kohlendioxidlasers kann dagegen schon mit einem Spiegel von – theoretisch – nur 6 Millimetern Durchmesser «eingefangen» werden. Kurze Wellenlängen bescheren somit kleine Antennen, wodurch die Masse der Sende- und Empfangsanlagen klein gehalten werden kann. Gewicht und Größe sind aber ein wichtiger Faktor in der Raumfahrt, weil sie die Transportkosten bestimmen.

So wird der Einsatz des Lasers in der *Satellitenkommunikation* in den nächsten Jahren und Jahrzehnten eine wichtige Rolle spielen, denn hohe Datenraten über astronomische Entfernungen bei vertretbarer Sendeleistung werden durch ihn überhaupt erst möglich.

Erderkundungssatelliten produzieren mit ihren in mehreren Farben gemachten Aufnahmen Datenraten von einigen Gigabit pro Sekunde, die über Zehntausende von Kilometern übertragen werden müssen. Verbindungen zwischen Nachrichtensatelliten, die in 36000 Kilometer Höhe über dem Äquator positioniert sind – sogenannte geostationäre Satelliten –, müssen über Strecken von rund 70000 Kilometern hergestellt werden. Bedeutsam ist auch die Übertragung hoher Bitraten von Raumsonden aus der Tiefe des Alls über viele Milliarden von Kilometern bis zu geostationären Schaltsatelliten. Vor allem während der Vorbeiflugphase oder bei der Landung einer Raumsonde sollen in Zukunft leistungsfähige Übertragungssysteme zur Verfügung stehen, damit hochauflösende Bilder noch besserer Qualität auf der Erde gewonnen werden können.

Bei Verbindungen von Satelliten müssen diese infolge der scharfen Strahlenbündelung der Laser über eine Sucheinrichtung verfügen, die es ihnen ermöglicht, sich exakt aufeinander auszurichten. Eine solche Einrichtung funktioniert folgendermaßen: Zunächst richtet ein Satellit seinen weit aufgefächerten Sendestrahl auf den ungefähren Standort des anderen Satelliten. Der andere Satellit antwortet ebenfalls mit einem stark aufgeweiteten Strahl. Nun können beide Satelliten ihre Optik genau auf die Achse des empfangenden Strahls ausrichten und dabei stufenweise unter gleichzeitiger Richtungskorrektur ihre Sendestrahlen wieder einengen. Da sich beide Satelliten bewegen, ist es natürlich unerläßlich, die Strahlausrichtung ständig zu überwachen und nötigenfalls zu korrigieren. Solche Ortungssysteme stellen allerdings hohe technologische Anforderungen und sind folglich sehr teuer.

Besondere Probleme bereitet die Verbindung *zwischen Erde und Satellit*, da die Atmosphäre, insbesondere Turbulenzen, Bewölkung und Regen, eine erhebliche Dämpfung der Laserstrahlung bedingt. Allerdings hat man herausgefunden, daß der Laser bei gewissen Wellenlängen, so die Bereiche 0,4 bis 1,2 Mikrometer, 8 bis 9,9 Mikrometer und 10 bis 12 Mikrometer, durch die Wolken fast hindurchsehen kann. Man spricht in diesen Fällen von *optischen Fenstern*. Verwendet man Laserstrahlung, die mit ihrer Wellenlänge in einem dieser Bereiche liegt, so gelangt man mit erträglichen Verlusten von vielleicht 20 bis 50 Prozent pro Kilometer durch die Atmosphäre in den Weltraum. Im Fensterbereich liegen beispielsweise der Helium-Neon-Laser (0,63 Mikrometer) oder der Kohlendioxidlaser (10,6 Mikrometer). Um allerdings ganz sichere Übertragungen zu erhalten, besteht der Plan, die Verbindungen zur Erde über einen Zwischensatelliten aufzubauen, der von der Erde aus im Mikrowellenbereich angesprochen wird. Nachdem der Zwischensatellit die Informationen in optische Signale umgesetzt hat, könnte dann von ihm aus mit Lasern die weitere Übertragung im Raum stattfinden.

Für den *interplanetarischen Einsatz* arbeitet man vorwiegend an Kohlendioxid-Lasersystemen. Sie bieten neben hohen Sendeleistungen auch große Übertragungskapazitäten. So hat die europäische Raumfahrtorganisation ESA einen Kohlendioxidlaser mit 6 Watt Ausgangsleistung entwickelt, dessen Strahl über einen 25-Zentimeter-Spiegel emittiert wird. In 1000 Kilometer Entfernung leuchtet dieser Strahl erst eine Kreisfläche von nur 37 Metern Durchmesser aus. Die gesamte Sende-Empfangs-Einheit wiegt ganze 37 Kilogramm und kann daher leicht in Satelliten untergebracht werden.

Obwohl ein Helium-Neon-Laser-Nachrichtensystem bereits in den siebziger Jahren von der NASA bei der Venus-Pioneer-Mission erfolgreich getestet wurde, wird dieser Lasertyp heute nicht mehr eingesetzt und hat daher für die Raumfahrt nur noch historischen Wert. Die Gründe sind die relativ geringen Sendeleistungen und der sehr niedrige Wirkungsgrad.

Demgegenüber haben *Halbleiterlaser-Systeme* in der Raumfahrt an Bedeutung gewonnen. Sie sind besonders attraktiv wegen der kleinen Abmessungen, des geringen Gewichts, des hohen Wirkungsgrades und der einfachen Modulationsmöglichkeit. Allerdings ist für weite Nachrichtenverbindungen in der Raumfahrt die verfügbare Sendeleistung von unter 0,1 Watt nicht ausreichend. Hier versucht man, durch Vereinigung von mehreren Elementen zu einer Lasergruppe Abhilfe zu schaffen. Auch muß bedacht werden, daß die Ausrichtungsgenauigkeit etwa fünfzehnmal besser als bei einem Kohlendioxidlaser sein muß, was noch große Schwierigkeiten bereitet.

Besonders interessant für die Raumfahrt sind die laserdiodengepumpten *Neodymlaser*, auch wenn solche Systeme erst in den Anfängen stecken. Sie haben einen hohen Wirkungsgrad, lange Lebensdauer, sehr sauberes, kohärentes Licht und liefern dabei eine hohe optische Leistung. Die Wellenlänge liegt bei 1 Mikrometer, die Sendeleistung um 1 Watt. Datenübertragungsraten von 500 Megabit pro Sekunde werden angestrebt. Da das Neodymsystem stark an die Entwicklung des Kohlendioxidsystems anknüpft, wird es auch sehr von dessen Entwicklung profitieren. Wenn die geforderten Werte für Sendeleistung und Übertragungsrate bald erreicht sind, wird dieser Laser für die Nachrichtenverbindung im Weltraum das vorteilhafteste Instrument sein.

Will man allerdings *kosmische Entfernungen* überbrücken, muß man viel Zeit haben. Denn obwohl die Übertragung per Lichtgeschwindigkeit mit immerhin 300 000 Kilometern pro Sekunde erfolgt, wirkt diese höchste aller bekannten Geschwindigkeiten gegenüber den gigantischen Weiten des Alls eher winzig. Je größer aber die Laufzeit des Signals ist, desto kleiner wird die Übertragungskapazität des Systems. Denn Gas und Staub in den Weiten des Alls bewirken, daß sich die ursprünglich «scharfen» Signalpulse während der Reise auf ein breites Frequenzband verteilen. Sie flachen ab und dürfen zeitlich nicht zu dicht folgen, damit sie nicht ineinanderfließen. Die Informationsmenge ist daher deutlich begrenzt. Obwohl es möglich sein dürfte, mit intensiven Laserstrahlen Entfernungen von tausend Lichtjahren und mehr zu überbrücken, ist der Informationsaustausch über derart weite Entfernungen wegen der drastischen Einschränkung der Übertragungskapazität fast aussichtslos. Dies gilt natürlich auch für Mikrowellen. Da sich die Sternsysteme im Weltall relativ zueinander bewegen, müßten die Sendestrahlen unter einem bestimmten Vorhaltewinkel ausgesendet werden, das heißt, Sender und Empfänger einer kosmischen Nachrichtenstrecke müssen in verschiedene Richtungen weisen. Zusätzlich müssen Sender und Empfänger aufgrund des Dopplereffektes (siehe Seite 103 ff) auch noch auf verschiedene Frequenzen abgestimmt sein. All dies erschwert die Möglichkeit, mit Bewohnern fremder Welten – nicht nur per Laserstrahlen – Verbindung aufzunehmen. Vorhaltewinkel und Frequenzdifferenzen müssen allerdings auch schon in beträchtlichem Umfang bei der Kommunikation zwischen Satelliten im erdnahen Bereich berücksichtigt werden.

Datenspeicherung: CDs, wohin das Auge schaut

Nicht nur der Transport von Informationen, auch die Speicherung großer Datenmengen und vor allem der rasche und direkte Zugriff auf diese Daten ist für die Menschheit in fast allen Lebensbereichen immer dringlicher geworden. Da in der Zukunft durch die immense Informationsflut eine immer engere Verknüpfung zwischen Daten-, Text- und Bildverarbeitung nötig sein wird, um noch halbwegs den Überblick zu behalten, ist es erforderlich, neue Speichermethoden einzusetzen, die über die klassische Drucktechnik und die magnetische Speicherung weit hinausgehen.

Hier kommen *digital-optische Speicher* zum Einsatz, bei denen sich mit Lichtstrahlen Informationen in geeignetes Material schreiben und auch wieder auslesen lassen. Vorteile solcher Speicher sind das enorme Speichervermögen, die Kompaktheit und der schnelle Zugriff auf die Daten. Im Gegensatz zu den im Kapitel über Holographie beschriebenen *holographisch-optischen* Speichern werden die digital-optischen Speicher bereits kommerziell angeboten: Der Verbraucher kennt einige Ausführungen aus dem Audio- und Videobereich als Compact-Disc (CD), Mini-Disc (MD) oder als Bildplatte (Video-CD). Aber auch in PCs tun sie schon als sogenannte CD-ROMs oder D-Data-Systeme ihren Dienst.

Text: Vor fünftausend Jahren genügten den Sumerern Tontafeln zum Aufschreiben von Informationen; heute müssen Computer die Informationsflut bewältigen. Dabei helfen uns optische Speicherplatten, die zur Zeit leistungsfähigsten Massenspeicher der Welt: So nimmt eine Bildplatte von 30 Zentimetern Durchmesser insgesamt 2,6 Gigabyte Daten auf. Ein *byte* ist eine größere Informationseinheit als ein *bit* und entspricht einem graphischen Zeichen oder Buchstaben. Die Kapazität der Platte entspricht dem Speichervolumen von rund 7500 üblichen Computerdisketten oder aber 1,3 Millionen anderthalbzeilig beschriebenen DIN-A4-Seiten. Aufeinandergeschichtet ergäbe sich daraus ein Stapel von über hundert Metern Höhe. In einem solchen Speichervolumen ließe sich die zehnfache Textmenge von Meyers fünfundzwanzigbändiger Enzyklopädie unterbringen.

Bild und Ton: Anders als bei Schallplatte oder Tonband gibt es bei der CD keine Tonarme mehr, die die Rillen auskratzen, oder Tonköpfe, an denen das Magnetband entlangschleift. Bei der Wiedergabe werden die Daten wirklich ausgelesen – berührungs- und verschleißfrei durch einen Laserstrahl. Im direkten Zugriff kann er in Bruchteilen von Sekunden jede Stelle der Platte erreichen, indem seine Optik durch einen Servomotor blitzschnell über die Platte geführt wird.

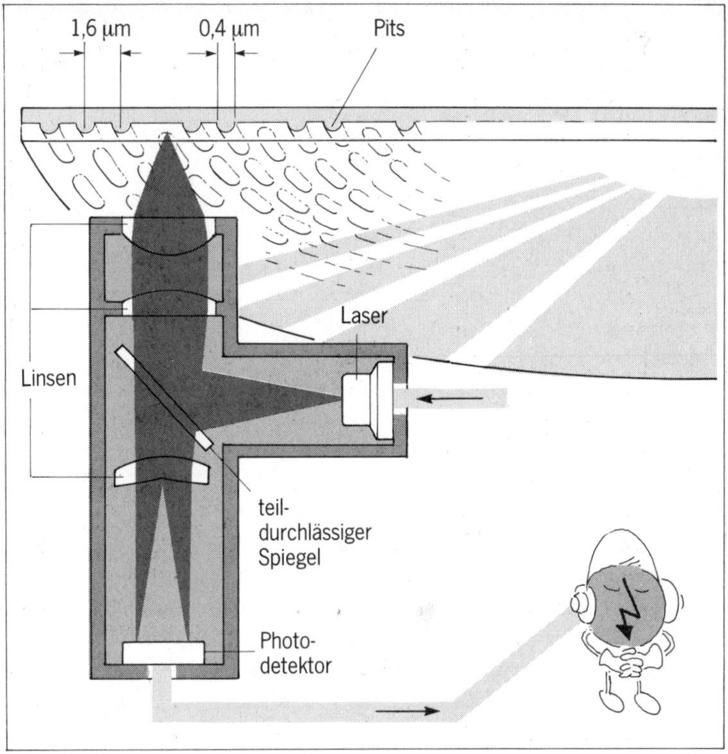

Abb. 33 *Abtastung einer CD mit einem Halbleiterlaser. Das von den pits reflektierte, flackernde Laserlicht fällt auf einen Photodetektor, dessen Stromschwankungen nach erfolgter Verstärkung in akustische Schwingungen umgewandelt werden. Die pits haben Ausmaße von etwa 0,5 × 0,1 × 0,9 – 3,3 Mikrometern (Breite × Höhe × Länge). Sechshundert solcher Spuren haben auf einem Millimeter nebeneinander Platz.*

Die Informationen (Sprache, Musik, Bilder, Daten) sind als winzige Wülste, eine Abfolge sogenannter *pits* verschiedener Länge und Abstände, auf der Unterseite der Platte spiralförmig von innen nach außen gespeichert (Abb. 33). Ein pit hat dabei winzige Ausmaße im Bereich unterhalb eines Mikrometers: Hätte die Platte den Durchmesser eines römischen Freilichttheaters, wäre ein pit nur so groß wie ein Stecknadelkopf. Sechshundert solcher pit-Spuren haben auf einem Millimeter Platz. Während sich die Platte dreht, werden vom Laserstrahl durchschnittlich 600 000 pits abgetastet. Diese Zahlen verdeutlichen, welch hohe Anforderungen auch an die Genauigkeit des Lasersystems sowohl bei der Herstellung als auch bei der Wiedergabe der Platte gestellt werden.

Wie schon bei der Lichtleitertechnik, so werden auch hier die Informationen *digital* kodiert. Im Audiobereich geschieht dies nach dem schon bekannten Pulscodeverfahren, im Videobereich davon abweichend noch nach einem digitalen Analogverfahren, was sich jedoch in Zukunft ändern soll.

Zur Speicherung von *Tonsignalen* werden diese in nur einer Sekunde rund 44 000 mal abgetastet, das heißt elektrisch in gleiche Teile zerlegt. Die momentanen Signalspannungen der einzelnen Teile werden gemessen und je nach Größe in bis zu 65 500 kleinen Stufungen digital kodiert, das heißt in die bereits bekannte Pulsfolge von Nullen und Einsen verwandelt und so auf der Platte als pit-Muster festgehalten. Auf diese Weise werden auch zarteste Formvarianten und kleinste Signale des Tons erfaßt. Dadurch ergibt sich beim Abspielen eine klangtreue Wiedergabe von großer Dynamik.

Ein *Bildsignal* braucht eine andere Verarbeitung. Es besteht wie ein Tonsignal aus Schwingungen. Hohe Frequenzen werden nun in viele pits, niedrige Frequenzen entsprechend in wenige pits umgesetzt. Die Anzahl der pits ist somit der Bildfrequenz analog. Daher stammt auch die Bezeichnung «digitales Analogverfahren». Dieses Verfahren wird eingesetzt, weil es nur etwa ein Zehntel des Speicherplatzes der volldigitalen Speichertechnik erfordert und auch bei der deutschen PAL-Fernsehnorm ohne Störungen läuft.

Auf einer Videoplatte werden nun Ton- und Bildsignale vermischt, wodurch sich die pits für das Bild verkürzen oder verlängern. Beim späteren Abspielvorgang wertet die Bildelektronik nur die Anzahl der pits aus und rekonstruiert daraus wieder das Bild, während der Tonteil nur Länge und Abstände der pits liest und daraus wieder den Ton erzeugt.

Bei der *Herstellung* der optischen Platten tut ein kurzwelliger Krypton- oder Argonlaser seinen Dienst. Mit seinem scharf gebündelten Strahl von unter 1 Mikrometer Durchmesser belichtet er im Takt der digitalen Information eine dünne Photoschicht, die eine rotierende Glasscheibe bedeckt. Diese Schicht hinterläßt nach der chemischen Entwicklung an den belichteten Stellen winzige Vertiefungen, die Vorläufer der pits. Nach einem mehrstufigen Herstellungsprozeß verschiedener Druckmatrizen aus der Glasplatte werden die schließlich mit den Matrizen gepreßten Plattenabdrucke, die jetzt das digitale pit-Muster enthalten, durch eine hauchdünne Aluminiumschicht verspiegelt und somit reflexionsfähig gemacht. Anschließend versiegelt man die Platten mit einer 5 bis 10 Mikrometer dicken Lackschicht, um die mikroskopisch kleinen pits vor Beschädigung zu schützen.

Beim *Lesen* tastet ein auf 1 Mikrometer gebündelter Laserstrahl die verspiegelten pits von unten, und daher in Form von kleinen Wülsten, auf der sich drehenden Platte – von innen nach außen laufend – ab. Der Strahl ist so fokussiert, daß er beim Abtasten der Grundfläche scharf ist, bei den hervortretenden Wülsten dagegen unscharf, was dazu führt, daß das Laserlicht je nach Anzahl, Form und Dichte der pits verschieden stark reflektiert beziehungsweise gestreut wird. Der Strahl beginnt gleichsam zu flackern. Das reflektierte Licht fällt auf einen Photodetektor zurück, und aus dem Flackern werden wieder Nullen und Einsen und daraus schließlich Ton- und Bildschwingungen erzeugt (siehe Abb. 33, S. 131).

Der *Abtastlaser* ist durchweg ein Halbleiterlaser im Infrarotbereich mit einer Leistung von etwa 1 Milliwatt. Bildplatten werden aber auch noch mit einem Helium-Neon-Laser (Wellenlänge 630 Nanometer) abgetastet. Der Laserstrahl wird so fokussiert, daß er erst auf den pits seine größte Bündelungsschärfe erreicht. Staub, Kratzer oder Kaffeespritzer können die Wiedergabe nicht beeinträchtigen, da sie im noch aufgeweiteten Strahlbereich nicht stören (Abb. 34). Fettfingerabdrücke allerdings werfen den Laserstrahl aus der Bahn, doch sind die Platten leicht zu reinigen.

Die Steuerung der Leseoptik des Lasers ist sehr aufwendig, denn es ist erforderlich, diese Optik pro Sekunde bis zu zwanzigtausendmal nachzuführen, um immer einer korrekte Fokussierung des Laserstrahls auf der Informationsspur zu gewährleisten.

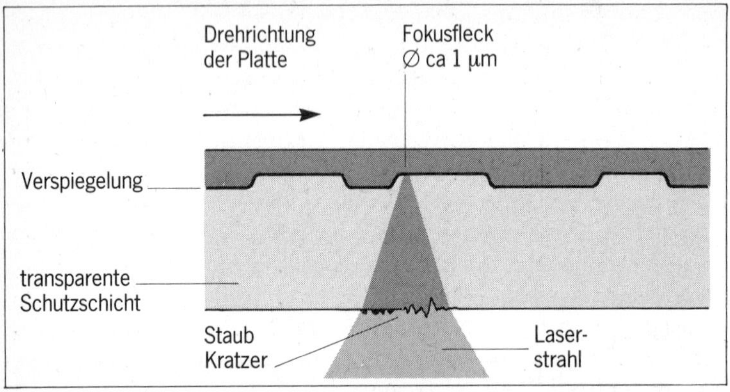

Abb. 34 *Verlauf des Laserstrahls bei der Abtastung einer Bild- oder Audioplatte. Selbst Staub und Kratzer stören nicht, da sie außerhalb der Fokussierung des Laserlichts liegen.*

Mit den hier geschilderten Verfahren können beschriebene Platten nur ausgelesen werden. Man spricht von *Lesespeichern*, sogenannten ROMs (englisch: *R*ead-*O*nly-*M*emory). Heftig gestritten wird gegenwärtig über die CD, mit der Musikfreunde selbst – und sei es nur einmalig – aufnehmen können, denn dadurch entstehen große urheberrechtliche Probleme. Vor allem fürchtet die Branche die damit eröffnete Möglichkeit, nun Raubkopien in bester Qualität herzustellen.

Aufnehmen und Löschen: Es gibt mindestens drei verschiedene Aufnahmeverfahren. Eines davon benutzt als Datenträger eine Glasplatte mit einer inneren Tellurschicht. Dieser Schicht werden dann mit dem Halbleiterlaser, dessen Leistung man pulsartig auf 12 Milliwatt steigert, in kodierter Form Löcher von etwa 1 Mikrometer Durchmesser eingebrannt. Mit dem gleichen Laser wird bei einer Leistung von 1 Milliwatt die Information wieder ausgelesen. Mittlerweile sind bei diesem Verfahren so enorme Speicherkapazitäten wie über 10 Milliarden bit bei durchschnittlichen Zugriffszeiten von 150 Millisekunden Stand der Technik. Damit lassen sich etwa drei bis vier Langspielplatten herkömmlicher Art aufnehmen.

Für viele Anwendungen benötigt man freilich Datenträger, die sich wie ein Ton- oder Videoband immer wieder verändern oder löschen lassen – die *reversible Datenspeicherung*. Zu diesem Zweck hat man Platten mit einer *magnetooptischen* Schicht aus Kunststoff oder speziellen Metall-Legierungen entwickelt. Der Trick beim Einschreiben ist, daß man kleine Bereiche der Schicht mit einem Hochleistungslaserstrahl erwärmt, wobei gleichzeitig durch eine elektrische Vorrichtung ein schwaches Magnetfeld überlagert wird. In den so erwärmten Bereichen ändert sich durch den Einfluß des Magnetfelds die Lage der Kunststoffpartikel, die auch nach Abschalten von Magnetfeld und Laserstrahl erhalten bleibt. Gelesen wird mit dem gleichen Laser bei verminderter Leistung, wobei das reflektierte Licht durch die markierten Bereiche eine charakteristische Änderung, eine sogenannte *Polarisation*, erfährt. Die Änderung wird elektronisch ausgewertet.

Die Spieldauer entspricht der einer CD; bei leichter Minderung der Klangqualität können sogar vier Stunden Musik aufgenommen werden.

Datenbanken: Seit einiger Zeit entlockt man den Platten ganz andere Töne. Sie werden als hocheffiziente Datenspeicher für den PC angeboten. Diese CD-ROMs sind fertig «bespielt» mit Daten und Texten aus verschiedenen Fachgebieten erhältlich. Es handelt sich um ganze Nachschlagewerke, Handbücher, Gesetzessammlungen oder Kataloge – man nennt sie auch die «Datenbanken für die Schreibtischschublade». Dabei haben sie ein günstigeres Preis-Leistungs-Verhältnis als Mikrofilme oder magnetische Datenträger, ja sogar als manche lexikalische Werke im Buchhandel, den sie nicht zuletzt deshalb eines Tages durcheinanderbringen werden. Die nur bierdeckelgroßen Scheiben mit ihrem gewaltigen Speichervolumen von rund 600 Megabyte – das entspricht diesmal der doppelten Textmenge von Meyers fünfundzwanzigbändiger Enzyklopädie – sind überall dort gut einzusetzen, wo große Datenbestände «vor Ort» verfügbar sein müssen. Anwender sind Banken, Versicherungen, Bibliotheken und Archive, auch die Automobilindustrie, die Ersatzteillisten ihrer Werkstätten auf CD-ROM führt. Ganz neue Möglichkeiten wurden dem *Multimedia*-Betrieb, der Ton- und Bildverarbeitung per Computer, eröffnet. Videofilmbearbeitung oder Diashowvorbereitung auf dem Bildschirm erfordern gewaltige Speicherkapazitäten, die erst durch Einführung der CD-ROM-Laufwerke kompakt und preiswert zur Verfügung standen.

Auch die Pädagogik wird durch interaktive Computeranwendung neue Impulse erfahren. Ganze Ausbildungsprogramme auf Compact-Disc für fortgeschrittene Technologien – zum Beispiel im Hochschulunterricht – sollen herkömmliche Lehrbücher ersetzen. Und auch in den allgemeinbildenden Schulen wird der Routine-Lehrstoff bestimmter Fächer manchmal schon vom Computer vermittelt.

Das Neueste kommt aus der Automobilbranche: das sogenannte *Zielführungssystem*. Es dient der Navigation im Auto. Komplette Stadtpläne und Landkarten sind auf einer Disc digital gespeichert. Der Monitor im Armaturenbrett soll dann dem Fahrer den Weg zeigen.

Die *Bildplatte* hingegen hat sich im Forschungs- und Ausbildungsbereich, aber auch in der Kundeninformation und Personalschulung einen Platz erobert. Immerhin besitzt sie eine Speicherkapazität von 54000 Videobildern pro Seite in der dem herkömmlichen Videoband überlegenen Qualität eines guten Fernsehbildes. In der Entwicklung sind begehrte Funktionserweiterungen, beispielsweise die Möglichkeit, Einzelbilder in beliebiger Reihenfolge (Diasammlung) oder Bildsequenzen (Film) mit Zugriffszeiten von wenigen Sekunden aufzurufen. Zeitlupe und Zeitraffung sollen dann nahezu beliebig möglich sein. Man spricht in diesem Fall von den Aktiv-Play-Discs, die aber wahrscheinlich zunächst Videokursen vorbehalten bleiben werden, um beispielsweise Bewegungsabläufe im Sport zu verdeutlichen. Vor allem aber ist die Verbindung mit Kleinrechnern interessant, die es ermöglicht, bestimmte Informationen gezielt zu selektieren, mit Material an anderer Stelle der Platte in Beziehung zu setzen und Texte in vorbestimmte Bilder der Platte einzumischen. Das ist für Unterrichts- und Ausbildungszwecke von großem Vorteil. Gerade im Bereich der Technik verspricht man sich davon einiges. So kann man einzelne Bilder aus elektronisch gespeicherten Büchern wie in einem Film zum Leben erwecken, um technische Abläufe zu demonstrieren. Sogar Ausschnittsvergrößerungen bis hin zur kleinsten Schraube sind möglich. Ganz neue Ausblicke ergeben sich aber durch die sich ständig erweiternden Möglichkeiten, mit Hilfe der Rechner Informationen und Bilder in die Datennetze einzuspeisen oder aus ihnen zu beziehen.

Zukünftige Entwicklung: Schon zeigen sich neue Aussichten, die Speicherkapazität der optischen Platten weiter zu erhöhen. Durch die Entwicklung eines Halbleiterlasers, der im sichtbaren, blauen Bereich des Spektrums (420 Nanometer) emittiert, lassen sich die Daten dichter packen, denn die Abmessungen der pits hängen von der Wellenlänge des Lichts ab. Verkürzt man – wie beim blauen Laserlicht – die Wellenlänge auf die Hälfte der sonst üblichen Infrarotstrahlung, kann man auch die Größe der pits halbieren. Auf die Fläche bezogen, ergibt sich eine vierfache Speicherdichte. Fünf Stunden Musik auf einer einzigen CD wären damit möglich. Allerdings werden bis zur Serienreife noch einige Jahre vergehen.

Einem anderen Weg, die Menge der digital gespeicherten Informationen gegenüber der herkömmlichen CD mehr als zu verzehnfachen, folgten Wissenschaftler der Computerfirma IBM. Sie stapelten bis zu zehn transparente Datenschichten in einem Block auf einer Scheibe übereinander. Mit Hilfe eines extrem fein fokussierten Laserstrahls, der sich durch eine höhenverstellbare Linse auf die jeweils gewünschte Datenschicht richten läßt, können die Daten auf der transparenten Scheibe von der Größe einer herkömmlichen CD sowohl gespeichert als auch wieder ausgelesen werden. Die erreichte Speicherkapazität entspräche etwa einer Million Buchseiten oder der Länge mehrerer herkömmlicher Spielfilme. Ein marktreifes Produkt wird schon 1996 erwartet.

Laserdrucker

Eine revolutionierende Anwendung in der Datenspeicherung hat der Laser für die Drucktechnik gebracht. Herkömmliche Drucker und Schreibmaschinen reichen häufig nicht mehr für den wirtschaftlichen EDV-Einsatz aus. Ihnen sind deutlich Leistungsgrenzen gesetzt. Durch die Kombination von Lasertechnologie und elektrostatischen Druckverfahren gelang der Sprung in einen neuen Anwendungs- und Geschwindigkeitsbereich. Schon heute sind Laserdrucker unentbehrlich für wissenschaftliche Dokumentationen, Hauszeitungen, schnelle Prospekte und Druckvorlagen. Auch an manchen Heimcomputern leisten sie wertvolle Arbeit. Die großen Tageszeitungen benutzen sie bereits in einem Zwischenschritt bei der Erstellung ihrer Ausgaben. Laserdrukker drucken leise, scharf, sattschwarz und preiswert und bieten eine Palette von fast zweitausend Schriften aller Größen.

Abbildung 35 erläutert das Prinzip eines Laserdruckers. Kernstück ist eine rotierende Trommel, die mit einem lichtempfindlichen Halbleitermaterial beschichtet ist und bei jeder Umdrehung elektrostatisch positiv aufgeladen wird. Ein Laserstrahl aus einem Argon- oder Helium-Neon-Laser, der abhängig von der zu druckenden Information getaktet und abgelenkt wird, beschreibt diese lichtempfindliche Schicht. Das geschieht im einzelnen so: Da der gepulste Laser punktweise schreibt, werden die zu druckenden Zeichen und Linien auch punktweise als elektrische Impulse einem sogenannten Zeichengenerator entnommen. Diese Impulse steuern nun eine Ablenkeinheit, durch die der Laserstrahl vertikal in mehrere Teilbündel aufgespalten und mit Hilfe eines schnell rotierenden Spiegels horizontal auf jeden Punkt der Zeile abgelenkt und so auf die Trommel projiziert wird. Dadurch entlädt sich die Halbleiterschicht an den Stellen der projizierten Punkte. Durch Überlappung der Punkte entsteht ein geschlossenes Schriftbild. Beim Durchlauf der Trommel durch ein Farbpulver nehmen die Stellen Farbpulver auf, die der Laser entladen hat. Das latent vorhandene, elektrostatische Druckbild, das sogenannte Zwischenbild, wird sichtbar. Es wird nun von der Trommel auf das zugeführte Papier übertragen und dort durch Aufschmelzen mittels einer Heizquelle wischfest mit der Fläche verbunden. Nach dem Druckvorgang wird die Halbleiterschicht der Trommel entladen und vom restlichen Farbpulver befreit. Der geschilderte Vorgang wiederholt sich von Seite zu Seite, wobei entweder Originale gedruckt oder Kopien angefertigt werden können, der Drucker also als Photokopierer arbeitet. In der Minute können von Kleindruckern für PCs bis zu zehn Seiten bedruckt werden; Großdrucker bringen es bis auf über hundert Seiten pro Minute.

Der optische Computer

Die Entwicklung der Digitalrechner in den vergangenen vierzig Jahren ist ohne den raschen Fortschritt in der angewandten Elektronik kaum vorstellbar. Vom PC über die Workstation bis zum Zentralrechner – die Technologie aller heute gebräuchlichen Computer beruht auf der Fähigkeit von Elektronen, sich in Metallen fortzubewegen und in do-

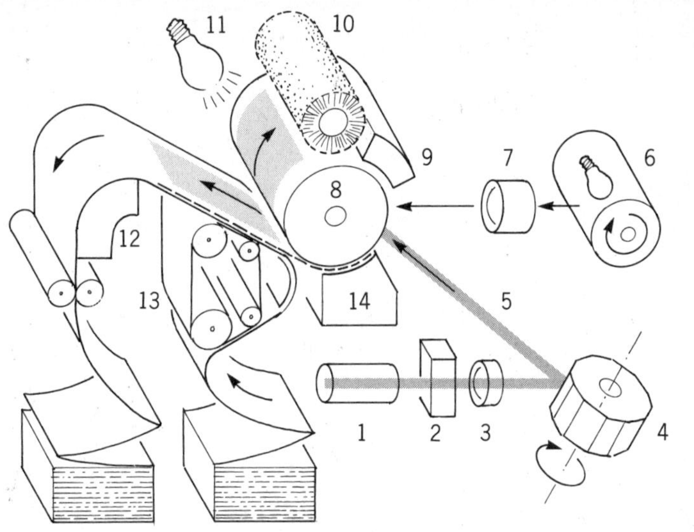

1 Laserstrahlzeichen-generator
2 akusto-optisches Ablenksystem
3 Optik
4 rotierender Spiegel
5 Laserbeschriftung
6 Formularvordruck-einrichtung
7 Optik
8 Photoleitertrommel
9 elektrostatische Aufladung
10 Reinigungsbürste
11 Entladungslicht-quelle
12 Heizquelle
13 Transporteinrichtung
14 Entwicklerstation und Toner

Abb. 35 *Prinzip eines Laserdruckers. Ähnlich einem Photokopierer wird auf einer rotierenden, halbleiterbeschichteten Trommel ein elektrostatisches Zwischenbild erzeugt. Dieses Bild wird mit Farbpulver angefärbt, auf zugeführtes Papier übertragen und dort festgeschmolzen.*

tierten Halbleitern zwei unterschiedliche Schaltzustände herzustellen. Diese Schaltzustände – «Strom ein» entspricht logisch einer Eins, «Strom aus» einer Null – werden von den Grundbausteinen herkömmlicher Computer, den Transistoren, verwirklicht.

Nun wird die Rechengeschwindigkeit eines Computers im wesentlichen durch die Ausbreitungsbedingungen der Elektronen in den Leiterbahnen und durch die Zeit begrenzt, die die Transistorschalter für einen Zustandswechsel benötigen. Zwar werden die Transistoren, auf sogenannten Chips integriert, immer kleiner konstruiert, um die Geschwindigkeit des Informationsflusses zu erhöhen – Schaltvorgänge unter einer milliardstel Sekunde sind durchaus realisierbar –, aber grundsätzliche Probleme bleiben dennoch bestehen: Elektronen sind Ladungsträger und müssen deshalb in isolierten Leiterbahnen transportiert werden, die sich überdies nicht zu nahe kommen dürfen, da sie sich sonst gegenseitig beeinflussen. Und je enger die Leitungen wegen des beschränkten Platzes auf den Chips zusammenrücken, desto größer werden die Probleme der Wärmeabfuhr und der elektromagnetischen Wechselwirkung. Außerdem erreichen die Elektronen im Halbleitermaterial der Transistoren nur einen Bruchteil der Lichtgeschwindigkeit. Hinzu kommt, daß die Elektronik in den Leitungen mehr als hundert Millionen Schaltungen pro Sekunde nicht verkraftet: Es bilden sich stehende Wellen, Echos und andere unerwünschte Störfaktoren.

In dieser Misere scheint es im wahrsten Sinne des Wortes einen Lichtblick zu geben: Lichtteilchen, sogenannte Photonen, tragen keine elektrische Ladung und beeinflussen sich deshalb nicht gegenseitig, selbst wenn sich ihre Wege kreuzen. Sie bewegen sich ohne Leiterbahnen oder Drähte mit Lichtgeschwindigkeit durch den Raum, können aber auch durch Lichtleitfasern oder optische Elemente geführt werden. Nun gibt es seit Mitte der siebziger Jahre die Idee, Computer zu bauen, in denen die Signale nicht mittels elektrischer Ströme, sondern durch Laserstrahlen übertragen werden. Vermutlich wären solche optischen Computer mehrere hundertmal schneller als die besten konventionellen Elektronenrechner. Schaltgeschwindigkeiten bis hinunter zu einer billionstel Sekunde, einer Pikosekunde, wären theoretisch möglich.

Schon 1976 gelang in den amerikanischen Bell-Laboratorien der Nachweis, daß gewisse Kristalle durch den steuernden Einfluß intensitätsstarken Laserlichts dazu gebracht werden können, lichtdurchlässig oder lichtundurchlässig zu werden. Sie zeigen eine sogenannte optische Bistabilität. Diese Entdeckung führte dazu, daß 1986 in Schottland aus solchen nichtlinearen Kristallen der erste optische Transistor als Grundbaustein eines künftigen Computers entwickelt wurde.

Die prinzipielle Wirkungsweise eines solchen optischen Transistors zeigt Abbildung 36. Fällt Licht, zum Beispiel die gebündelten Lichtwellen eines Laserstrahls, unterhalb einer bestimmten Intensitätsschwelle auf einen Kristall – oft bestehend aus Galliumarsenid oder Indiumantimonid –, kommt es durch Reflexion und Überlagerung der Lichtwellen an den polierten Flächen im Innern zur fast völligen Auslöschung des Lichts; der Kristall wird lichtundurchlässig. Erhöht man die Intensität des auffallenden Laserlichts, beispielsweise durch einen kleinen zusätzlichen Steuerstrahl, über diesen Schwellenwert, so verändert der Kristall sein Verhalten. Jetzt überlagern sich hin- und rücklaufende Lichtwellen im Innern zu hohen Intensitäten; der Kristall wird lichtdurchlässig. Abbildung 37 zeigt, wie durch Ein- und Ausschalten des Steuerstrahls der Datenlaserstrahl durchgelassen oder fast vollständig unterdrückt wird. Genauso wird auch beim elektrischen Pendant, dem Transistor, der Hauptstrom durch einen kleinen Steuerstrom ein- und ausgeschaltet.

Der praktische Aufbau eines solchen optischen Transistors ist allerdings noch wenig geeignet, einen kompakten Computer im herkömmlichen Sinne zu entwickeln. Laserkanone, Linsen, Blenden, Spiegel, Strahlteiler und vieles mehr sind voluminöse optische Bauteile und können im Extremfall einen ganzen Tisch einnehmen. Außerdem müssen, damit der Computer die drei elementaren Funktionen, nämlich logische und arithmetische Operationen sowie die Informationsspeicherung, durchführen kann, die Transistoren zu größeren Einheiten zusammengeschaltet werden.

In der Auseinandersetzung mit diesem Problem ist nun, wiederum in den Bell-Laboratorien, 1990 ein technologischer Durchbruch gelungen. 128 winzige, nur fünf tausendstel Millimeter im Quadrat messende optische Schalter wurden zu je 32 Stück auf einem Chip zu einer Einheit zusammengefaßt und über kleine Linsen und Masken im Strahlengang verbunden. Jeder dieser S-SEEDs (Symmetric-Self Electrooptic Effect Devices) genannten optischen Schalter besitzt zu Steuerzwecken außerdem zwei Spiegel mit kontrollierbarer Durchlässigkeit. Das ganze System wird von acht modulierten Zehn-Milliwatt-Laserdioden gespeist, deren Licht, aufgeteilt in 128 Teilstrahlen, im Infrarotbereich strahlt. Diese Anordnung, die in Zukunft mit mehreren hundert Megahertz Taktfrequenz arbeiten soll, stellt bereits eine Art Subprozessor dar, der immerhin schon einfache arithmetische Operationen ausführen kann oder, anders ausgedrückt, etwa so leistungsfähig ist wie der Chip einer Waschmaschine. Die Zahl der optischen Schaltelemente soll

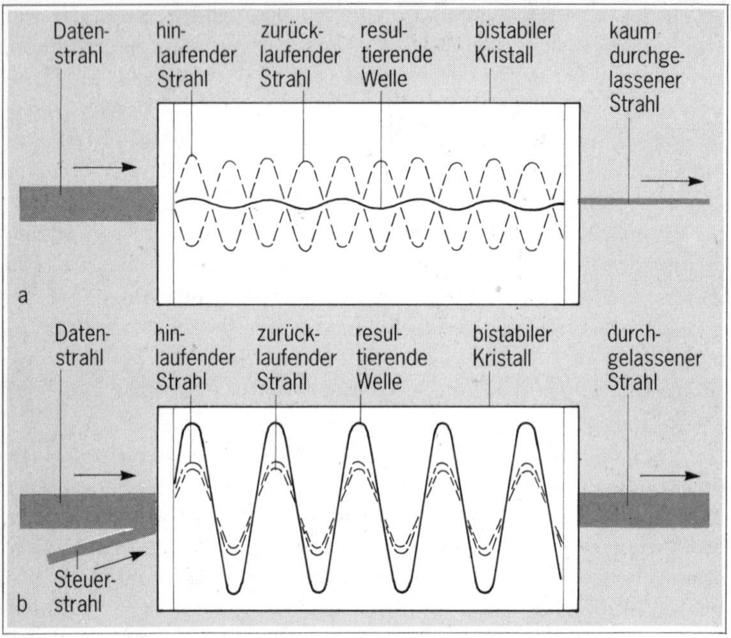

Abb. 36 *(a) Die Intensität des Datenstrahls allein liegt unterhalb der Durchlaßschwelle des Kristalls. Durch destruktive Interferenz im Innern wird kaum Licht durchgelassen. (b) Daten- und Steuerstrahl zusammen liegen in ihrer Intensität oberhalb der Durchlaßschwelle des Kristalls. Durch konstruktive Interferenz im Innern wird das Licht vollständig durchgelassen.*

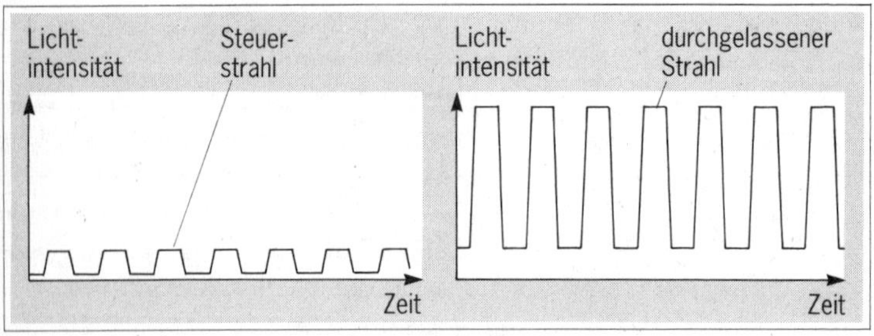

Abb. 37 *Kleine Intensitätsverschiebungen im Steuerstrahl rufen große Änderungen der Durchlässigkeit für den Datenstrahl hervor.*

jedoch bald auf 2048 wachsen und das Ganze eines Tages auch noch in Kaskaden von jeweils zehntausend Exemplaren zusammengefaßt werden. Aber bis zu einem kompletten Computer ist der Weg noch weit. So wird die Elektronik herkömmlicher Computer denn auch in nächster Zukunft nicht überflüssig werden, aber einige Komponenten könnten durchaus optisch aufgebaut sein – optische Inseln im großen elektronischen Umfeld.

Die eigentliche Attraktivität der neuen optischen Datenverarbeitung, «Photonik» genannt, sehen Experten in einer anderen Eigenschaft, nämlich der Fähigkeit, immense Datenmengen *parallel* zu verarbeiten. Im Gegensatz zu elektrischen Digitalsignalen, die hintereinander – sequentiell – verarbeitet werden müssen, können optische Signale in Form von vielen dicht nebeneinanderliegenden Laserstrahlen gleichzeitig – parallel – eingegeben, verarbeitet und ausgegeben werden, woraus sich unter anderem die Möglichkeit ergibt, ganze Bilder, und seien sie auch, wie zum Beispiel das Fernsehbild, aus Hunderttausenden von Bildpunkten zusammengesetzt, als Gesamtvorgang zu erfassen. Dazu könnte man beispielsweise durch Hologramme sowohl einen Laserstrahl in fast beliebig viele Teilstrahlen zergliedern als auch diese Teilstrahlen durch Linsen ablenken oder auch reflektieren lassen.

Zwar versucht man, bei elektronischen Rechnern durch Einsatz vieler, gleichzeitig parallel operierender Prozessoren ein ähnlich leistungsfähiges System zu schaffen, aber dabei muß jeder Prozessor fest verdrahtet sein. In der Photonik ließen sich die Prozessoren kreuz und quer mit Lichtstrahlen ohne gegenseitige Beeinflussung verbinden und steuern. Hinzu kommt, daß sich immens viele optische Signalströme gleichzeitig durch eine einzige Glasfaser schicken und anschließend, ohne sich beeinflußt zu haben, wieder trennen lassen. Dagegen fließen bereits zwei elektrische Ströme auf einer Drahtleitung zu einem einzigen zusammen und bleiben fortan unzertrennbar.

Die atemberaubenden Möglichkeiten der Signalverarbeitung in der Photonik lassen natürlich die Zukunftserwartungen hochschnellen: Sprach- und Bilderkennung, Strömungsmechanik oder Wettervorhersage sollen eines Tages durch optische Supercomputer bewerkstelligt werden. Ja, in den Köpfen der Photonen-Forscher entsteht schon die nächste Vision: Durch die extrem schnelle Parallelverarbeitung und eine mögliche Erhöhung der Prozessorenzahl in den Millionenbereich ließen sich durch optische Computer möglicherweise Vernetzungen realisieren, die in Funktion und Aufbau dem Gehirn näherkämen, als dies mit konventionellen Rechnern jemals vorstellbar wäre.

Kernfusion – Energiegewinnung der Zukunft?

Die Bewältigung des ansteigenden Energiebedarfs in der Welt gehört zu den dringlichsten Zukunftsaufgaben der Menschheit. Die fossilen Brennstoffe wie Erdöl, Erdgas und Kohle sind nicht unbegrenzt verfügbar; sie stellen außerdem wichtige Rohstoffe für die chemische Industrie dar und sind zur reinen Energiegewinnung zu wertvoll. Die Verbrennung dieser Stoffe belastet die Atmosphäre erheblich durch das entstehende Kohlendioxid. Alternative Energiequellen wie zum Beispiel die Sonnenenergie sind heute für einen Großeinsatz noch nicht wirtschaftlich genug oder beherbergen, wie die Kernenergie aus der Kernspaltung, große Risiken (radioaktive Verseuchung).

Schon jetzt liegt der Gesamtenergieverbrauch der Menschheit bei knapp 70 Billionen Kilowattstunden pro Jahr (eine Zahl mit 13 Nullen!), allein in Deutschland sind es jährlich 3 Billionen Kilowattstunden. Falls – schätzungsweise um das Jahr 2500 – alle natürlichen Brennstoffvorräte verbraucht sein sollten, könnte die Menschheit für sich den traurigen Ruhm verbuchen, nach nur wenigen Generationen buchstäblich das verheizt zu haben, was in der Natur in Millionen von Jahren an natürlichen Brennstoffen entstanden war.

Bei der Erschließung neuer Energiequellen bietet sich neben der Kernspaltung und Sonnenenergie vor allem die Kernverschmelzung als vielversprechende Technik der Zukunft an. Die benötigten Rohstoffe stehen einerseits als Bestandteil des Wassers in schier unbegrenztem Ausmaß in den Weltmeeren zur Verfügung und können damit den Energiebedarf für alle Zeit decken, denn bereits *ein* Kubikkilokmeter Meerwasser vermag mehr Energie zu liefern, als bisher in der gesamten Geschichte der Menschheit verbraucht wurde. Andererseits werden sie im Reaktor immer wieder neu erzeugt. Voraussetzung ist allerdings, daß es gelingt, den Kernverschmelzungsprozeß in den Griff zu bekommen. Dieses ist sicherlich eines der aktuellsten, aber auch schwierigsten Probleme der heutigen Physik.

Prinzip der Kernverschmelzung

In der Natur ist die Kernverschmelzung die wichtigste Energiequelle, denn die von den «Öfen» im All, nämlich der Sonne und den Fixsternen, ausgestrahlte Energie stammt größtenteils aus Kernverschmelzungsprozessen. Allerdings herrschen im Innern der Sterne unvorstellbare Temperaturen (15 Millionen Grad) und Drücke, die für eine solche Verschmelzung erforderlich sind. Dafür liefern sie auch zehnmillionenmal mehr Energie, als dies bei der Verbrennung der gleichen Menge von Kohle oder Öl der Fall ist.

Auf der Erde konnte eine künstliche Kernverschmelzung bisher nur unkontrolliert mit der Wasserstoffbombe ausgelöst werden. In vielen Laboratorien der Welt wird allerdings seit nunmehr dreißig Jahren mit Nachdruck an einer kontrollierten Kernverschmelzung – einer künstlichen Sonne im Miniformat – für friedliche Zwecke gearbeitet. Mit Hilfe gigantischer Anlagen und enormem technischem Aufwand gelang es zwar, eine Kernverschmelzung im Labor herbeizuführen, doch hielt dieser Prozeß bisher nur Bruchteile einer millionstel Sekunde an, brach ab und mußte neu entfacht werden. Damit im Reaktor mehr Energie erzeugt als verbraucht wird, muß die Anlage jedoch ohne Unterbrechung in Betrieb sein, was nach Einschätzung der Fachleute allerdings frühestens in dreißig Jahren erwartet wird. Optimistischen Aussagen zufolge soll ein erstes Fusionskraftwerk bis zum Jahr 2010 im Versuchsstadium laufen.

Was spielt sich nun bei einer Kernverschmelzung oder, wie der Fachmann sagt, Kernfusion ab? Vereinfacht gesagt etwa folgendes: Bei der Verschmelzung leichter Atomkerne wird, wie es bereits Albert Einstein vorausgesagt hat, aufgrund innerer atomarer Zusammenhänge enorm viel Energie freigesetzt. So können zwei Abkömmlinge des Wasserstoffs, die Gase Deuterium und Tritium, mit ihren Atomkernen zu Heliumkernen verschmelzen. Atomkerne bestehen – wie schon zu Beginn des Buches erläutert – aus positiv geladenen Teilchen, den Protonen, und ungeladenen Teilchen, den Neutronen. Ein Wasserstoffkern besteht nur aus einem Proton, ein Deuteriumkern aus einem Proton und einem Neutron, das radioaktive Tritium aus einem Proton und zwei Neutronen. Bei der Fusion von Deuterium und Tritium entstehen Heliumkerne (mit je zwei Protonen und zwei Neutronen) und überschüssige Neutronen, die mit hoher Geschwindigkeit aus dem Kernbe-

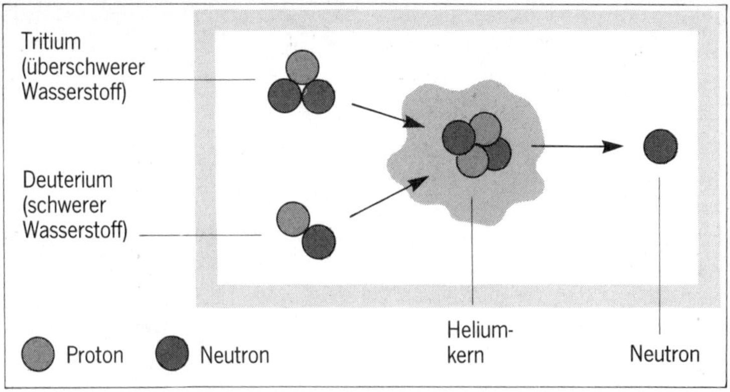

Abb. 38 *Schema einer Kernverschmelzung aus Deuterium- und Tritiumkernen. Die Kerne müssen sich mit extrem hoher Geschwindigkeit aufeinander zubewegen, was nur durch Erhitzung der Gase auf über 100 Millionen Grad erreicht werden kann.*

reich fliegen – sie transportieren etwa 80 Prozent der frei werdenden Energie – und auch den neu entstandenen Heliumkern dabei in Bewegung versetzen (Abb. 38). Die Bewegungsenergie der Heliumkerne dient unter anderem dazu, die Aufrechterhaltung des Fusionsprozesses zu stützen, während die der Neutronen in Nutzenergie umgewandelt wird.

Die Kernfusion läßt sich allerdings, wie erwähnt, nur unter extremen Bedingungen erzielen. Die große Schwierigkeit liegt darin, daß sich positiv geladene Kerne gegenseitig abstoßen. Eine Verschmelzung kann nur stattfinden, wenn die Kerne so dicht zusammengedrückt werden, daß sie sich fast durchdringen; erst dann werden sogenannte *Kernkräfte*, die zu einer Bindung führen, wirksam. Es entsteht eine Art «Muß-Ehe». Das heißt, die Reaktion muß in winzigster Zeitspanne auf kleinstem Raum konzentriert bei enorm hoher Dichte und Temperatur ablaufen. Das Deuterium-Tritium-Gemisch muß dazu auf ein Tausendstel des ursprünglichen Volumens zusammengedrückt und gleichzeitig auf 100 Millionen Grad erhitzt werden. Im Motor eines Autos passiert dies im kleineren Maßstab mit dem Benzin-Luft-Gemisch ebenso. Die genaue Zündtemperatur ist erst vor kurzem in den USA bei einer unterirdischen Nuklearsprengung ermittelt worden. Bei solch hohen

Temperaturen lösen sich die Elektronen aus dem Atomverband, und die Materie besteht aus freien Kernen und Elektronen. Ein solches Gas wird auch als *Plasma* bezeichnet.

Laborversuche zur Kernfusion

Um diese Bedingungen zu erreichen, folgen die Wissenschaftler im wesentlichen zwei Wegen: Kernfusion durch magnetischen Einschluß des Plasmas und die lasergesteuerte Kernfusion.

Bei der ersten Methode werden Gase in einem riesigen, röhrenförmigen und zu einem Ring geschlossenen Gefäß gehalten. Durch Erzeugung starker, ebenfalls ringförmiger Magnetfelder im Innern des Gefäßes werden die Gase enorm zusammengepreßt und dadurch aufgeheizt. So erreichen die Atomkerne bei genügend hoher Teilchendichte auf engem Raum Temperaturen von 100 Millionen Grad. Hierdurch prallen sie mit der enormen Geschwindigkeit von einigen hundert Kilometern pro Sekunde aufeinander und verschmelzen. Genügend viele Verschmelzungen sind jedoch nur zu erreichen, wenn die oben geschilderten Bedingungen hinreichend lange aufrechterhalten werden können. Gerade dies aber bereitet den Forschern große technische Schwierigkeiten, und der beschrittene Weg hat noch nicht zum gewünschten Erfolg geführt.

Große Hoffnungen richten sich auch auf die Kernfusion mit Hochleistungslasern. Dabei wird versucht, den Brennstoff, das heißt das Deuterium- und Tritiumgemisch, durch mehrfachen Laserbeschuß schlagartig auf hohe Temperaturen und durch Rückstoßeffekte auch auf hohe Dichte zu bringen, so daß Verschmelzungsreaktionen einsetzen. Denn durch die Möglichkeit, intensive Laserstrahlen auf kleinstem Raum zu bündeln, lassen sich enorm hohe Temperaturen und bei entsprechender Vorkehrung auch hohe Drücke herstellen, weil das Plasma durch seine eigene Trägheit eingeschlossen wird. Dabei kommt es in erster Linie darauf an, kurze Lichtblitze mit hoher Leistung zu erzeugen, um diese große Leistungskonzentration zu erhalten. Eine technisch elegante Methode besteht darin, den Brennstoff in einem Reaktor durch symmetrisch von allen Seiten kommende, baumdicke Laserstrahlen, die auf Millimeterstärke gebündelt werden, zu beschießen, um die erforderlichen Bedingungen zu erreichen (Abb. 39). Eine solche

Anlage hätte beachtliche Ausmaße und stünde denen eines konventionellen Kraftwerks hinsichtlich ihrer Größe nicht nach. Allein die Reaktorkammer hätte einen Durchmesser bis zu 20 Metern, und die Laserkanonen (bis zu 24 an der Zahl) inklusive Verstärker wären bis zu 150 Meter lang, wobei Laserenergien von etwa 1 Million Joule erforderlich wären.

Die bei der Verschmelzung frei werdende Energie muß in elektrische Energie umgewandelt werden. Mit den schnell fliegenden Neutronen kann man in der Reaktorwand ein Flüssigkühlmittel, zum Beispiel Lithium, aufheizen. Das heiße Lithium erzeugt in einem sogenannten Wärmetauscher, in dem eine heiße Flüssigkeit ihre Wärme durch eine Wand hindurch an eine kühlere abgibt, Wasserdampf, der schließlich über eine Turbine Elektrizität erzeugt. Der Verbrennungsvorgang müßte mehrmals in der Sekunde wiederholt werden, um gleichmäßige Energie zu erhalten. Die technische Ausführung bereitet jedoch ebenfalls noch große Schwierigkeiten. Wie versucht man nun, die angestrebte Fusion zu bewältigen?

Im Mittelpunkt des Geschehens steht ein winziges, nur 1 Millimeter kleines Kügelchen aus Kunststoff oder Glas. Dieses sogenannte *Pellet* enthält, gleich einem Mikroballon, gefrorenes Deuterium und Tritium von nur 0,1 Milligramm Masse. Die Pellets werden nun nacheinander mit mehreren Hochleistungslasern bestrahlt, wobei sie in der unvorstellbar kurzen Zeit von etwa einer milliardstel Sekunde mit der enormen Leistung von einigen Milliarden Kilowatt aufgeheizt werden. Das ist, wenn auch nur für extrem kurze Zeit, über hundertmal mehr als die gesamte bundesdeutsche Kraftwerksleistung! Hierbei verdampfen bei einer Oberflächentemperatur von mehreren Millionen Grad die obersten Schichten des Kunststoffs. Gleich einer Rakete, die ihre heißen Gase ausstößt, erfährt das Pellet von allen Seiten einen zum Zentrum gerichteten Rückstoß, der die Masse des Gemisches mit einer Geschwindigkeit von mehreren hundert Kilometern pro Sekunde bis auf die tausendfache Dichte komprimiert. Unter diesen Bedingungen werden die für die Kernverschmelzung benötigten Drücke und Temperaturen im Innern des Pellets erreicht, wobei die frei werdende Energie rund hundertmal größer ist als die für die Verschmelzung eingestrahlte Laserenergie (Abb. 40). Sie entspricht – nach Abzug aller Verluste – etwa 100 Kilowattstunden. Das ist in einem großen, entsprechend gebauten Reaktor durchaus beherrschbar.

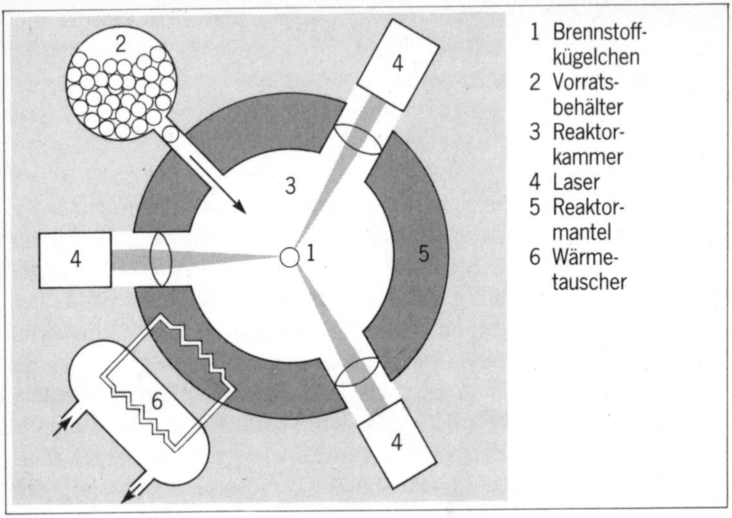

Abb. 39 *Prinzip des Laserfusionsreaktors. Das Brennstoffkügelchen in der Reaktorkammer wird allseitig von gepulsten Lasern bestrahlt und dadurch gezündet. Die entstehenden Neutronen heizen in der Reaktorwand ein Kühlmittel auf, dessen Energie über einen Wärmetauscher schließlich in Elektrizität umgewandelt wird.*

Der Aufbau des Pellets hat für den Erfolg der Fusion entscheidende Bedeutung. Deshalb wird weltweit daran geforscht, und die Ergebnisse sind geheim. Bekannt ist nur, daß man mittlerweile auf *Hohlkügelchen* setzt, in deren Zentrum der eigentliche Brennstoff angeordnet ist. Die hauchdünne Schale aus Kunststoff ist auf der Innenseite mit Gold oder einem anderen schweren Element beschichtet. Durch zwei kleine Öffnungen kann Laserlicht in das Hohlkügelchen eintreten. Man benötigt nur noch zwei statt über zwanzig Laser-Teilstrahlen. Die Laserstrahlung verdampft die Beschichtung auf der Innenseite des Hohlkügelchens und erhitzt sie so stark, daß sie zum Plasma wird. Das Plasma beginnt nun, weiche Röntgenstrahlung auszusenden, die gleichmäßig auf den Brennstoff in der Mitte trifft und ihn nach Erhitzung und Kompression zünden soll (Abb. 41).

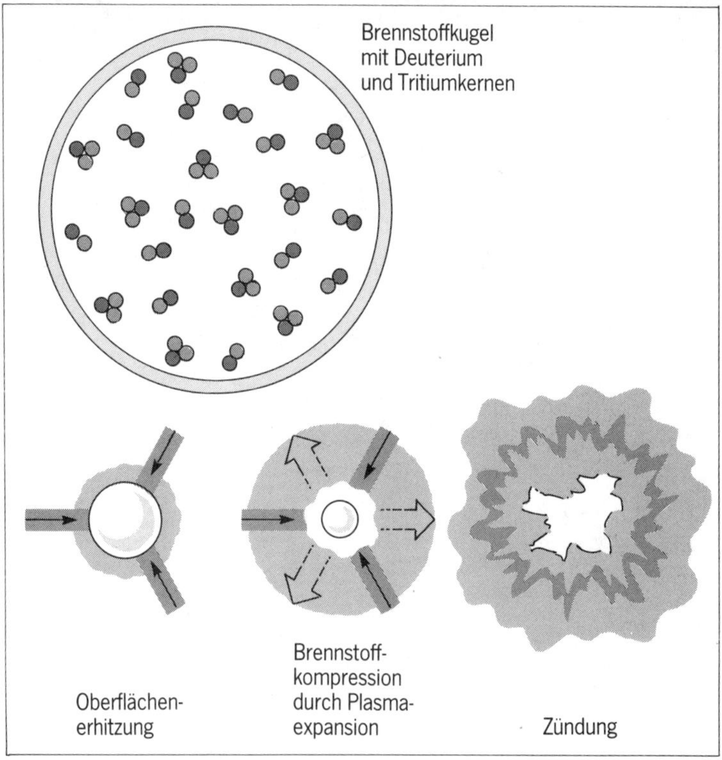

Abb. 40 *Kompression durch Laserstrahlung. Die auf das Brennstoffkügelchen treffende Laserstrahlung erhitzt dessen Oberfläche und erzeugt ein expandierendes Plasma, dessen Rückstoß wiederum den Brennstoff komprimiert und schließlich zündet.*

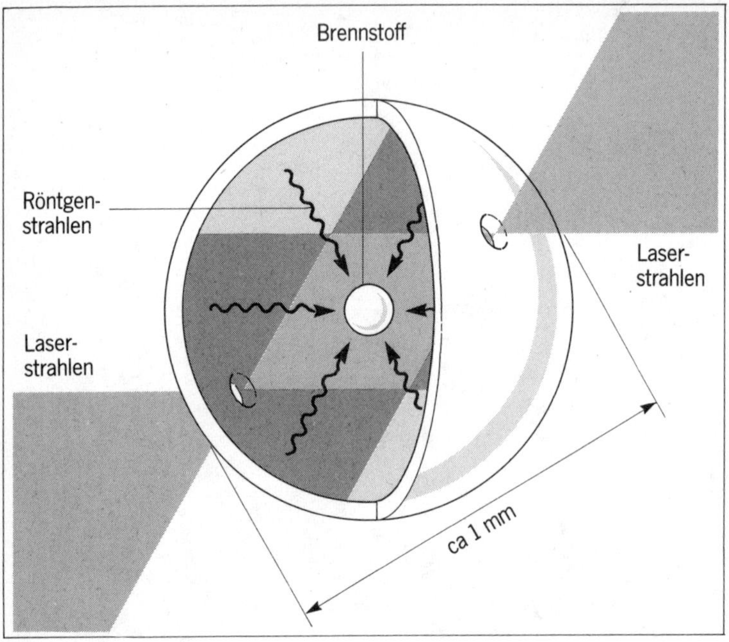

Abb. 41 *Schema eines Hohlkügelchens für die Laserfusion. Zwei durch feine Öffnungen dringende Laserstrahlen erzeugen durch Verdampfung der Innenfläche ein Plasma, dessen Röntgenstrahlung den Brennstoff zündet.*

Technischer Stand der Reaktorentwicklung

Allerdings sind die Wissenschaftler heute noch ein gutes Stück von einem ökonomisch arbeitenden Fusionsreaktor entfernt. Zwar existieren bereits gigantische Laseranlagen, zum Beispiel in den USA (System NOVA, Livermore), in Japan (System GEKKO, Osaka) oder in Deutschland (System Asterix, Garching). Der zur Zeit wohl größte Kernfusionslaser ist NOVA mit einer Leistung von 200 Milliarden Kilowatt, ein zehnstrahliges System (Abb. 42). Er wird mit etwa zehntausend Blitzlampen gepumpt. Dennoch ist es mit diesen riesigen Anlagen bis heute nicht gelungen, gleichzeitig die erforderliche Temperatur von

Abb. 42 *NOVA: Riesen-Neodym-Lasersystem mit Verstärkerketten.*

rund 100 Millionen Grad und die erforderliche Verdichtung von 1 zu 1000 zu erreichen. Ermutigend ist jedoch, daß diese Werte schon getrennt in Einzelexperimenten erzielt werden konnten. Um erfolgreich zu sein, müssen Lasersysteme gebaut werden, die mindestens zehn- bis hundertfach leistungsfähiger als NOVA sind. In Planung ist dafür der Athena-Laser mit einer Ausgangsenergie von 10 Megajoule.

Dabei werden extrem hohe Anforderungen an den Reaktorlaser gestellt, und es kommen verschiedene Lasertypen zum Einsatz. Einen Laser, der allen Erfordernissen gerecht wird, gibt es heute noch nicht. Mit den großen Laseranlagen werden jedoch einzelne Anforderungen erreicht, die ein zukünftiger Reaktorlaser erfüllen muß. Alle für die Kernfusion entwickelten Laser haben das gleiche Bauprinzip. In einem Laseroszillator wird ein Lichtpuls erzeugt, der anschließend mit einer Kette von Verstärkern auf die Endenergie hochkatapultiert wird. Bei NOVA sind die Verstärkerketten 137 Meter lang.

Der technisch am weitesten entwickelte Laser für Fusionsexperimente ist der Neodym-Glaslaser, der bis zu 100 Millionen Kilowatt

Strahlungsleistung erreicht. Allerdings ist sein Wirkungsgrad kleiner als 1 Prozent. Auch kann die Schußfolge wegen der sich aufstauenden Wärme im Laserglasstab nicht auf mehr als einen Schuß pro Sekunde gebracht werden. Beide Nachteile vermeidet der Kohlendioxid-Gaslaser mit gutem Wirkungsgrad und guter Kühlmöglichkeit. Mit diesen Infrarotlasern mit Wellenlängen von 1,06 und 10,6 Mikrometern haben sich jedoch Schwierigkeiten bezüglich der Absorption des Laserstrahls im Pellet und der Kompression des Brennstoffs ergeben. Laser für sichtbares und UV-Licht versprechen dagegen größeren Erfolg. Mit ihnen läßt sich viel mehr Energie auf das Plasma übertragen. Als einer der aussichtsreichsten Kandidaten gilt daher der Kryptonfluorid-Gaslaser, weil er die kurze Wellenlänge von 248 Nanometern im UV-Bereich und einen Wirkungsgrad von über 10 Prozent besitzt. Allerdings steht er in Konkurrenz mit dem Jodlaser, wie er beim deutschen System Asterix in Garching im Einsatz ist.

Selbstverständlich gibt es noch ganz andere Probleme zu lösen. So muß beispielsweise das Plasma einen extrem hohen Reinheitsgrad besitzen. Auch die energiereichen Neutronen bereiten Sorgen. Sie lassen die verwendeten Materialien verspröden und machen sie radioaktiv.

Die verwendeten Brenn- und Kühlmaterialien sind nicht ungefährlich, ihr Einsatz ist noch ein riskantes Geschäft: Tritium ist radioaktiv und kann selbst durch Stahl diffundieren. Nur bei der «Traumreaktion», der Verschmelzung von Wasserstoff und dem Element Bor – einem braunen Pulver – zu Helium muß man nicht mit dem gefährlichen Tritium arbeiten und erhält auch keine schnellen, die Wände in Mitleidenschaft ziehenden Neutronen. Leider ist diese Reaktion noch schwieriger zu zünden als die Verschmelzung von Deuterium und Tritium.

Bleibt man bei Tritium, muß es zudem aus Lithium hergestellt, *erbrütet* werden. Lithium wiederum ist hochgradig feuergefährlich: Es brennt, sobald es mit Luft in Berührung kommt, und reagiert sogar mit wasserhaltigem Beton. Die Fenster der Fusionskammer, durch die der Laserstrahl eintritt, müssen aus extrem reinem Quarzglas und bis zu einem Meter dick sein, um zu hohe Verluste zu vermeiden und den enormen Belastungen standhalten zu können. Kleinste Staubteilchen können bei den großen Strahlenergien sofort auf den optischen Materialien einbrennen und somit zu deren Zerstörung führen. Auch die «Fusionsaschen», nämlich das entstehende Helium und der verbrannte

Kunststoff, müssen schnell und gründlich entfernt werden, damit die Fusion nicht erlischt.

Ein Fusionsreaktor dieser Art würde gegenüber einem Reaktor, der auf Kernspaltung beruht, aber auch entscheidende Vorteile bieten:

- Der Brennstoff wäre praktisch unbegrenzt verfügbar.
- Es befänden sich nur etwa 10 Kilogramm Brennstoff im Reaktor (in einem Kernkraftwerk herkömmlicher Art sind es dagegen bis zu 100 Tonnen).
- Strahlenbelastung und Entsorgungsprobleme sind vergleichsweise geringer als beim herkömmlichen Kernkraftwerk.

Nach wie vor ist allerdings die Störanfälligkeit des Systems mit seinen vielen Komponenten bei der geforderten Präzision sehr groß.

Sollte es nicht gelingen, ein wirtschaftliches Kraftwerk auf Kernfusionsbasis zu errichten, so war die Arbeit an diesem Projekt doch nicht nutzlos. Die Grundlagenforschung erhält unter anderem wertvolle Erkenntnisse über das Verhalten superheißer Plasmen.

Laserwaffen – Raketenabwehr im Weltraum?

Der Laser leistet dem Menschen in vielen Lebensbereichen wertvolle Hilfe. Aber wie jede technische Errungenschaft ist auch er vor Mißbrauch nicht gefeit.

Die gebündelte Energie des Lasers läßt sich leider auch als Waffe benutzen. Die Militärs in Ost und West haben schon seit Jahrzehnten ein Auge auf die Strahlenkanonen geworfen und waren von der Möglichkeit, gewaltige Mengen an Zerstörungsenergie *unmittelbar*, das heißt ohne materielle Träger, ins Ziel zu bringen, beeindruckt. Diese *Direktenergiewaffen* benötigen keine aufwendigen Beschleunigungsanlagen für Projektile. Zum anderen ist ein entscheidender Faktor die Geschwindigkeit, mit der die Zerstörungsenergie ins Ziel gebracht wird, nämlich mit Lichtgeschwindigkeit. Entfernungen von mehreren tausend Kilometern werden in Bruchteilen von Sekunden überbrückt; die Berechnung sogenannter Vorhaltewinkel beim Anpeilen des Ziels entfällt weitgehend. So hat sich denn bedauerlicherweise eine eigene Laserwaffentechnologie entwickelt.

Während nun die Gesamtenergiemenge, die durch Laserwaffen ins Ziel gebracht wird, relativ niedrig ist, sind die am Ziel durch die Strahlenbündelung erreichten Energie*dichten* allerdings beträchtlich höher als bei konventionellen Waffen und könnten – auf kleiner Fläche fokussiert – selbst die von Kernwaffen deutlich übertreffen.

Solche Zusammenhänge haben in den Medien zu unrealistischen Vorstellungen darüber geführt, was mit Laserwaffen machbar ist und was eben nicht. Die Skala reicht von den «Laserpistolen» im Sciencefiction-Film bis hin zum ehemaligen Projekt der Strategischen Verteidigungsinitiative (SDI) der amerikanischen Regierung.

Ein Beispiel mag dies verdeutlichen: Die eben genannten Laserpistolen, mit denen die Helden in manchen Filmen so locker aus der Hüfte schießen, sind heute und wohl auch in näherer Zukunft nicht realisierbar. Eine Überschlagsrechnung macht das deutlich: Selbst um in ein nur 1 Millimeter starkes Aluminiumblech ein etwa 1 Quadratzentimer großes Loch zu schießen, bedarf es Laserstrahlenergien, zum Beispiel aus einem tragbaren Neodymlaser, von mehr als 10 Kilojoule, das heißt elektrische Pumpenergien im Megajoule-Bereich. Hierzu wäre eine elektrische Stromversorgung erforderlich, die nach derzeitigem Stand der Technik viele Tonnen wiegt!

Demgegenüber sind Demonstrationen von durchaus echten, funktionierenden Laserwaffen bekannt. Schon 1973 wurde auf einem amerikanischen Luftwaffenstützpunkt vom Boden aus ein Zielflugzeug mit Laserstrahlen abgeschossen. Die US-Armee zerstörte 1976 mit einem Laser einen Hubschrauber, und die Marine vernichtete sogar eine kabelgeführte TOW-Rakete. 1983 wurden dann von einem Flugzeug aus mit einem Kohlendioxidlaser (400 Kilowatt) die viel schnelleren Luft-Luft-Raketen vom Type Sidewinder unschädlich gemacht.

Dies alles waren allerdings Ergebnisse von nur wenigen Versuchen, die nach sorgfältiger Vorbereitung und unter «optimalen» Bedingungen abliefen. Von einer breiten Einführung der Laserwaffe oder gar von einer «Revolutionierung des Luft- und Seekrieges» kann keine Rede sein, denn Laser sind erfreulicherweise nicht geeignet, als eine neue Generation von Massenvernichtungsmitteln eingestuft zu werden. Die Einsatzgrenzen dieser Waffen bestehen in der notwendigen Zuverlässigkeit des gesamten Systems und den erforderlichen voluminösen und schweren Hochleistungsstromquellen. Dazu kommt das bekannte Problem der Ausbreitung des Laserstrahls in der Atmosphäre, wo bereits dichter Nebel die Wirkung eines Strahls bis zur Unschädlichkeit reduzieren kann.

Zu einem völligen Desaster führte dann der geplante Einsatz der Laser zur Raketenabwehr im Weltraum. Im März 1983 forderte der amerikanische Präsident mit seiner weltweit bekannt gewordenen Verteidigungsinitiative (Strategic Defense Initiative = SDI) die Forscher der Vereinigten Staaten auf, ein System zu entwickeln, das mit Hilfe von Strahlenwaffen Raketen und Atomsprengköpfe während des Fluges im Weltraum zerstören kann. Über die USA und ihre Verbündeten sollte so ein umfassender Schutzschirm gegen nukleare Angriffe aus dem All gelegt werden. Die Problematik dieser mittlerweile weitgehend eingestellten Bemühungen soll hier nur kurz angerissen werden.

Tabelle 5 zeigt im Überblick ausgewählte Laser für den Bereich der Raketenabwehr. Das Zentralstück von SDI, der mit Hilfe von Atombomben gezündete *Röntgenlaser*, war der ungewöhnlichste Laser, an dem geforscht wurde. Der Sprengsatz ist von einem zylindrischen Bündel dünnster Metallfasern umgeben, die vor der Selbstzerstörung des Systems in Richtung der Fasern starke Röntgenstrahlung aussenden. Der Lasereffekt würde durch die Länge der Fasern bewirkt, denn für die Reflexion zwischen Spiegeln bliebe wegen der unmittelbar folgenden Selbstzerstörung keine Zeit. Als Abwehrwaffe im Weltraum müßte die Nuklearbombe eine beängstigende Sprengkraft von etwa 2 Megatonnen haben, um noch genügend Energie mit dem Röntgenlaser ins Ziel zu bringen. Damit wäre sie rund hundertfünfzigmal stärker als die Hiroshima-Bombe. Die enorme Leuchtdichte des Lasers im Bereich von Milliarden Kilowatt (10^{12} Watt) kann aber nur grob gerichtet und nicht fokussiert werden. Trotzdem wäre er energiereich genug, um noch in 3000 Kilometer Entfernung die Fläche eines ganzen Fußballfeldes ausreichend zu bestrahlen. Bei der freigesetzten Energie handelt es sich um «weiche» Röntgenstrahlen (Wellenlänge 1 bis 2 Nanometer), die das Außenhautmaterial der Rakete nicht durchdringen, sondern dort absorbiert werden. Die dabei entstehenden Stoßwellen sollen die Rakete zerstören. Da die Atmosphäre die Röntgenstrahlung absorbiert, müßte die Lasereinrichtung entweder in mehr als 80 Kilometer Höhe stationiert werden oder im Ernstfall, beispielsweise von einem U-Boot aus, hochgeschossen werden (Pop-up-System). Doch im Herbst 1992 mußte dann auch diese Entwicklung zu den Akten gelegt werden.

Fest steht: Je tiefer die SDI-Forscher in die komplexe Materie eindrangen, desto unlösbarer erschienen ihnen die Aufgaben. So war insbesondere die *Energie* der damaligen Laser noch um mehrere Größenordnungen zu gering, um über eine Entfernung von bis zu 2000 Kilometern entsprechend gehärtete Raketen zu vernichten. Weiterhin war der Bau und die Positionierung im All der bis zu 40 Meter hohen, optisch perfekten *Spiegel* zum Fokussieren der Strahlen eine zu große Herausforderung. Auch die zu entwickelnden *Computerprogramme* für das Kampfmanagement hätten bis zu 100 000 Mannjahre (Produkt aus Arbeitszeit und der Zahl der damit beschäftigten Menschen) an Arbeit erfordert. Schließlich wäre der *Energieverbrauch* der Kampfplattformen im All gigantisch gewesen und hätte Aggregate von der Größe einer Raffinerie erfordert.

Abgesehen davon, daß mögliche Gegenmaßnahmen zur Zerstörung

Tabelle 5
Eigenschaften von Lasern, die für den Einsatz als Strahlenwaffen in Betracht gezogen werden

Laser	**Wellenlänge**	**Leistungsniveau**	**Wirkungsgrad**	**Energiequelle**	**Bemerkungen**
Gasmedium (Kohlendioxid)	fernes Infrarot	Hunderte von kW kontinuierlich	10–20 %	elektrischer Strom	meist taktische Anwendung
Chemisch (Deuteriumfluorid, Wasserstofffluorid)	mittleres Infrarot	2,2 MW kontinuierlich	5–10 %	chemische Reaktion	MIRACL (Mid-Infrared-Chemical-Laser)
Excimer (Kryptonfluorid)	UV	40 GW in Pulsen; 20 kJ/500 ns (Los Alamos)	5–7 %	Elektronenstrahl	UV-Licht ergibt kleinere Optik
Freie-Elektronen-Laser	kontinuierlich abstimmbar	theoretisch unbegrenzt; praktisch bei 1 μm Wellenlänge 1 MW	30 % (theoretisch)	Elektronenstrahl	in Entwicklung
Röntgenlaser	mittlere bis harte Röntgenstrahlen	500 kJ gepulst; > 100 TW	0,001 %	nukleare Explosion	Nachweis des Prinzips (Nevada)

oder Abschwächung der SDI-Waffen bedacht werden mußten – immerhin hatte die ehemalige Sowjetunion bereits eingeräumt, ein Pendant zum SDI-Programm zu betreiben –, gelangte man auch zu der Einsicht, daß die berechneten Kosten für eine vollständige Installation unbezahlbar waren: 1 Billion (1 000 000 000 000) US-Dollar waren veranschlagt ...

Zwar wissen die Militärs heute, daß sich mit Strahlenwaffen im Weltall kein lückenloser Schutzschirm errichten läßt, halten aber nach wie vor ein bodenstationiertes Raketen- und Laserabwehrsystem für machbar. GPALS (Global Protection Against Limited Strikes) heißt jetzt das Kind, «Globaler Schutz vor begrenzten Schlägen». Dabei greift man prinzipiell auf das zurück, was sich im ehemaligen SDI-Programm als einigermaßen realistisch herausgestellt hat.

Schließlich will man auch bei GPALS dem Weltraum doch nicht ganz entsagen: Kleine Kampfsatelliten, von verbesserten Ortungssatelliten geführt, sollen auf angreifende Atomraketen gelenkt werden. Der Krieg der Sterne geht also weiter. Und die Kosten? Von 40 Milliarden Dollar ist heute schon die Rede, Kritiker sprechen sogar von 100 Milliarden.

Das Lichtskalpell – Lasereinsatz in der Medizin

Jahrtausendelang waren Messer und Skalpell das Handwerkszeug der Mediziner, heute schneiden Ärzte auch mit Laserstrahlen. Noch ein richtiger «Teenager» in der uralten Disziplin Medizin, hat der Laser doch schon sehr vielen Menschen mit seinem heilenden Licht geholfen. Heute beginnt er – wenn auch zum Teil etwas zögernd – außer in der Chirurgie in den verschiedensten Bereichen Fuß zu fassen. Weit über die ersten Anwendungen hinaus, etwa die Reparatur von Netzhautablösungen im Auge, bewährt er sich als Zertrümmerer von Nieren- und Gallensteinen, zerstört Tumoren «sanft» auf photochemischem Wege, öffnet verstopfte Blutgefäße oder kann schmerzverursachende Bandscheiben-Gallertkerne buchstäblich «in Dampf auflösen».

Seine erste medizinische Anwendung fand der Laser unmittelbar nach seiner Entdeckung im Jahre 1960; bereits 1961 wurde ein Rubinlaser in der Augenheilkunde eingesetzt. 1963 folgten dann Anwendungen in der Dermatologie. Anfang der siebziger Jahre wurden Laser in Lichtleitfasern eingekoppelt und über Endoskope, biegsame Sehrohre, in das Körperinnere geleitet, zum Beispiel um Magenblutungen mit Argonlasern zu stillen. So machte der Laser in den letzten Jahren Schlagzeilen in der Presse: Er schmilzt Krebs weg, stoppt Blutungen oder rettet das Augenlicht.

Darüber hinaus hat sich der Laser auch vielfältige Anwendungsgebiete in der medizinischen Diagnose und in der Forschung erschlossen. Beispiele für den Lasereinsatz sind Apparaturen zur Bestimmung des Eiweiß- oder Zuckergehalts im Blut oder zur Analyse und Sortierung einzelner Blut- oder Gewebezellen: die sogenannte Zytofluorimetrie, eine vielseitige Technik.

Daß der Laser in der Medizin immer mehr Terrain gewinnt, erkennt man auch an dem großen Markt für medizinische Geräte. So werden jährlich medizinische Laseranlagen im Wert von einigen hundert Millionen Dollar umgesetzt. Neue Behandlungsverfahren haben es jedoch oft schwer, sich durchzusetzen, und werden zu Beginn meistens nur in aussichtslosen Fällen angewendet. Die Vorteile treten dann nicht immer deutlich hervor. So haben sich Laser auf einigen Gebieten – etwa der Augenheilkunde – etabliert, während sie in anderen medizinischen Bereichen noch nicht allgemein anerkannt sind oder sich erst in einer Testphase befinden: zum Teil sind sie in der Ärzteschaft noch sehr umstritten oder stehen in Konkurrenz zu anderen Verfahren. In der Bundesrepublik wird außer in großen Kliniken in drei Zentren für Lasermedizin – in Berlin, Ulm und Lübeck – an der klinischen Laserforschung gearbeitet. Überdies soll von diesen Zentren eine Übersicht über Kliniken herausgegeben werden, an denen eine Laserbehandlung möglich ist.

Nicht übersehen werden darf, daß die Kostenfrage in vielen Fällen eine entscheidende Rolle spielt: Ein Lasersystem für rund 100000 DM steht beispielsweise einem billigen Skalpell gegenüber. Doch eine solche Rechnung ist natürlich zu einfach, denn oft ist eine Laserbehandlung viel schonender für den Patienten als herkömmliche Methoden; manche blutige Operation kann unterbleiben, zum Beispiel bei der Kombination von Lasern mit Endoskopen. Einige Behandlungen können sogar ambulant durchgeführt werden, so daß hohe finanzielle Aufwendungen für einen Krankenhausaufenthalt entfallen.

Wie wirkt der Laser auf Gewebe?

Es existiert eine Vielzahl unterschiedlichster Lasergeräte für klinische Anwendungen, genauso wie es ganz spezielle Instrumente für bestimmte Operationen gibt. Die für die Medizin interessanten Laser sind vor allem der Argon-Ionen-, der Kohlendioxid- und der Neodym-YAG-Laser, daneben Halbleiter-, Farbstoff- und Excimerlaser. Diese Geräte unterscheiden sich in vielen Eigenschaften, speziell in der Wellenlänge und der Intensität der Laserstrahlung, wobei für viele chirurgische Anwendungen die extreme Fokussierbarkeit und damit das exakte Arbeiten mit einem intensiven Strahl kleinster Querschnittsfläche von Bedeutung ist. Für die optimale Fokussierung des Laserstrahls ist dabei besonders sein Intensitätsprofil wichtig – ähnlich wie in der Materialbearbeitung.

Neben der Leistung ist die Wellenlänge der Laserstrahlung das wichtigste Kriterium dafür, für welche Anwendungen sich ein spezieller Lasertyp eignet. Jedes Gewebe absorbiert – abhängig von seiner Zusammensetzung, seiner Durchblutung und seinem Wassergehalt – die einzelnen Wellenlängen verschieden stark. Damit ist die Eindringfähigkeit beziehungsweise die Eindringtiefe der Laserstrahlen bei den einzelnen Gewebearten unterschiedlich. Sie ist im infraroten Spektralbereich besonders hoch und nimmt im Sichtbaren zum UV-Bereich hin stark ab.

Je nach der Leistung des verwendeten Lasergeräts, der Zeitdauer der Bestrahlung sowie den Gewebeeigenschaften treten somit die verschiedensten Wirkungen auf – von lokaler Erwärmung bis hin zur Verdampfung des Gewebes. Im einzelnen unterscheidet man folgende Wirkungsmechanismen des Laserlichts in der Therapie:

– Photochemische Prozesse
  Bestrahlt man Körpergewebe mit geringen Leistungsdichten (Milliwatt pro Quadratzentimeter) über eine lange Zeit, können photochemische Reaktionen entstehen. Die aufgenommene Laserenergie löst in diesem Fall eine *lichtinduzierte chemische Reaktion* zwischen bestimmten lichtempfindlichen Substanzen, sogenannten Chromophoren, im Gewebe aus, ohne primär zur Erwärmung des Gewebes beizutragen. Von entscheidender Bedeutung sind dabei allerdings körperfremde Chromophoren wie bestimmte Farbstoffe, die neuerdings, als Medikament verabreicht, in der Tumorbehandlung eine Rolle spielen. Die Favoriten unter den Lasern sind hierbei die Farbstofflaser mit ihrer Wellenlängenabstimmbarkeit.

– Biostimulation
  Ein weiterer Einfluß auf lebende Zellen durch die Absorption von Laserstrahlung ist die Biostimulation, die sich günstig auf Wundheilung und Schmerzen auswirken soll. Dazu werden Softlaser, also ebenfalls Laser geringer Leistung, verwendet: vorwiegend der rotstrahlende Helium-Neon-Laser oder Halbleiterlaser im Infrarotbereich. Ob hier Lasereigenschaften – und wenn ja, welche – zum Tragen kommen, ist noch umstritten. Das «Wunderlicht» soll in den *Energiehaushalt* der Körperzellen eingreifen.
  Steigert man die Leistungsdichte, so kommt man im Gegensatz zu diesen beiden *nichtthermischen* Effekten in den Bereich der *photo-*

thermischen Wirkungen, bei denen die Energie der aufgenommenen Laserstrahlung vorwiegend in Wärme umgewandelt wird (im Bereich Kilowatt und Megawatt pro Quadratzentimeter). Gewebe kann geschweißt, verdampft oder verkohlt werden. So ist es beispielsweise möglich, einen Tumor zu verdampfen und zugleich die den Tumor versorgenden Blutgefäße zu verschweißen. Photothermische Effekte beginnen bei Temperaturen zwischen 40 und 60 Grad Celsius. Hier kommt es zu einer Auflockerung von Zellmembranen und zum Austreten bestimmter Eiweißfasern, die sich bei Abkühlung untereinander vernetzen können. Dieser Effekt wird beim Gewebeschweißen genutzt.

– Photokoagulation
  Bei Erhitzung des Gewebes für einige Sekunden auf über 60 Grad Celsius werden die Eiweißstoffe in den Körperzellen zerstört. Diesen Prozeß nennt man *Eiweißgerinnung* oder Eiweißdenaturierung. Da hierbei außerdem Blutkapillaren geschlossen werden, setzt man das Verfahren zur Blutstillung ein. Dazu werden hauptsächlich Laserwellenlängen im sichtbaren und nahen Infrarotspektralbereich genutzt: Dies ist die Domäne der Argon-Ionen- und der Neodym-YAG-Laser.

– Schneiden und Verdampfen
  Der Laser der Wahl zum Schneiden von Gewebe ist heute der unsichtbare, infrarot strahlende Kohlendioxidlaser, dessen Strahlung hauptsächlich vom *Gewebswasser* absorbiert wird. Bei 100 Grad Celsius kocht das Wasser im Gewebe, was zum Platzen der einzelnen Gewebezellen führt. Noch höhere Temperaturen schließlich lassen organisches Material verdampfen. Dies ist das Grundprinzip des «Lichtskalpells» oder «Lasermessers».

– Photoablation (Ablation = Abtrennung)
  Diese Wechselwirkung von Laserstrahlung mit Materie gehört zu den unbekannteren Reaktionen. Es ist ein recht neu entdeckter Effekt. Die Besonderheit: Gewebe wird *kalt verdampft*, das heißt, molekulare Brücken brechen auf, ohne daß dabei Wärme entsteht. Die eingestrahlte Energie wird größtenteils für das Lösen der Bindungen verbraucht. Es können also ohne Aufheizung *ungemein feine Gewe-*

beschnitte ausgeführt werden. Dazu sind jedoch Lasersysteme erforderlich, die hochenergetische Pulse (Gigawatt pro Quadratzentimeter) liefern und im UV-Bereich arbeiten. Bisher wird der Excimerlaser, der teilweise schon als das «Skalpell der Zukunft» bezeichnet wird, in der Chirurgie erprobt.

– Photodisruption
  Bei noch weiterer Steigerung der Energiedichte kommt es im Gewebe zu einer Art Mikroexplosion, einem sogenannten «optischen Durchbruch». Dabei werden mechanische Stoßwellen erzeugt, die die *Gewebestruktur zerreißen* (Disruption). Dieser – auch «photomechanisch» genannte – Effekt wird heute bei der Zerstörung von Gallensteinen, der Laserlithotropsie, genutzt.

Lasertypen in der Chirurgie

Operieren mit dem Laserstrahl bietet folgende Vorteile für die Chirurgie:

- Gewebeschnitte können aufgrund der guten Fokussierbarkeit mit hoher Präzision durchgeführt werden.
- Das Gewebe wird berührungsfrei abgetragen.
- Das Operieren erfolgt weitgehend blutlos.
- Der vom Laser erzeugte Schnitt ist an der Oberfläche steril.
- Der Laser kann mit optischen Geräten wie Operationsmikroskopen und Endoskopen (Spiegelinstrumenten) gekoppelt werden.

Am zugänglichsten für den Laser ist natürlich die Körperoberfläche; einen enormen Fortschritt für die Chirurgie hat jedoch vor allem der gemeinsame Einsatz von Laser und Endoskop gebracht, da dieses es ermöglicht, mit dem Laserstrahl ins Körperinnere zu gelangen. Biegsame schlauchförmige Endoskope, die zur Betrachtung der Körperhöhlen von innen dienen, gibt es heute in vielen Varianten. Sie werden in fast allen medizinischen Fachrichtungen sowohl bei der Untersuchung als auch zur Therapie genutzt. Das Licht wird dabei über Glasfasern gelenkt, außerdem können solche Geräte zusätzlich mit winzigen Schlingen, Greifern oder Videokameras bestückt sein, um beispielsweise mit einem «Gastroskop» den Magen von innen zu betrachten.

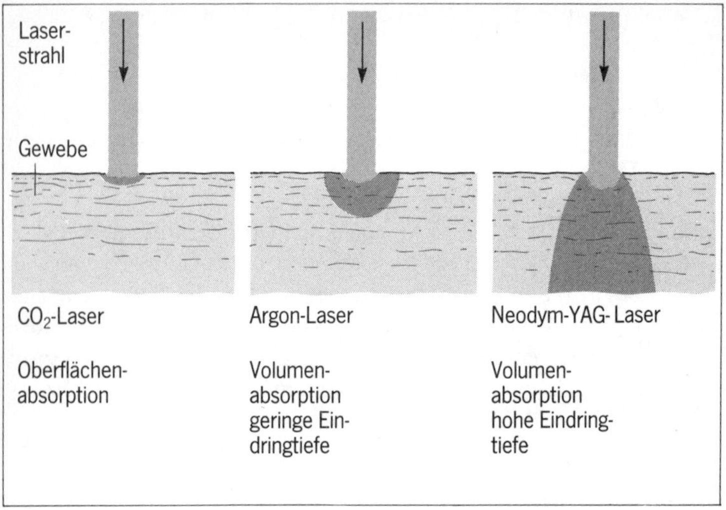

Abb. 43 *Ausbreitung der Strahlung verschiedener Lasertypen im Gewebe.*

In den verschiedensten Endoskopen kann nun auch der Laserstrahl «um alle Ecken» gelenkt werden. Mit Glasfasern oder Spiegeloptiken führt der Arzt den Strahl direkt an das Operationsfeld heran, ohne daß der Körper geöffnet werden muß, zum Beispiel bei Operationen der Atemwege, des Speise- und Verdauungstraktes oder bei gynäkologischen Eingriffen. So können beispielsweise mittels des Bronchoskops Tumoren der Bronchien im Frühstadium zerstört werden.

In der Chirurgie mit Lasern entscheidet nicht nur die thermische Wirkung, sondern auch die Wellenlänge des Lasergeräts darüber, was im einzelnen passiert. Die Wellenlänge des verwendeten Laserstrahls bestimmt – wie schon erwähnt – die Eindringtiefe der Strahlung und auch die Streuung im Gewebe. Von ihr hängt also ab, wie die Energie im Gewebe wirkt. Für die Absorption der verschiedenen Wellenlängen sind hauptsächlich die Gewebebestandteile *Wasser, Hämoglobin* (Blutfarbstoff) und *Melanin* (dunkle Hautpigmente) verantwortlich.

Kohlendioxidlaser (CO_2-Laser)

Dieser Laser strahlt im Infraroten mit einer Wellenlänge von 10,6 Mikrometern (siehe Abb. 43). Der unsichtbare Strahl dringt kaum ins Gewebe ein (nur 0,1 bis 0,2 Millimeter), er gibt seine Energie an der Oberfläche ab. «Schuld» daran ist die starke Absorption durch Wasser in diesem Wellenlängenbereich. Das aber ist ein Vorteil für die *Chirurgie*: Die vom Laserstrahl erzeugte Wärme ist deshalb auf kleinstem Raum konzentriert. Ein sauberer, blutungsarmer Schnitt ist die Folge, denn im Brennpunkt der Strahlung wird Gewebe abgetragen, und zugleich werden kleine oberflächliche Gefäße verschlossen. Als Faustregel gilt: Leistungsdichten bis zu 50 Watt pro Quadratmillimeter koagulieren, verbrennen oder verkohlen das Gewebe. Bei mehr als 100 Watt pro Quadratmillimeter wird das Gewebe verdampft. Das angrenzende Gewebe bleibt dabei weitgehend verschont; es entsteht nur eine etwa einen halben Millimeter breite Schicht abgestorbenen Gewebes (Nekroseschicht). Ein technisches Problem beim CO_2-Laser ist die Führung der Infrarotstrahlung von 10,6 Mikrometern. Erst in jüngster Zeit wurden – allerdings noch recht teure – Fasern für diese Strahlung entwickelt; diese werden momentan erprobt. Bisher werden Systeme aus beweglichen Armen mit vielen Spiegeln verwendet. Dabei kann der Operateur den Strahl mit einem bleistiftähnlichen Handstück relativ frei führen; bis heute schied dieser Laser jedoch beim Einsatz flexibler Endoskope aus.

Neodym-YAG-Laser (kurz: Neodymlaser)

Der Neodymlaser strahlt im nahen Infrarotbereich bei 1,06 Mikrometern. Er eignet sich besonders zur Koagulation von Gewebe und ist der Spezialist für die *Tumorbehandlung* und *Blutstillung*, denn seine Strahlung wird vom Gewebswasser kaum absorbiert, so daß sie bis zu einigen Millimetern in das Gewebe eindringt. Auch im Blut ist die Eindringtiefe noch relativ groß. Als Folge der geringen Absorption im Gewebe tritt eine starke Lichtstreuung auf, die durch mehrfache Reflexion, Brechung und Beugung des Lichts entsteht. Damit geht auch ein großer Anteil der Strahlungsleistung verloren; 30 bis 40 Prozent der einfallenden Laserstrahlung werden aus dem Gewebe herausgestreut. Ganz anders also als beim CO_2-Laser ist infolge dieser starken Streuung die Laserenergie großflächig verteilt. Selbst bei Fokussierung des Strahls breitet sich die Wärme bis zu einigen Millimetern über die bestrahlte Stelle hinaus aus. Im Vordergrund aller Indikationen steht die Behandlung von Tumoren. Die Vorteile: radikale Zerstörung des kranken Gewebes mit gleichzeitigem Verschluß von Blutgefäßen und Lymphbahnen. Blutgefäße bis zu mehreren Millimetern Durchmesser können verschlossen werden. Da die nahe Infrarotstrahlung unproblematisch durch Lichtleitersysteme läuft, ist die technische Ausführung dieser Lasergeräte mit vielfältigen Endstücken und Endoskop-Anschlüssen sehr elegant.

Argon-Ionen-Laser (kurz: Argonlaser)
Der Argonlaser arbeitet hauptsächlich im grünen Spektralbereich bei 488 und 514 Nanometern. Sein Strahl kann – wie der des Neodymlasers – durch flexible Lichtleitfasern gelenkt werden. Die grüne Strahlung wird stark vom Hämoglobin und Melanin absorbiert. Die Eindringtiefe im Blut ist deshalb sehr gering, dagegen im blutleeren Gewebe mit 1 Millimeter relativ groß. Der Argonlaser ist ein Spezialist in der *Augenheilkunde* und der *Hautheilkunde* (Dermatologie).

Damit der Operateur auch sieht, was er tut, muß beim Operieren mit den unsichtbaren CO_2- und Neodymlaserstrahlen noch zusätzlich ein sichtbarer Strahl eines kleinen *Pilotlasers* mit schwacher Intensität eingespiegelt werden, zum Beispiel ein roter Helium-Neon-Laser. Der Pilotstrahl trifft dabei deckungsgleich mit dem Arbeitsstrahl auf, so daß auch mikrochirurgisch millimetergenau gearbeitet werden kann.

Anwendungen: sanft, aber kompromißlos

Allein die chirurgischen Anwendungen des Lasers füllen ganze Bücher; im folgenden können also aus dem vielfältigen Einsatz in den verschiedensten medizinischen Disziplinen nur einige Beispiele herausgegriffen werden.

Augen
Nachdem die Pionierarbeit mit einem Rubinlaser auf medizinischem Gebiet in der Augenheilkunde (Ophthalmologie) geleistet wurde, kommen dort heute vorwiegend zwei andere Lasertypen zum Einsatz: der Argonlaser zur Koagulation am Augenhintergrund und der Neodymlaser für Gewebedurchtrennungen und -verschweißungen an den vorde-

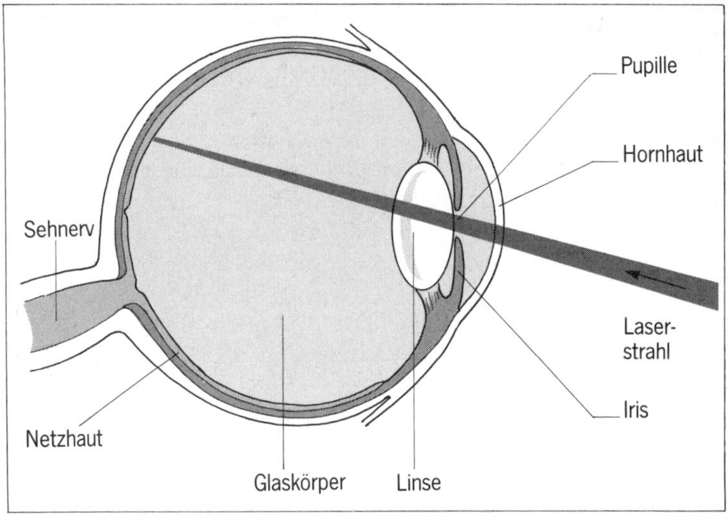

Abb. 44 *Laserbehandlung am Auge: Anschweißen abgelöster Netzhaut.*

ren und mittleren Augenabschnitten. Beispiele sind: *Netzhautablösungen, grüner Star* (Glaukom), *grauer Star* (Katarakt) und *Augentumoren.*

Der Einsatz des Argonlasers zum «Punktschweißen» bestimmter Netzhautablösungen, die zur völligen Erblindung führen können, hat sich schon tausendfach bewährt. Ebenso können auf diese Weise krankhafte Veränderungen der Blutgefäße bei Diabetikern koaguliert werden. Hierbei arbeitet man mit einem «Wellenlängentrick»: Der grüne Strahl passiert die durchsichtige Augenlinse und Augenflüssigkeit ungehindert und wird erst von der Netzhaut absorbiert, wirkt koagulierend und schweißt damit die abgelöste Netzhaut wieder an den Augenhintergrund an (Abb. 44). Zunehmend werden hierfür auch Kryptonlaser verwendet, die bezüglich der selektiven Absorption noch einige Vorteile bieten.

Eine unblutige Durchtrennung von Membranen und Strängen an den vorderen Augenabschnitten und im Glaskörper ist wegen der geringsten Eindringtiefe des Infrarotstrahls die Domäne des YAG-Lasers. Der erst kürzlich auf den Markt gekommene Erbium-YAG-Laser mit einer Wellenlänge von 2,94 Mikrometern setzt hier mit nur 0,001 Millimetern neue Präzisionsmaßstäbe. Eine besondere Bedeutung kommt dabei dem gepulsten Laser zu. Durch Fokussierung eines ultrakurzen Lichtblitzes wird eine so hohe Leistungsdichte im Brennpunkt erzeugt, daß das Gewebe zerreißt – ein Anwendungsbeispiel des photodisruptiven Effekts. Solche Stränge bilden sich zum Beispiel nach Staroperationen. Früher war dazu ein chirurgischer Eingriff mit längerem Krankenhausaufenthalt erforderlich. Der Pulslaser hingegen «erschießt» das Sehvermögen ambulant in Sekundenschnelle.

Doch damit nicht genug. Die neueste Technik: Die refraktäre (Brechungs-)Chirurgie läßt womöglich zukünftig Brillen überflüssig werden. Diese operative Technik ändert die Brechkraft des Auges. Neuerdings werden auch mit einem computergesteuerten Excimer-UV-Laserstrahl kleinste Teile der Hornhaut abgetragen. Die hochgespannten Erwartungen an diese ungewöhnliche Sehkorrektur haben sich aber noch nicht erfüllt – die Forschung läuft weiter.

Und noch etwas Außergewöhnliches: Auch im «Orbis», dem fliegenden OP in einem Düsenjet, ist ein Lasergerät für Augenbehandlungen dabei. Orbis ist weltweit unterwegs und dient der Behandlung von Patienten und der ärztlichen Weiterbildung besonders in Entwicklungsländern, speziell von Augenärzten, denn weltweit gibt es viele Millionen Blinde und Menschen, die von Blindheit bedroht sind.

Hals, Nase, Ohren

Beispiele für den Einsatz des Neodymlasers sind die Behandlung gutartiger *Stimmbandveränderungen*, wie die Koagulation kleiner *Stimmbandpolypen*, und die Entfernung von *Stimmbandknötchen* und *Zysten*. Größere Polypen müssen mit dem CO_2-Laser verdampft werden. Der CO_2-Laser wird auch für Behandlungen der verschiedensten krankhaften Veränderungen in der Nase, im Nasenrachenraum, im Mund oder im Kehlkopf eingesetzt.

So haben Patienten mit *Kehlkopfkrebs* eine bessere Chance, den Kehlkopf zu behalten und damit die Stimme zumindest teilweise zu retten. Der radikale Eingriff, die Entfernung des Kehlkopfs, ist in den Fällen, in denen der Krebs nicht zu weit fortgeschritten ist, vermeidbar. Der Laserstrahl wird über ein sogenanntes Laryngoskop (Larynx = Kehlkopf) an den Tumor geführt und der Zielpunkt über ein Mikroskop eingestellt (Abb. 45).

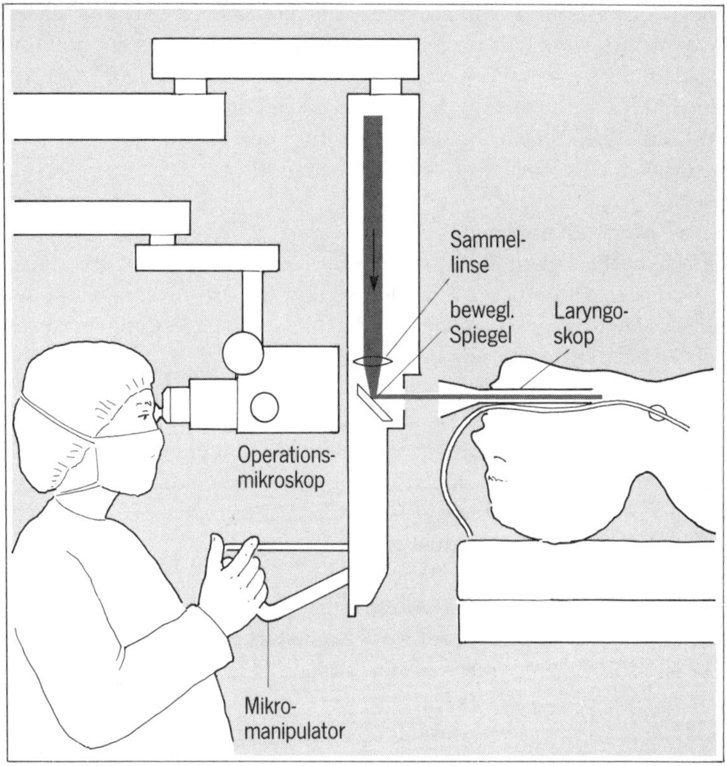

Abb. 45 *Halsoperation mit einem Laser: Der Operationsherd wird mit einem Mikroskop beobachtet, der Laserstrahl über ein Endoskop (Laryngoskop) eingekoppelt.*

Ein anderes Beispiel ist die Lasermikrochirurgie der *Otosklerose*, einer Erbkrankheit, bei der das Steigbügelknöchelchen im Innenohr verhärtet ist. Es sitzt fest und kann den vom Trommelfell kommenden Schall nicht weiterleiten, mit der Folge, daß der Patient fast taub ist. In dieses kleine Knöchelchen bohrt ein Laserstrahl winzige Löcher, in die anschließend ein kleiner Metallchip eingebracht wird, der dem Gehörknöchelchen seine Beweglichkeit wiedergibt. In etwa 90 Prozent der Fälle kann damit die Hörfähigkeit wiederhergestellt oder verbessert werden, eine höhere Erfolgsrate, als sie mit der sonst üblichen Operationsmethode erreicht wird. Um ins Innenohr zu gelangen, muß der Laserstrahl jedoch zuerst ein winziges Loch ins Trommelfell bohren, durch das eine nur zwei Haaresbreiten dicke Glasfaser geschoben wird. Auf diese Weise können auch kleine Tumoren zum Beispiel des Nervengewebes im Innenohr mit Lasern behandelt werden.

Mund und Zähne

In einigen Bereichen der Zahnmedizin werden ebenfalls Laser eingesetzt. Dazu gehören die Anwendung von Softlasern zur Biostimulation an der Mundschleimhaut oder von chirurgischen Lasern im Bereich der Kieferchirurgie in besonderen Fällen.

Schlagzeilen allerdings machten Themen wie: «Hat der Bohrer ausgedient? Laser halten Einzug in die Zahnbehandlung.» Das neue, ungewöhnliche Werkzeug des Zahnarztes ist allerdings recht teuer, verspricht dafür aber Schmerzfreiheit. Es handelt sich um intensive gepulste Laser, den Erbium-YAG- und den Excimerlaser, der sich für zahnmedizinische Anwendungen zur Zeit noch im Versuchsstadium befindet. Die Wirkung beruht auf Photoablation, jenem bemerkenswerten Effekt, bei dem Gewebesubstanz mit fast vernachlässigbarer Wärmeentwicklung abgebaut wird. Besonders geeignet scheint ein *Argon-Fluorid-Excimerlaser* zu sein, dessen 193-Nanometer-Strahlung auf kleinstem Raum konzentriert werden kann: Die *Kariestherapie* und die *Zahnfleischbehandlung* könnten künftige Anwendungsbereiche darstellen. 1994 wurde ein YAG-Kombinationsdentallaser auf den Markt gebracht. Er besteht aus einem Neodym-YAG-Laser für Weichgewebebehandlungen und einem Erbium-YAG-Laser für Hartgewebeanwendungen.

Ein anderes Beispiel aus dem Gebiet der Zahnheilkunde ist das Kitten kleinster Löcher im Zahn mit Lasern, eine Methode, die zukünftig einen Platz in der Kariesprophylaxe einnehmen könnte. Infrarotlaserbestrahlung mit *CO_2-Lasern* soll den *Zahnschmelz* behandeln helfen. In einigen Versuchen konnte der Zahnschmelz dabei strukturell so verändertwerden, daß er gegen Säuren – und damit gegen Karies – widerstandsfähiger wurde. In anderen Fällen wurden kleinste Löcher oder Risse im Zahn mit CO_2-Lasern verschmolzen.

Der Laser ist noch in einem ganz anderen Bereich der Zahnmedizin tätig. Unter dem Stichwort *«Zahnersatz vom Computer»* gibt es Ent-

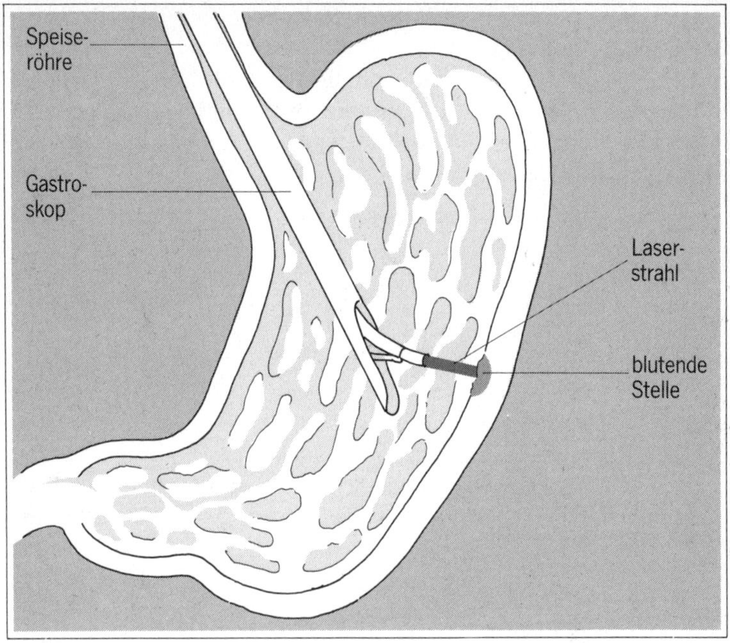

Abb. 46 *Laserbestrahlung im Magen: Stillung von Blutungen. Ein Endoskop (Gastroskop) leitet über flexible Lichtleiter das Laserlicht in den Magen.*

wicklungen mit dem Ziel, in etwa einer halben Stunde, vom Computer gesteuert, einen Zahnersatz zu fertigen, der wirklich passen soll. Der Laser spielt dabei seine Rolle bei der Vermessung, denn für die Schnelligkeit ist eine computergesteuerte Lasersonde verantwortlich, mit der die Zahngeometrie dreidimensional vermessen wird. Die Meßwerte steuern dann direkt eine hochpräzise Mikro-Fräsmaschine, die den Zahnersatz, zum Beispiel eine Krone, anfertigt.

Magen-Darm-Trakt

Im Verdauungstrakt kommen Neodym- und Argonlaser zum Einsatz. Lebensgefährliche *Blutungen* aus Geschwüren in Magen oder Speiseröhre können durch Laserkoagulation über besondere Endoskope schnell gestoppt werden (Abb. 46). Große Bedeutung hat auch die vorbeugende Behandlung bereits zum Stillstand gekommener Blutungsquellen. Die Anzahl von Notoperationen mit hohem Risiko kann damit gesenkt werden. Unter den vielen Anwendungsmöglichkeiten sind außerdem inoperable *Tumoren* der Speiseröhre und des Mageneingangs Domänen des Lasereinsatzes.

Harnwege

In diesem Bereich werden Laser hauptsächlich bei gutartigen und bösartigen *Tumoren*, zum Beispiel bei kleinen Tumoren der Harnblase oder der Harnröhre, eingesetzt. Mit flexiblen Endoskopen und Neodymlasern kann man Tumoren berührungsfrei bei gleichzeitiger Unterbrechung der Blut- und Lymphgefäße zerstören. Eine Tumorzellaussaat ist dabei äußerst unwahrscheinlich, da es zu einem sofortigen Verschluß der den Tumor versorgenden Gefäße kommt. Die Laserleistung muß so gewählt werden, daß eine Nekrose der tumortragenden Blasenwand einsetzt, das Gewebe also abstirbt, ohne daß der an die Blasenhinterwand anliegende Dünndarm verletzt wird. Der Eingriff kann ohne Vollnarkose erfolgen, eine örtliche Betäubung reicht aus. Auch dies ist ein Beispiel, bei dem den hohen Anschaffungskosten des Lasergeräts Kosteneinsparungen infolge kürzerer Krankenhausaufenthalte der Patienten gegenüberstehen.

Gynäkologie

Gynäkologen setzen beispielsweise Laser ein, um *Vorstadien von Krebsgeschwülsten* am Gebärmutterhals zu bestrahlen, um verschlossene *Eileiter* wieder durchgängig zu machen oder um eine Eileitersterilisation durchzuführen, bei der die Chance einer späteren Refertilisation (Wiederfruchtbarmachung) im Vergleich zu herkömmlichen Methoden verbessert ist.

Gehirn und Nerven

In dem besonders diffizilen Bereich der Chirurgie im Gehirn liegt der Vorteil des Lasers hauptsächlich darin, daß man mit ihm berührungsfrei äußerst präzise Schnitte ausführen kann, besonders mit dem CO_2-Laser. Im Vordergrund steht die *Tumorentfernung* mit den gleichen Vorteilen wie zum Beispiel bei der Blase. Bei Operationen im Gehirn kommt es mehr noch als in anderen Bereichen darauf an, daß das umliegende gesunde Gewebe nicht in Mitleidenschaft gezogen wird. Zuvor inoperable Tumoren wurden der Therapie zugänglich.

Bei gefäßreichen Tumoren bietet dagegen der Neodymlaser Vorteile. Seine Bedeutung wird – gerade in der Neurochirurgie – zukünftig noch wachsen. Die Tiefe der Koagulationszone, des zerstörten Gewebes also, ist abhängig von der Bestrahlungsenergie und kann deshalb gut gesteuert werden. Dies ist besonders wichtig, wenn in der Nähe des Operationsfeldes lebenswichtige Hirnfunktionen liegen. Das operative Arbeiten wird durch unterschiedliches Absorptionsverhalten von Tumor und umgebendem Gewebe erleichtert, vor allem an operativ schwer zugänglichen Stellen. Um diesen Effekt optimal zu nutzen, wird auch der Einsatz anderer Laserwellenlängen erprobt.

Nadel und Faden ersetzt der Laser in der *Mikrochirurgie* von Nerven – einem relativ jungen Gebiet. Hier wird die koagulierende Wirkung eines Lasers genutzt, um unterbrochene *Nervenverbindungen* äußerst präzise zu «vernähen». Dabei kommt es auf die Bestrahlungsdosis an: Die Nervenenden müssen verschweißt werden, ohne sie zu schädigen. Es ist sogar gelungen, ein Nerventransplantat mit einem CO_2-Laser an Nervenstümpfe anzuheften. Nach einem Unfall konnten so mehrere Finger eines Patienten wieder beweglich gemacht werden, indem ein Nervenstück aus dem Unterschenkel ein fehlendes Stück in der Hand überbrückte. Versuche laufen, auch Verbindungen (Anastomosen) von Arterien, Venen oder Sehnen zu schaffen. Die Ergebnisse sind vielversprechend.

Haut

In der Dermatologie (Hautheilkunde) werden Laser schon recht lange eingesetzt. Es kommen sowohl Argon-, Neodym- als auch CO_2-Laser zur Anwendung. Laser stellen eine Bereicherung der therapeutischen Palette dar – sowohl in der oberflächlichen *Tumorchirurgie*, besonders an anatomisch ungünstigen Stellen wie zum Beispiel am Augenlid, als auch in der *kosmetischen Chirurgie*. Man behandelt auf diese Weise starke Pigmentierungen, Tätowierungen und verschiedenste Gefäßerkrankungen der Haut wie Teleangiektasien (die «roten Äderchen» auf der Haut), Feuermale und Hämangiome (gutartige Blutgefäßgeschwülste).

Der Argonlaser hilft besonders bei der Koagulation roter Hautveränderungen, da diese das grüne Licht wesentlich stärker aufnehmen als das normale Gewebe. Neu im Test sind der frequenzverdoppelte Neodymlaser – ebenfalls grün bei 532 Nanometern (siehe S. 28) – und die variablen Farbstofflaser. Die Wellenlänge 577 Nanometer trifft nämlich genau das Maximum der Absorption des Blutfarbstoffs. Der Therapeut kann prinzipiell einen gewebereduzierenden Effekt nutzen, bei dem die Hautoberfläche nicht verletzt wird und das Gewebe Wochen nach der Bestrahlung schrumpft, oder er kann thermisch arbeiten, indem er das Gewebe direkt zerstört. Oft handelt es sich dabei um eine Gratwanderung zwischen der Zerstörung erkrankten Gewebes und der Vermeidung bleibender Hautschäden.

Die Tätowierung – das Einbringen von Farbpartikeln in die Haut – ist wahrscheinlich so alt wie die Menschheit. Ihren Ursprung hat sie in rituellen Motiven. Ihre Träger hatten bestimmte Funktionen innerhalb ihres Stammes. Heute stellen diese Hautbilder oft nicht nur ein dermatologisches, sondern auch ein sozialmedizinisches Problem dar, denn viele Tätowierte entwickeln im Laufe ihres Lebens den Wunsch, sich ihrer zu entledigen. Früher entstanden bei der Entfernung von Tätowierungen oft große Narben; allerdings ist auch die Lasertherapie eine sehr langwierige Prozedur und verläuft nicht ganz narbenlos.

Blutgefäße

Das gesamte Gebiet der Gefäßrekanalisation (Angioplastie), also das *Öffnen von verstopften Gefäßen* an Armen und Beinen oder von Herzkranzgefäßen, hat große volkswirtschaftliche Bedeutung. Dabei wird auch der Lasereinsatz in zunehmendem Maße erprobt. Man schätzt, daß zukünftig mit verbesserten Methoden bis zu 30 Prozent der sonst oft nötigen Bypass-Operationen am Herzen vermieden werden können. Die erste Laserangioplastik an einem Patienten wurde 1983 in den USA vorgenommen; ein Meilenstein in der Therapie der Arteriosklerose.

Bei der Laserbehandlung wird mit einer Einführhülle ein flexibles Glasfaserkabel mit einer winzigen Metallspitze an die Engstelle oder den Verschluß herangeschoben. Dann wird der Laser aktiviert, und die Hitze an der Metallspitze schweißt den Engpaß förmlich auf. Auch Verschlüsse von einigen Zentimetern Länge können so beseitigt werden. Nach der Laserbehandlung wird das Gefäß dann noch mit der herkömmlichen Ballonmethode mechanisch geweitet.

Eine Gefahr besteht jedoch in der Verletzung oder gar Durchbohrung der Gefäßwand während der Laserbestrahlung. Mit Lasern, die im Sichtbaren und Infraroten arbeiten, kommt es oft zu blasenartigen Verletzungen am Rand des Verschlusses. Glatte Ränder dagegen liefert der zukunftsträchtige Excimerlaser, der im UV-Bereich, zum Beispiel bei 308 Nanometern, strahlt. Dieser Lasertyp wird auch bei dem 1992 auf den Markt gekommenen sogenannten SELCA-Verfahren genutzt. Es soll wesentlich schonender arbeiten, da das Laserlicht über ein Bündel von Glasfasern zum verengten Gefäß im Herzen geführt wird. Auf diese Weise werden die Ablagerungen bedeutend langsamer abgetragen, wodurch das umliegende Gewebe weniger stark erhitzt wird.

Laserlithotropsie

Die *mechanische* Stoßwellenzertrümmerung oder Stoßwellenlithotropsie ist heute ein gebräuchliches Verfahren zur Zertrümmerung von Gallen-, Harn- und Nierensteinen. Operative Eingriffe werden dadurch oft überflüssig, aber dieses Verfahren hat auch Nebenwirkungen und ist nicht in allen Fällen anwendbar.

Bei der Laserlithotropsie kommt der photodisruptive Effekt zum Tragen. Der Laserstrahl wird mit einer dünnen, flexiblen Glasfaser unmittelbar an den Stein herangeführt, bei Gallensteinen beispielsweise durch ein Endoskop über den Magen und den Zwölffingerdarm, von wo aus man die Öffnung des Gallengangs erreicht. Die intensiven Laserpulse ionisieren die Materie um das Faserende. Dabei entsteht ein sogenanntes Plasma (siehe Seite 53), welches sich explosionsartig ausdehnt und dabei akustische Schockwellen erzeugt. Diese haben in ihrer unmittelbaren Umgebung einen Druck, der bis zu einigen hundert Kilobar reicht. Eine Vielzahl von Laserschüssen läßt dann den Stein zerbersten.

Gallensteine zerfallen beispielsweise bei dieser Methode in einem Zeitraum von einigen Sekunden bis zu einer Minute «zu Staub». An einer Optimierung des Verfahrens wird gearbeitet. Zum einen kommt es darauf an, möglichst kleine Bruchstücke zu erhalten, die unkompliziert abgesaugt oder aus dem Körper gespült werden können. Dazu muß die Dosierung stimmen. Die Schwelle für den Zertrümmerungseffekt liegt bei einigen hundert Megawatt pro Quadratzentimeter. Zum anderen wünscht man sich möglichst dünne Glasfasern, die auch bei erheblichen Krümmungen noch zum Stein gelangen. Zuerst wurden

Neodymlaser erprobt. Neu im Gespräch sind Farbstofflaser, denn bestimmte gepulste Farbstofflaser haben mit Mikrosekunden-Pulsen einen Vorteil gegenüber dem Neodymlaser mit Billionstelsekunden-Pulsen. Die «längeren» Farbstofflaserpulse belasten die Fasern weniger. Sie können durch hauchdünne, 0,2 Millimeter dicke Fasern gezwängt werden. Beim Neodymlaserstrahl müssen die Fasern mindestens doppelt so «dick» sein, um nicht zerstört zu werden. Generell ermöglicht aber die hohe Flexibilität und Schmerzfreiheit auch eine ambulante Behandlung.

Neue Therapie von Tumoren

Für die Behandlung von Tumoren gibt es noch ein ganz anderes Konzept: die Photochemotherapie, photodynamische oder auch Photoradiotherapie genannt, durch die Tumoren «sanft», *nichtthermisch* im Vergleich zur Laserchirurgie, zerstört werden. Kurz gefaßt: Dem Patienten wird eine bestimmte lichtempfindliche Substanz gespritzt, die sich im Tumorgewebe anreichert. Unter Bestrahlung mit Licht geeigneter Wellenlänge wird diese Substanz aggressiv, und es kommt in den Tumorzellen zu einer photochemischen Reaktion, die das Gewebe zerstört. Was im einzelnen dabei passiert, ist noch nicht vollständig geklärt.

Der Laser liefert die geeignete Wellenlänge, es ist also diesmal seine Monochromasie gefragt, seine Eigenschaft, enorm viel Intensität in einem ganz kleinen Wellenlängenbereich zu liefern. Außerdem kommen natürlich bei der Verwendung von Lasern die gleichen Vorteile wie in der Chirurgie zum Tragen: die Einwirkung auf innere Organe über Endoskope mit dünnen Glasfasern. Vor allem wird diese Methode an Tumoren erprobt, die den herkömmlichen Verfahren in der Krebsbehandlung wie Chirurgie, Chemotherapie und Bestrahlung widerstehen.

Das Phänomen der *Photosensibilisierung*, die Möglichkeit, bestimmte Substanzen lichtempfindlich zu machen, wurde schon 1900 entdeckt. Damals fand man heraus, daß solche Stoffe im Gewebe «einen großen schädlichen Einfluß» bekommen, wenn sie mit Tageslicht bestrahlt werden. Und bereits 1903 nutzte man diesen Effekt, um Hauttumoren durch Sonnen- oder Bogenlampenlicht zu zerstören, wobei man den Farbstoff Eosin verwendete. Dies war der Anfang der Photoradiotherapie.

Heute steht das Hämatoporphyrin-Derivat (HpD) im Mittelpunkt. Es ist dem roten Blutfarbstoff Hämoglobin verwandt und wird vorwiegend aus Rinderblut gewonnen. Anfang der siebziger Jahre wurde diese Substanz dann erstmals in der Therapie verwendet. Wird sie in die Venen gespritzt, verteilt sie sich in den ersten Stunden danach in allen Geweben mit Ausnahme des Zentralnervensystems. Ein bis zwei Tage später wird das Hämatoporphyrin aus den gesunden Geweben ausgeschleust, im *Tumorgewebe* kommt es jedoch zu einer *deutlich längeren Speicherung*. Zur Natur dieses selektiven Speichermechanismus gibt es noch einige ungeklärte Fragen.

Das Hämatoporphyrin mit der bemerkenswerten Eigenschaft, sich selektiv im Tumorgewebe anzusammeln, leuchtet rot auf, wenn es mit Licht bestrahlt wird: es fluoresziert. Dieser Effekt kann für die *Tumordiagnose* genutzt werden. Die Fluoreszenz ist besonders intensiv, wenn das Hämatoporphyrin mit violettem Licht bestrahlt wird. Dazu setzt man heute Kryptonlaser mit Wellenlängen um 400 Nanometer ein. Erprobt wurde dieses Diagnoseverfahren zum Beispiel an Lungentumoren mit einem sogenannten Fluoreszenz-Bronchoskop. Die Laserenergie gelangt über eine Quarzglasfaser in das Bronchoskop. Das Abbild der betrachteten Lungenregion wird durch das Bronchoskop zurückgeleitet und passiert verschiedene optische Komponenten, wie Filter und Bildverstärker. Ein mit Hämatoporphyrin angefärbter Tumor leuchtet deutlich stärker als das umliegende Gewebe. Der Tumor wird also im Bild hervorgehoben und kann auf diese Weise genau lokalisiert werden. Im Tierversuch ließen sich sogar Tumoren von nur wenigen Millimetern Größe erkennen. Erschwert wird die Auswertung jedoch zum Beispiel durch eine teilweise recht große Eigenfluoreszenz der Gewebe. Man hofft allerdings, durch Steigerung der Nachweisempfindlichkeit, etwa durch Ankopplung hochempfindlicher Fernsehkameras an die Endoskope, dieses Diagnoseverfahren noch zu verfeinern. In einer Pilotstudie gelang es 1993 Wissenschaftlern im Laser-Forschungslabor der Urologie in München-Großhadern, Harnblasentumoren schnell und äußerst zuverlässig zu diagnostizieren, indem sie eine bestimmte Säure (Delta-Aminolävulinsäure) direkt in die Blase spritzten.

Die krebszellzerstörende oder zytotoxische Wirkung wird dagegen in der *Photoradiotherapie* genutzt. Zur Therapie hat sich die Bestrahlung im roten Wellenlängenbereich als günstig erwiesen, da hier die Eindringtiefe der Strahlen größer ist. Die relativ geringe Tiefenwirkung stellt eine Begrenzung der Methode besonders bei größeren Tumoren dar, die man zu umgehen versucht, indem man über Kanülen Glasfasern direkt in den Tumor einführt. Es kommen im roten Wellenlängenbereich Farbstoff-, Golddampf- und Kupferdampflaser zum Einsatz. Therapiebeispiele sind Lungen- und Blasentumoren.

Die Photoradiotherapie steckt sicherlich noch in den Kinderschuhen. Viele Probleme sind noch zu lösen. So geht weltweit die Suche nach besseren tumorselektiven Substanzen weiter, und die Selektivität der photosensibilisierenden Farbstoffe für bestimmte Tumoren soll noch erhöht werden, indem man sie an monoklonale Antikörper ankoppelt, die in der Krebstherapie und -diagnose wahrscheinlich eine große Zukunft haben (siehe Seite 215).

Zur *Biostimulation* werden Softlaser, also Laser mit niedrigen Leistungsdichten, benutzt. Solche Laser zur Oberflächenbestrahlung des Körpers, vor allem rotstrahlende Helium-Neon-Laser mit der Wellenlänge 632 Nanometer und Halbleiterlaser (auch Diodenlaser genannt) mit einer Wellenlänge von 904 Nanometern im Infraroten, kommen zunehmend in den verschiedensten Arztpraxen und Kosmetiksalons zum Einsatz. Der Wirkungsmechanismus ist aber noch umstritten.

Das «Wunderlicht» soll in den verschiedensten Fällen helfen: bei der Wundheilung, bei Schmerzzuständen, zum Beispiel nach Sportverletzungen, bei Nervenschmerzen, Rheuma oder Geschwüren und selbst in der Kosmetik, etwa zur Faltenglättung.

Die schwache Strahlung soll Einfluß auf unterschiedlichste biologische Phänomene nehmen. An Zellkulturen im Labor wurden spezifische Laserwirkungen im Sinne der Biostimulation festgestellt, so beispielsweise eine Wirkung auf die Kollagensynthese, auf die Nervenstimulation und auf Zellveränderungen. Inwieweit solche Ergebnisse auf den Menschen als Gesamtorganismus übertragbar sind, ist nicht erwiesen. Viele Wissenschaftler sprechen denn auch dem «Zauberstab» jegliche klinische Wirkung ab, da noch keine genügend exakt durchgeführten Studien vorliegen.

Der biostimulierende Effekt indes scheint nur in einem engen Bereich der Bestrahlungsparameter Wellenlänge, Dosis und Häufigkeit der Laserpulse (Pulsfrequenz) aufzutreten. Voraussetzung dafür, daß überhaupt eine Wirkung einsetzt, ist die Absorption der Strahlung im Gewebe. Deshalb spielt die Wellenlänge natürlich eine Rolle. Außerdem stellte man bei Hefezellen zum Beispiel eine Abhängigkeit des

Energiehaushalts der Zellen (Steigerung der sogenannten ATP-Synthese) von der Bestrahlungsdosis (einige Millijoule pro Quadratzentimeter) und der Pulsfolge der Lichtblitze (hundert bis tausend Pulse pro Sekunde) fest. «Zuviel des Guten» bewirkt allerdings eine «Überstimulierung» mit gegenteiligem Effekt. Ob die Kohärenz der Laserstrahlung eine Rolle spielt, ist noch offen. Weitere Forschung ist nötig, um das «Geheimnis» der Biostimulation zu enträtseln.

Softlaser werden auch mehr und mehr zur *Laserakupunktur* eingesetzt, als schmerzfreier Ersatz für die Nadeln. Der Laserstrahl wird dabei auf die Akupunkturpunkte in der Haut gerichtet und beeinflußt so die gleichen Parameter wie die klassische Nadelakupunktur.

Atmosphärische Messungen – Laserfalle für Umweltsünder

Die Weltbevölkerung wächst immer schneller. Durch die zunehmende Industrialisierung unter Beibehaltung der Lebensgewohnheiten entsteht hieraus eine zunehmende Umweltbelastung. Andererseits kann man die Einflüsse der Zivilisation auf den Lebensraum Erde feststellen, messen und sich auf die neuen Bedingungen einstellen mit dem Ziel, die Belastungen für eine lebenswerte Umwelt so gering wie möglich zu halten. Große Sorgen bereiten zum Beispiel der Gehalt an Schwefeldioxid (SO_2), Kohlenmonoxid (CO), Kohlendioxid (CO_2) und Stickoxiden (NO_x) in der Atmosphäre und in diesem Zusammenhang Phänomene wie das Ozonloch und das Waldsterben. Zum Einschätzen und Überwachen dieser Umweltprobleme müssen Untersuchungen durchgeführt werden. Hier kommt neben anderen Methoden der Laser ins Spiel, als Spürnase in Sachen Umweltschutz, Klimatologie und Meteorologie. Während man mit üblichen chemischen Analysemethoden am Ort der Verschmutzung eine Probe zur Spurensicherung nehmen muß, ist es mit Hilfe optischer, lasergestützter Verfahren möglich, binnen Sekunden genaue Meßwerte *ohne* eine Probennahme zu erhalten. Dies ist dann ein entscheidender Vorteil, wenn zum Beispiel bei der Überwachung von Industrieanlagen in einem Störfall nach sehr kurzer Zeit Gegenmaßnahmen getroffen werden müssen.

Tatort Atmosphäre

Die Hülle der Erde stellt ein sehr komplexes System dar, in das der Mensch ständig eingreift und dabei riskiert, es zu seinen Ungunsten zu verändern. Da diese relativ dünne Hülle, die uns riesengroß erscheint, eine wichtige Grundlage für das Leben auf der Erde darstellt, ist es nötig, die Veränderungen dieses Systems zu beobachten, zu beurteilen und Maßnahmen gegen bedrohliche Entwicklungen zu treffen. Dabei sind zum einen die Fähigkeiten der Wissenschaftler und ist zum anderen die Handlungsbereitschaft der Politiker sowie jedes einzelnen gefordert.

Die *Beobachtung* der Atmosphäre kann am besten mittels optischer Verfahren durchgeführt werden. Da die Lasertechnologie in den letzten Jahren enorme Fortschritte gemacht hat, ist auch die Bedeutung des Lasers bei der Untersuchung der Atmosphäre stetig gewachsen. Die meisten Untersuchungsmethoden – basierend auf Streuung, Fluoreszenz, Absorption von Strahlung (siehe Seiten 36 und 198 f) – konnten dabei experimentell verwirklicht werden. Mit Hilfe dieser Techniken wird der «Patient» Atmosphäre auf «Herz und Nieren» geprüft, so auf Aerosol- und Partikelgehalt, Schadstoffe, Wasser- und Ozongehalt, Windgeschwindigkeit, Druck- und Temperaturprofile. Außerdem möchte man auch wissen, woher bestimmte Schadstoffe in der Luft kommen und welchen Anteil Industrie, Straßenverkehr oder Hausbrand an der Luftverschmutzung haben. Nur durch *großräumige Luftüberwachung* rund um die Uhr kann man Einblicke in solche komplexen Phänomene wie den sauren Regen oder die Veränderungen des Ozonschildes gewinnen.

Mit herkömmlichen Meßmethoden wie Konzentrations-, Temperatur- und Windmessungen an bestimmten Stellen der Erdoberfläche oder dem Einsatz von Ballonsonden lassen sich immer nur Momentaufnahmen einzelner Stellen gewinnen. Sie liefern somit nur bruchstückhafte Information über die Vorgänge in den Luftschichten. Gefragt sind deshalb Verfahren, die in kurzer Zeit einen großen Raumbereich, zum Beispiel eine kilometerlange Abgasfahne über einem Fabrikgelände, abtasten und somit dem dynamischen Charakter der Verschmutzung Rechnung tragen. Auf diese Weise läßt sich sowohl die *zeitliche* als auch die *räumliche* Veränderung von Schadstoffkonzentrationen gut verfolgen.

Diesen Anforderungen werden vor allem *Laser-Fernmeßverfahren* gerecht. Sie erlauben die Ortung von Gasen und die Bestimmung ihrer Konzentration über große Entfernungen. Die Laserverfahren arbeiten aktiv, das heißt unabhängig von den jeweiligen Beleuchtungsbedingungen, also sowohl tagsüber als auch nachts. So läßt sich heute zum Beispiel in wenigen Minuten mit Hilfe eines Excimerlasers bei 308 Nanometern Wellenlänge ein vollständiges Profil der Ozonverteilung in Höhen zwischen 5 und 50 Kilometern mit hoher Genauigkeit aufnehmen. Die Suche nach der «Stecknadel im Heuhaufen» gelang beispielsweise bei der Laserfernmessung einer Erdölraffinerie, durchgeführt von einer Forschungsgruppe des Max-Planck-Instituts für Quantenoptik in Garching. Es konnte aus 500 Metern Entfernung mit einem Kohlendioxidlaser noch eine Konzentration von 20 ppb Äthylen (1 ppb = 1 part per billion; amerikanische Bezeichnungsweise: 1 Teil auf 1 Milliarde anderer Teilchen) nachgewiesen werden. Das sind zwanzig Äthylen-Moleküle inmitten von einer Milliarde Luftmolekülen!

Laserfernmessungen

Durch die erdumspannende Größe der Atmosphäre und ihre dauernden Veränderungen scheinen sich vereinzelte Rauchfahnen im verwirrenden System der Winde regelrecht in Luft aufzulösen. Nur leider verschwinden einmal in die Atmosphäre eingebrachte Schadstoffe nicht spurlos aus ihr, sondern verteilen sich lediglich zu fast unmerklichen Konzentrationen, führen zu chemischen Reaktionen innerhalb der Lufthülle und kommen in veränderter Form mit Niederschlägen wieder auf die Erdoberfläche zurück. Im Laufe von Jahren und Jahrzehnten führen diese Vorgänge so zu merklichen Problemen.

Auch einer «versalzenen Suppe» sieht man den Salzgehalt von außen nicht an, schmeckt ihn aber um so deutlicher. Die Arbeit, die hier die Geschmacksorgane leisten, übernehmen im Falle der Atmosphäre die Lasermeßverfahren, die es ermöglichen, bestimmte Gase über große Distanzen zu orten und ihre Konzentration zu messen. Die beiden wichtigsten Verfahren sind die LIDAR-Technik und die Absorptionsmessung.

Im einfachsten Fall sind bei der *Absorptionsmessung* Lasersender und Empfängereinheit räumlich voneinander getrennt angeordnet. Für die meisten Anwendungen ist es jedoch wünschenswert, Sende- und Empfangseinheit am selben Ort zu installieren. Die erforderliche Rückführung der Laserstrahlen erfolgt mit Hilfe von Retroreflektoren (Tripelspiegel – siehe Abb. 24 –, die nach dem Katzenaugenprinzip funktionieren: Reflexion exakt in die Richtung des einfallenden Strahls unabhängig vom Einfallswinkel) sowie durch Rückstreuung an Zielen im Gelände oder atmosphärischen Aerosolen, stets vorhandenen kleinen Schwebeteilchen in der Atmosphäre. Aus der gemessenen Abschwächung der Laserintensität ergibt sich die über die Wegstrecke summierte Schadstoffmenge, aber noch keine Information über deren räumliche Verteilung. Die Meßstrecke kann bis zu mehreren Kilometern betragen, wenn leistungsstarke Laser benutzt werden.

Um jedoch zusätzlich die Entfernung und die räumliche Verteilung von Schadstoffgasen zu messen, wird das LIDAR-*Verfahren* (*L*ight *D*etecting *a*nd *R*anging = Lichterfassung und Entfernungsbestimmung) angewendet, das mit Laserpulsen arbeitet.

Beide Verfahren kommen direkt vor Ort für Messungen in der Atmosphäre oder zur Überwachung von Industrieanlagen zum Einsatz. Die Absorptionsmethode ist ebenso für Laboruntersuchungen von Gasen und Flüssigkeiten verwendbar. Die Meßapparatur kann an einem festen Ort installiert sein oder auch mobil in einem Fahrzeug oder im Lufteinsatz vom Flugzeug aus ihren Dienst verrichten. Beim mobilen Einsatz sind zwei Probleme zu lösen: eine ausreichende Stromversorgung und die empfindliche Justierung der leistungsstarken Laser. Flugzeugtaugliche Systeme sind bereits im Einsatz, so zum Beispiel eine LIDAR-Apparatur bei der Deutschen Forschungs- und Versuchsanstalt für Luft- und Raumfahrt in Oberpfaffenhofen zur Messung von Aerosolkonzentrationen sowie ein Laser-Absorptionsspektrometer bei der amerikanischen Raumfahrtbehörde NASA zur Bestimmung von großräumigen Schadstoffverteilungen. Geplant ist auch der Einsatz vom Weltraum aus an Bord eines Space-shuttle. So ließen sich aus rund 330 Kilometer Höhe die Wolkenobergrenze, die Struktur der Atmosphäre und Aerosole in den einzelnen Schichten der Atmosphäre wie Tropo- und Stratosphäre bestimmen.

Doch zurück zum Erdboden. Der Kohlenmonoxidausstoß von Kraftfahrzeugen entlang stark befahrener Straßen wurde im Rahmen eines Projekts des Battelle-Instituts Frankfurt zusammen mit dem Umweltbundesamt untersucht. Die Meßapparatur, basierend auf dem Laserabsorptionsverfahren, lieferte Tages- und Wochenprofile, woraus man auf die Belastung der straßennahen Zonen schließen konnte.

Im Rahmen des europäischen Forschungsprojektes EUREKA wird ein Programm namens EUROTRAC durchgeführt, in dessen Rahmen Verfahren zur großräumigen Erfassung von Spurengasen in der Atmosphäre entwickelt werden, Verfahren, die ein empfindliches und schnelles Messen verschiedener Gase ermöglichen müssen, damit die Wissenschaftler auch beurteilen können, wie schnell sich Schadstoffwolken ausbreiten.

Und das ist LIDAR

Ein Laserstrahl wird in die Luft gesandt, trifft dabei auf Hindernisse, Luftmoleküle oder andere Partikel und wird an ihnen gestreut – genau so, als ob man Qualm in den Lichtstrahl eines Projektors pustet. Dabei leuchtet der Qualm auf. Das Laserlicht erfährt ähnliches in der Atmosphäre: Die Aerosole und Wasserteilchen (besonders in geringen Höhen) und auch Moleküle wie Stickstoff, Sauerstoff, Kohlendioxid und Schwefeldioxid wirken wie ein Reflektor; sie streuen das Licht. Dieses *Streulicht* wird in alle Richtungen gelenkt, und nur ein kleiner Teil gelangt wieder zum Laser zurück. Diese schwachen Signale müssen mit einem *Teleskop* (Durchmesser bis zu einem halben Meter) gesammelt werden, einen *Farbfilter* für das gestreute Laserlicht passieren und mit einem sogenannten *Photovervielfacher* aufgespürt werden. Hier zeigt sich deutlich die Notwendigkeit eines leistungsstarken gepulsten Lasers, denn die Verluste auf dem «Rundweg» sind sehr hoch. Aus der *Zeit* zwischen Aussenden, Streuen und Empfangen des Laserpulses kann man auf die *Entfernung* der Aerosolwolke schließen, ähnlich wie beim Radar. Die *Intensität* des Signals gibt dagegen Aufschluß über die Aerosol*konzentration*.

Den schematischen Aufbau eines Meßsystems, wie es vom Laserzentrum an der Universität Lausanne entwickelt wurde, zeigt Abbildung 47. Ausgangslichtquelle ist ein Excimerlaser, dessen ultraviolette Pulse einen Farbstofflaser pumpen. Die Pulse des Farbstofflasers gelangen über zwei zum Teil bewegliche Spiegel in die Atmosphäre. Die von der Aerosolwolke gestreuten Pulse erreichen über den Spiegel im Dach des Wagens das Teleskop.

Diese Art der Beobachtung mit *einer* Wellenlänge ermöglicht eine Bestimmung von Aerosolkonzentrationen, erlaubt aber noch keine Unterscheidung von Schadstoffmolekülen wie Schwefeldioxid und Kohlendioxid. Zu diesem Zweck greift man in die «Trickkiste» der Physik, genauer der *Spektroskopie*. Bekanntlich absorbieren Moleküle, genauso wie Atome, ganz spezifische Wellenlängen. Diese sind sozusagen der Fingerabdruck des Moleküls. Das LIDAR-Meßgerät wird immer auf eine Molekülsorte abgestimmt, indem man einen Laserpuls genau auf eine Absorptionslinie einstellt (λ_{on}) und als Referenzstrahl einen zweiten Puls auf eine dicht benachbarte Wellenlänge gibt, bei der das Molekül nicht mehr absorbiert (λ_{off}). Diese beiden Pulse werden

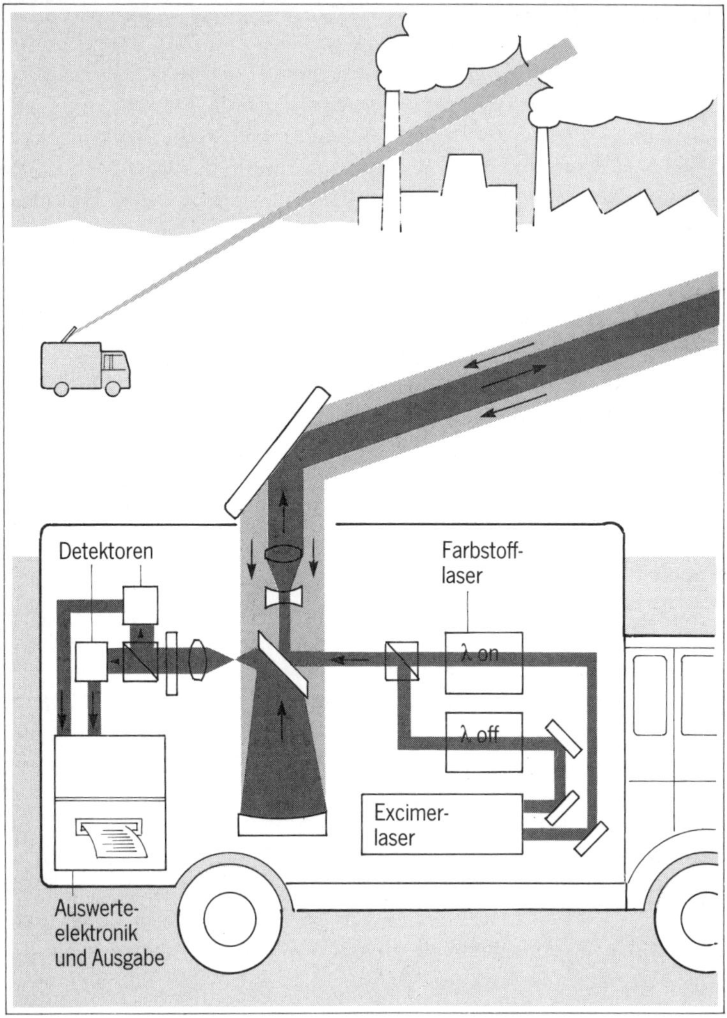

Abb. 47 *Prinzipieller Aufbau eines mobilen LIDAR-Meßgerätes und Funktionsweise der LIDAR-Technik: Messung einer Rauchfahne über einer Fabrik bei zwei Wellenlängen (λ_{on}, λ_{off}) nach dem DIAL-Prinzip.*

entweder gleichzeitig oder kurz hintereinander ausgesandt. Aus diesem Grund befinden sich auch zwei Farbstofflaser im LIDAR-Mobil. Dieses Verfahren wird *Di*fferentielles-*A*bsorptions-*L*idar (DIAL) genannt.

Man erhält zwei Signalverläufe unterschiedlicher Intensität, aus denen man beispielsweise erkennt, daß ein Strahl keinen, der andere dagegen Schadstoff antrifft und teilweise von ihm absorbiert wird. Aus dem Unterschied der beiden Signale kann man dann auf die Konzentration des Schadstoffs schließen.

Die Auswertung übernimmt danach der «Kollege» Computer, insbesondere wenn bei der räumlichen Vermessung größerer Areale beträchtliche Datenmengen anfallen. Die Farbe des Laserpulses, also die Wellenlänge λ_{on}, kann für manche Moleküle im blauen oder ultravioletten Spektralbereich liegen: Stickstoffmonoxid (NO) 227 Nanometer, Stickstoffdioxid (NO_2) 448 Nanometer, Schwefeldioxid (SO_2) 300 Nanometer und Ozon (O_3) 291 Nanometer.

Diese Stoffe konnten von der Forschungsgruppe aus Lausanne mit einer Genauigkeit von 0,5 ppb, also ein Schadstoffmolekül auf zwei Milliarden Luftmoleküle, erfaßt werden. Dreidimensionale Konzentrationskarten lassen sich innerhalb weniger Minuten erstellen. Sie geben auch Aufschluß über die Ausbreitung solcher Rauchfahnen, also über örtliche Luftströmungen und Turbulenzen. Die räumliche Auflösung ist sehr groß: Selbst bei großen Meßentfernungen können «Luftwürfel» von nur wenigen Kubikmetern Größe untersucht werden. Abbildung 48 zeigt beispielhaft die Schadstoffmessung über einer Fabrik, wobei die «Ringe» Bereiche unterschiedlicher Konzentration darstellen.

Mit dieser Technik läßt sich auch die zeitliche Entwicklung von *Inversionswetterlagen* verfolgen, die häufig über Ballungsgebieten zu Smog führen. Der Nachweis wird über die Konzentration des Moleküls Schwefeldioxid (SO_2) geführt, das in den Atemwegen in Verbindung mit der Feuchtigkeit der Schleimhäute durch Bildung von schwefliger Säure eine ätzende Wirkung hat und so zu Reizungen der Atemwege führt.

Bleiben wir beim *Wetter*. Seit 1987 bedient sich auch der Deutsche Wetterdienst der modernen Lasertechnik. Er installierte für die Wetterbeobachtung auf dem Hohenpeißenberg in 980 Meter Höhe das oben erwähnte DIAL-System. Die Deutsche Forschungs- und Versuchsanstalt für Luft- und Raumfahrt DFVLR in Oberpfaffenhofen unter-

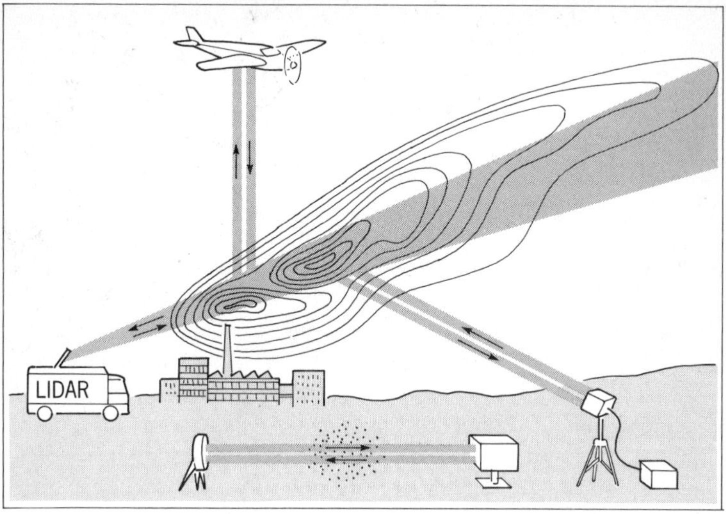

Abb. 48 *Verschiedene Möglichkeiten, mit Hilfe des LIDAR-Verfahrens Schadstoffe in der Luft festzustellen.*

suchte die *Luftzirkulation* im Inntal mit Hilfe eines LIDAR-Geräts vom Flugzeug aus. Hierbei wurde die Rückstreuung des Laserpulses an Aerosolen bei einer festen Wellenlänge gemessen. Zum Einsatz kam ein Neodymlaser mit einem Infrarotstrahl bei 1064 Nanometern oder nach Frequenzverdopplung (siehe Seite 28) bei 532 Nanometern im Grünen. Aerosole können Nebel-, Rauch- oder Staubteilchen sein, sie werden teilweise durch Hausbrand und Industrie erzeugt. Die Stärke des zurückgestreuten Lichts ist ein guter Indikator für die Verschmutzung der Atmosphäre. So konnte man in der Nähe von Innsbruck bei winterlichen Hochdrucklagen einen geringeren Austausch der Luftschichten im Inntal feststellen. Mit der LIDAR- Messung vom Flugzeug aus sind Luftschichten bis 3 Kilometer Höhe bei einer Auflösung von 3 Metern erfaßbar. Diese Technik ermöglicht es, Informationen zu gewinnen über *Smoglagen* mit typischen Sperrschichten und deren Ausdehnung, regionale Frischluftkanäle in Gebieten starker Luftverschmutzung und den großräumigen Transport von Schadstoffen.

Ein anderes aktuelles Thema ist die *Ozonkonzentration* in der oberen Atmosphäre. Auch bei der Messung des Ozongehalts spielt der Laser eine wichtige Rolle. Das Ozon ist ein Molekül aus drei Sauerstoffatomen (O_3) im Gegensatz zum normalen Luftsauerstoff, der aus zwei Atomen besteht (O_2). Es befindet sich im wesentlichen in Höhen von 5 bis 40 Kilometern in verschwindend geringen Mengen (etwa ein Ozonmolekül zwischen einer Million anderer Luftmoleküle) in der Atmosphäre. Trotzdem reicht diese Konzentration aus, um einen großen Teil der schädlichen Ultraviolettstrahlung der Sonne abzuschirmen und ihn in Wärme umzuwandeln. Ozon fungiert sozusagen als «Sonnenbrille der Erde». Es ist bekannt, daß diese schützenden Ozonhülle über der Antarktis zeitlich schwankend stark abnimmt. Außerdem beobachtet man eine globale Abnahme der Ozonwerte, Tendenz steigend. Als Ursache werden ebenfalls vom Menschen hervorgerufene Luftverunreinigungen vermutet, so die Fluor- und Chlorkohlenwasserstoffe, die als Treibgas in Spraydosen sowie als Kühl- und Lösungsmittel ständig in Umlauf gebracht werden. Auch Vulkanausbrüche spielen eine große Rolle (siehe Seite 191).

Ist weniger Ozon in der Atmosphäre vorhanden, so kann die vermehrte Ultraviolettstrahlung zu einem Anstieg der Hautkrebsfälle beim Menschen oder zu Schäden im Erbmaterial von Pflanzen und Tieren führen. Vermehrte Ultraviolettstrahlung kann auch das Wachstum von Pflanzen negativ beeinflussen; dies wiederum könnte langfristig einen gravierenden Eingriff in die Nahrungskette bedeuten. Letztendlich kann eine verstärkte Strahlung auch zu einer globalen Änderung der Temperaturverteilung in der Atmosphäre beitragen.

Um das Ausmaß des Ozonabbaus verfolgen zu können, sind ständige Messungen nötig. Vor dem Einsatz der LIDAR-Technik konnten Daten durch vereinzelte Boden- oder Ballon- und Raketenmessungen sowie vom Satelliten aus gewonnen werden. Doch keine dieser Methoden eignet sich für eine hinreichend genaue und kontinuierliche Überwachung der Ozonschicht. Satelliten messen zum Beispiel den vom Ozon aus der Atmosphäre zurückgestreuten Ultraviolettanteil des Sonnenlichts mit nur grober Genauigkeit. So sind auch während der polaren Winterdunkelheit keine Messungen vom Satelliten aus möglich. Hier bringt die LIDAR-Technik die Beobachtung ein großes Stück voran. Mit ihrer Hilfe kann ein vollständiges Höhenprofil der Ozonkonzentration zwischen 5 und 50 Kilometern mit 4 Prozent Genauigkeit in nur 10 Minuten aufgenommen werden, bei Tag oder Nacht.

Gerade so können auch kurzfristige Schwankungen im Ozonprofil erfaßt werden.

Vor wenigen Jahren konnte ein leistungsfähiges System nach dem speziellen LIDAR-Verfahren, dem oben erwähnten DIAL-Prinzip, vom Max-Planck-Institut für Quantenoptik in Garching und der Universität München aufgebaut werden, das ausgehend von einem XeCl-Excimerlaser etwa vierzig Lichtblitze pro Sekunde bei 308 Nanometern (λ_{on}) und 338 Nanometern (λ_{off}) aussendet. Ozon absorbiert Wellenlängen bei 308 Nanometern, bei 338 Nanometern jedoch nicht mehr. Da aus einer Entfernung von 50 Kilometern gerade noch ein reflektiertes Photon die Meßgeräte wieder erreicht, sind einige tausend Laserpulse nötig, um einen gesicherten Meßwert zu erhalten.

Nach einer Erprobungsphase auf der Zugspitze ging die Meßapparatur an Bord des deutschen Forschungsschiffes «Polarstern» 1987 auf große Fahrt, einmal ins nördliche Polarmeer bis Spitzbergen und danach durch den Atlantik über Südamerika Richtung Antarktis. So konnten bei der Reise in die Arktis zwar keine dramatischen Veränderungen wie am Südpol, aber doch deutliche Änderungen des Höhenprofils registriert werden, die wertvolle Erkenntnisse über die Entstehung des Ozonlochs liefern können. Weitere, länger dauernde Einsätze werden vom Alfred-Wegener-Institut Bremerhaven in Kiruna (Schweden) und auf Spitzbergen, vom Deutschen Wetterdienst auf dem Hohenpeißenberg in Bayern sowie von Forschergruppen in Japan und den USA durchgeführt.

Bei Messungen auf der Zugspitze traten in der Nacht des 22. Oktober 1982 plötzlich unbekannte Signale aus 22 Kilometern Höhe auf. Sie konnten später als Reflexionen einer aus mikroskopisch feinem Staub bestehenden riesigen Wolke identifiziert werden, die der mexikanische Vulkan El Chichon bei seinen Ausbrüchen Ende März und Anfang April 1982 in die Erdatmosphäre geschleudert hatte. Besonders auch der Ausbruch des Vulkans Pinatubo im Jahr 1991 lieferte einen großen Beitrag. Als Folge wurde im Frühjahr 1992 ein stärkeres und ausgedehnteres Ozonloch über der Antarktis gemessen.

Die LIDAR-Technik entdeckt nicht nur Verschmutzungen in der Luft, sondern entlarvt auch schwarze Schafe auf dem Meer. Laserblitze «sichten» *Ölverschmutzungen auf dem Wasser* vom Flugzeug aus und nehmen so die Spur von Umweltsündern auf. Dieses von der Universität Oldenburg entwickelte System spürt kleinste Ölmengen auf und analysiert sie aus der Luft, ohne daß eine Probe genommen werden müßte. Ein herkömmliches Untersuchungsverfahren mit einem Mikrowellenradar kann Ölfilme mit einer Mindestdicke von einem zehntel Millimeter zuverlässig orten. Das LIDAR-System spürt Ölschichten bis zu einem tausendstel Millimeter auf. Kleine Ölmengen wie Rückstände aus Treibstofftanks, Schmierstoffe und ölhaltiges Wasser aus dem Schiffsrumpf werden oft von Schiffen ins Meer abgelassen und haben für Seevögel, die damit in Berührung kommen, genauso lebensbedrohende Auswirkungen wie große Mengen aus Öltankerkatastrophen.

Das Prinzip der Messung von Ölteppichen aus der Luft ist etwas anders als beim gewöhnlichen LIDAR-Verfahren. Mit Hilfe ultravioletter Laserpulse wird das Öl, eine Mischung aus unterschiedlichen Kohlenwasserstoffen, je nach Zusammensetzung zum Aussenden eines charakteristischen Fluoreszenzlichts angeregt und gibt damit quasi den «Fingerabdruck» des Öls preis. Die Signalintensität nimmt mit der Dicke des Ölfilms zu. Die Signale werden wieder mit einem Teleskop aufgefangen und mit empfindlichen Sensoren erfaßt. So lassen sich also aus der Intensität und der Farbe des Fluoreszenzlichts Angaben über die Zusammensetzung und die Dicke des Ölfilms machen. Bei späteren Vergleichen mit Proben aus verdächtigen Schiffen ist der Sünder endgültig zu ermitteln. Mit Hilfe von schwenkbaren Spiegeln kann man bei 300 Metern Flughöhe einen Wasserstreifen von 150 Metern Breite ausmessen. Verwechslungen von natürlichen Stoffwechselprodukten des Planktons mit Ölfilmen treten bei der neuen Technik nicht mehr auf.

Laserpulse können auch als mobiles «Windrad» dienen. *Windgeschwindigkeiten* werden mit Hilfe der LIDAR-Technik bestimmt. Die Infrarotstrahlung eines kontinuierlichen Kohlendioxidlasers wird dabei auf die fragliche Stelle in der Luft, die bis zu 300 Meter entfernt sein kann, fokussiert. Die sich mit Windgeschwindigkeit bewegenden Aerosole streuen Licht zurück, allerdings nicht mit der gleichen, sondern mit einer entsprechend der Geschwindigkeit der Aerosole verschobenen Frequenz (Dopplereffekt). Mißt man den Frequenzunterschied zwischen ausgesandter und zurückgestreuter Strahlung, so kann man hieraus auf die Windgeschwindigkeit schließen. Eine englische Gruppe konnte mit einem solchen Meßgerät Windgeschwindigkeiten zwischen 0,5 und 45 Metern pro Sekunde bestimmen. Die Methode erlaubt mehrere hundert Messungen in einer Sekunde, so daß größere Luftfelder über Start- und Landebahnen schnell überprüft werden können. Mit gepulsten Lasern lassen sich größere Reichweiten erzielen und höhere Windgeschwindigkeiten messen.

Spezielle Meßmethoden

Neben den Meßverfahren im Freien existieren noch einige Möglichkeiten im Labor, mit Hilfe des Lasers Schadstoffe nachzuweisen. Hier besteht zum Teil die Notwendigkeit, Proben an einem bestimmten Ort zu nehmen. Man ist also nicht so flexibel wie bei den Fernmeßverfahren. Allerdings bieten Labormethoden manchmal den Vorteil eines genaueren Nachweises, zum Beispiel bei Absorptions- und besonders bei Fluoreszenzmessungen. Außerdem wurden im Laufe der Jahre weitere Lasermeßverfahren wie die komplizierte Kohärente-Anti-Stokes-Raman-Streuung (CARS) entwickelt. Sie dient zum Beispiel der Flammen- und Plasmadiagnostik. Mit ihr ist es möglich, Verbrennungsvorgänge in Automotoren zu verfolgen.

Absorptionsmessungen

Bei einer Absorptionsmessung wird die Schwächung eines Lichtstrahls beim Durchgang durch eine Probe bestimmt. Die Laserwellenlänge ist dabei auf eine Absorptionsfrequenz der Probe, zum Beispiel eines Gases, abgestimmt (siehe Seite 198). Abbildung 49 zeigt einen solchen Aufbau im Labor.

Der Laserstrahl wird von einem halbdurchlässigen Spiegel in zwei Strahlen aufgespalten. Der eine durchläuft die Probe und wird dabei abgeschwächt, der andere umgeht die Probezelle oder wird durch eine Vergleichszelle geleitet, in der sich das zu messende Gas in bekannter Konzentration befindet. Zwei Detektoren fangen das jeweilige Lichtsignal auf und geben es an eine Auswertelektronik weiter, die die beiden Signale vergleicht und somit eine genaue Bestimmung der Absorption erlaubt. Lichtquellen der Wahl sind für das sichtbare Spektrum durchstimmbare Farbstofflaser und für den Infrarotbereich die linienreichen Molekül-Gaslaser oder durchstimmbare Halbleiterlaser.

Gasförmige Schadstoffe lassen sich besonders gut im Infrarotbereich identifizieren und nachweisen, da Molekülgase ganz charakteristische, stark strukturierte Absorptionsspektren im Infraroten besit-

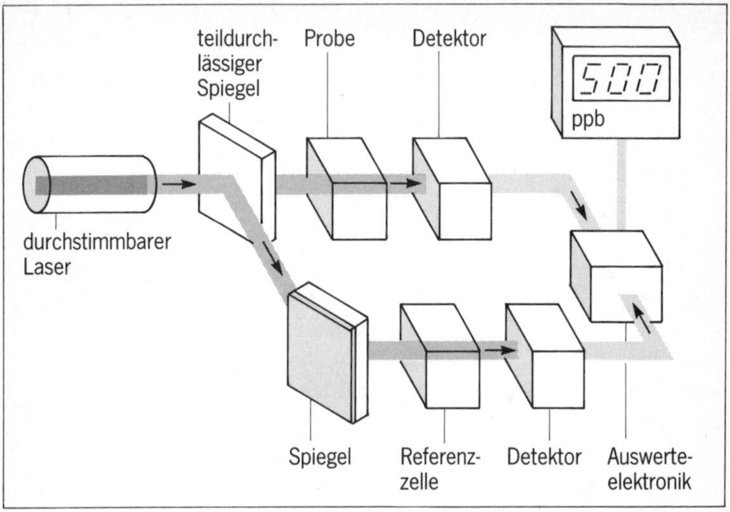

Abb. 49 *Schematischer Aufbau einer Laser-Absorptionsmessung.*

zen. Mit dieser «Detektivarbeit» lassen sich Moleküle wie Schwefeldioxid, Kohlenmonoxid, Kohlendioxid, Stickoxide, Methan und Ammoniak in Konzentrationen sogar unterhalb von 1 zu 1 Milliarde nachweisen. Eine Reihe von Chlor- und leichten Kohlenwasserstoffen, die beim Menschen zu Organschäden führen oder an der Krebsentstehung beteiligt sein können, ist ebenfalls auf diese Weise zu erfassen.

Die Nachweisempfindlichkeit läßt sich noch erheblich steigern, wenn diese Geräte im Labor mit einer Mehrfachreflexionszelle ausgestattet sind. Diese Spezialzelle besitzt an ihren Enden Spiegel, die für die Laserwellenlänge optimal sind, so daß sich die Lauf- und Absorptionsstrecke im Gas wesentlich erhöht. Den gleichen Effekt erzielt man, wenn die Absorptionszelle sogar direkt innerhalb des Laserresonators aufgebaut ist, zum Beispiel bei Farbstofflasern.

Infrarot-Laserspektrometer werden – außer im Labor – bei der Überwachung von Kraftwerkabgasen, bei der Abgasanalyse von Kraftfahrzeugen sowie bei der Prozeßsteuerung und -überwachung in der Industrie oder als Gaswarnanlagen eingesetzt. Es können dabei freie

Strecken im Gelände überwacht werden, oder das Meßgerät ist in eine größere Anlage integriert und nimmt in bestimmten Zeitabständen automatisch Proben.

Fluoreszenzmessungen

Eine für den Laborgebrauch um Größenordnungen empfindlichere Nachweistechnik als die Absorptionsmethode ist die Fluoreszenzmessung, ebenfalls eine typische wissenschaftliche Meßmethode (siehe Seite 198). Der Laser als Anregungslichtquelle ist dabei auf eine Absorptionsfrequenz des Atoms beziehungsweise Moleküls abgestimmt. Sehr kurze Zeit nach Anregung durch den Laser sendet dieses sogenannte Fluoreszenzlicht in alle Richtungen wieder aus. Das Fluoreszenzspektrum ist ein unverwechselbares Merkmal einer Atom- oder Molekülsorte, genau wie das Absorptionsspektrum. Auch Metalldämpfe von Blei, Cadmium, Kalium, Natrium, Quecksilber und Zink fluoreszieren. Diese Atome haben in zu hohen Konzentrationen schädliche Auswirkungen auf die inneren Organe und den Stoffwechsel des Menschen.

Beispielsweise wurde von einer Forschungsgruppe der Technischen Universität Berlin der Bleigehalt des Trinkwassers in alten Mietshäusern mit Bleirohrinstallation bestimmt: Zur Anregung von Blei wird UV-Laserstrahlung mit einer Wellenlänge von 283,3 Nanometern benötigt. Sie muß in mehreren Schritten erzeugt werden. Ein gepulster Excimerlaser pumpt einen Farbstofflaser, der Strahlung mit einer Wellenlänge von 566,6 Nanometern abgibt. Diese wird durch einen weiteren Schritt in einem speziellen «nichtlinearen» Kristall frequenzverdoppelt, das heißt, die aus dem Kristall tretende Strahlung hat Anteile mit der halben Wellenlänge von 283,3 Nanometern. Die Wasserprobe wird in einem geschlossenen kleinen Ofen verdampft – atomisiert –, und die so frei werdenden Metallatome können durch die Laserstrahlung zur Fluoreszenz angeregt werden. Die Intensität der Fluoreszenz ist ein Maß für die Bleikonzentration in der Probe.

Es konnten sehr kleine Mengen Blei nachgewiesen werden; die Nachweisgrenze lag bei 0,7 milliardstel Gramm Blei pro Liter Wasser.

Im Rahmen eines vom Bundesminister für Forschung und Technologie geförderten Projekts laufen zur Zeit an mehreren Instituten Deutschlands Untersuchungen über die Nachweisbarkeit verschiedener Schadstoffe in Gewässern, worunter man zum Beispiel Schwermetalle oder auch bestimmte zyklische aromatische Kohlenwasserstoffe versteht. Hierbei werden ebenfalls Farbstofflaser eingesetzt, die, wie oben ausgeführt, die jeweiligen typischen Fluoreszenzspektren der Schadstoffe erzeugen. Dabei werden auch Wechselwirkungen von den in Gewässern lebenden kleinen Organismen, dem sogenannten Phytoplankton und dessen Abbauprodukten (Gelbstoff), mit den verschiedenen Schadstoffen untersucht. Bislang beschränken sich diese Untersuchungen noch auf Laborversuche, doch wird darauf hingearbeitet, direkt vom Schiff aus mit Farbstofflasern in Gewässern vor Ort Schadstoffe aufzuspüren und zu identifizieren. Dies wäre ein deutlicher Zeitvorteil gegenüber gängigen Labormethoden, die eine zeitaufwendige Probenentnahme und -aufbereitung verlangen. Auch zur Verfolgung von Schadstoffausbreitungen in dem untersuchten Gewässer ist die laserinduzierte Fluoreszenzspektroskopie im Gegensatz zu den Labormethoden geeignet. Damit wäre ein wichtiger Schritt für den Gewässerschutz möglich.

Auch bei der Vegetationsüberwachung großer Gebiete vom Flugzeug aus bedient man sich heute schon der Laserfluoreszenztechnik. Als Lichtquelle ist beispielsweise ein gepulster Stickstofflaser geeignet, da er pflanzliche Farbstoffe wie das bekannte Chlorophyll, das Blattgrün, anregen kann. Die verschiedenen Wellenlängen des zurückgesandten Fluoreszenzlichtes geben Aufschluß über das Ausmaß und die Art der Schädigung der Pflanzen und Bäume. Aus der Zeit, die das vom Flugzeug aus vom Laser abgegebene Signal braucht, bis es wieder zum Flugzeug reflektiert wird, gewinnt man außerdem Informationen über die Baumhöhe und die Dichte des Baumbestandes.

Neues aus der Wissenschaft – Laser in Physik, Chemie und Biologie

Was der Laser – ein Produkt der Forschung – für die Forschung und andere Bereiche zu leisten vermag, läßt sich auch nicht annähernd vollständig darstellen. Die Eigenschaften des Lasers machen ihn zu einer so interessanten Lichtquelle, daß sich für ihn immer neue Anwendungsgebiete erschließen und er sogar in den Bereich der Kriminalistik eindringen konnte, wo er zur Spurenuntersuchung benutzt wird. In der Physik und Astrophysik hat sich der Laser seinen Platz längst erobert. Viele vorhergesagte Effekte, die wegen ihrer Kleinheit bislang nicht demonstriert werden konnten, lassen sich nun dank monochromatischer und hochstabiler Lasersysteme durch äußerst empfindliche und zugleich präzise Experimente beweisen. Am Nachweis der bereits 1916 von Einstein in seiner allgemeinen Relativitätstheorie vorhergesagten Schwerkraftwellen, der sogenannten *Gravitationswellen*, wird mit Lasern bereits erfolgversprechend gearbeitet. Auch in der Chemie wird der Lasereinsatz in Zukunft eine immer größer werdende Rolle spielen. Der Laser als durchstimmbare, leistungsfähige Lichtquelle eröffnet eine Vielzahl neuer Möglichkeiten sowohl zur Untersuchung als auch zur exakten *Steuerung chemischer Reaktionen.* So kann man mit Laserlicht Produkte erzeugen, die besonders rein oder auf anderem Wege nur schlecht herstellbar sind.

Bei der Untersuchung der Ozonschicht über dem Südpol nutzte die amerikanische Raumfahrtbehörde NASA vor einigen Jahren die neueste Lasertechnik zur genauen Feststellung und Messung von Ozon und anderen Gasen (siehe Seite 190). Es gibt auch Satelliten, die als Reflektoren für Laserlicht dienen. Damit werden unter anderem Untersuchungen angestellt, die über die extrem langsame *Drift der Kontinente* Aufschluß geben sollen.

Das Studium der Wechselwirkung von Licht und Materie liefert wesentliche Beiträge zum Verständnis des Aufbaus und der physikalischen Eigenschaften von Atomen, Molekülen und Festkörpern. Auch in die Domäne der Spektroskopie ist der Laser vorgedrungen. Dort hat die Anwendung von Lasern sowohl zur Verbesserung bekannter als auch zur Entwicklung völlig neuer spektroskopischer Verfahren geführt.

Spektroskopie – wie man Atome und Moleküle mit Lasern ausleuchtet

Jede Atom- beziehungsweise Molekülsorte hat ihr eigenes Energieschema (siehe Seite 35) und kann daher auch nur «Lichtteilchen», Photonen ganz bestimmter Wellenlängen aufnehmen (= absorbieren) oder aussenden (= emittieren). Zur Ausstrahlung gehören Fluoreszenz und Phosphoreszenz. Die verschiedenen Bausteine der Materie haben daher einen entlarvenden «Fingerabdruck», nämlich einen charakteristischen Satz von absorbierten und ausgesandten Wellenlängen: ihr *Spektrum*. Spektren werden mit einem Spektralapparat gemessen; das Verfahren heißt Spektroskopie. Solche Spektralapparate sind optische Geräte, mit denen Licht beziehungsweise elektromagnetische Strahlung in die einzelnen spektralen Anteile zerlegt werden kann. Moderne optische Anordnungen verwenden heute auch Laser für spektroskopische Messungen.

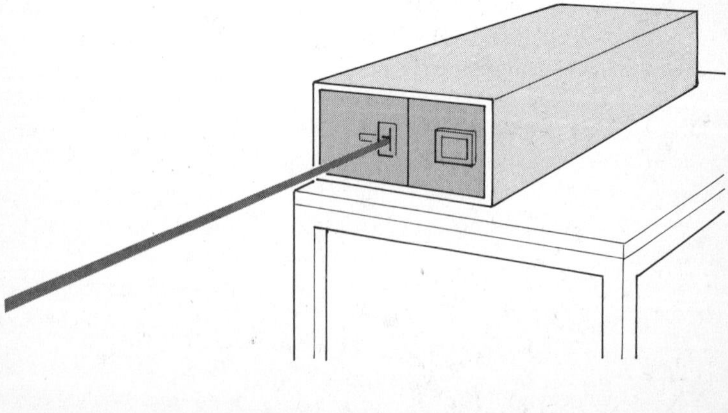

Eine charakteristische Größe für die Spektroskopie ist das Auflösungsvermögen, das angibt, wann zwei Spektrallinien gerade noch getrennt im Spektrum wahrzunehmen sind. Dies hängt von der Linienbreite der benutzten Strahlung ab. Bereits hier schlägt der Laser jede herkömmliche Lichtquelle, denn er strahlt nur in einem winzig schmalen spektralen Bereich und hat somit eine *extrem schmale Linienbreite* (siehe Seite 21). Dort, wo mit einer Lampe nur eine Linie aufgelöst werden kann, gelingt es, mit dem Laser zehntausend Linien und mehr zu entdecken.

Die *Wellenlängendurchstimmbarkeit* einiger Laser (siehe Seite 47) erlaubt die Anregung über einen großen Wellenlängenbereich. Durchstimmbarkeit ist sehr wichtig, denn Spektren von Atomen und Molekülen bestehen aus Gruppen von Wellenlängen, die sehr ähnliche Werte haben. Durch Änderung der Wellenlänge von Farbstofflasern kann man solche Spektren nach den passenden Wellenlängen «absuchen», die von den Atomen oder Molekülen aufgenommen werden. Diese für jedes Teilchen charakteristische Frequenz ist seine sogenannte *Resonanzfrequenz*. Mit Hilfe durchstimmbarer Farbstofflaser können diese Resonanzfrequenzen gefunden und Strukturen von Atomen und Molekülen erforscht werden, die einer spektroskopischen Untersuchung mit gewöhnlichen Methoden bislang nicht zugänglich waren, weil sich ihre Resonanzlinien nicht getrennt auflösen ließen.

Die *hohe spektrale Intensität*, die oft um mehrere Größenordnungen über derjenigen normaler, inkohärenter Lichtquellen liegt, steigert die *Nachweisempfindlichkeit* ins Unermeßliche, da Störeffekte bei intensiven Signalen nicht mehr so schwer ins Gewicht fallen. Außerdem werden dem Experimentator neue Türen geöffnet, die ihm bei niedrigen Intensitäten verschlossen blieben. Zu diesen gehören besondere, sogenannte nichtlineare Techniken.

Durch die Erzeugung *extrem kurzer Lichtpulse* mit einer Dauer bis hinunter in den Femtosekundenbereich (eine Femtosekunde ist der millionste Teil einer milliardstel Sekunde!) kann man in kleinste Zeitdimensionen in der Festkörper-, Molekül- und Atomphysik vorstoßen. Hierzu gehören Untersuchungen darüber, wie schnell *Energie* innerhalb eines Moleküls weitergegeben wird. Der Wissenschaftler nennt diesen Prozeß Energierelaxion. Solche Vorgänge laufen größtenteils so schnell ab, daß sie bislang mit keinem anderen Meßverfahren als mit dem Laser beobachtet werden konnten. Dies gilt auch für die Untersuchung angeregter Moleküle mit sehr kurzer Lebensdauer. Gefragt sind solche Messungen in der Grundlagenforschung sowohl im Bereich der Physik als auch in der Chemie oder Biologie.

1993 gelang es amerikanischen Wissenschaftlern erstmals, nachzuweisen, daß der Aufbau einer chemischen Verbindung in nur 330 Femtosekunden (billiardstel Sekunden) abgeschlossen sein kann: Sie bestrahlten eine Lösung aus Xenon- und Chloratomen mit nur 100 Femtosekunden kurzen Laserpulsen, wobei sich das Molekül Xenonchlorid bildet. Dieses Molekül «greift» sich seinerseits nun sehr schnell ein weiteres Xenonatom und reagiert zu einer neuen Verbindung weiter. Diesem Reaktionsschritt kann ein zweiter Laserpuls Einhalt gebieten, der abgegeben wird, kurz bevor sich das Xenonchloridmolekül ein weiteres Xenonatom «geangelt» hat. Die Zeitspanne vom ersten ausgesendeten Laserpuls bis zum zeitlich verzögerten zweiten ist somit ein direktes Maß für die Entstehungsdauer einer Verbindung.

Die Anfänge der Spektroskopie reichen bis in das 19. Jahrhundert zurück. Aber erst die Entwicklung des durchstimmbaren Lasers in den siebziger Jahren brachte mit einer geringen Linienbreite und einer hohen Intensität den eigentlichen Durchbruch hinsichtlich der Auflösung und der Genauigkeit, mit denen «die Welt der kleinsten Teilchen» nun beobachtet werden kann. Die genaue Untersuchung der Spektren gibt zum Beispiel Aufschluß über die Energie der einzelnen Molekülniveaus. Aus dieser Energie lassen sich wiederum die Abstände der Kerne im Molekül berechnen und die Energie, die nötig ist, um ein Molekül aufzubrechen. Man kann Informationen über Stoßprozesse erhalten, denn bei der Kollision zweier Atome ändert sich das Fluoreszenzspektrum durch Energieaustausch in charakteristischer Weise. Auch lassen sich mit Hilfe der Spektroskopie viele Naturkonstanten unvergleichlich genauer bestimmen, zum Beispiel das Verhältnis der Elektronen- zur Protonenmasse.

Ein entscheidender Vorteil der Laserspektroskopie ist die kurze Zeitspanne, die die Messungen erfordern, im Gegensatz zu der langen Beobachtungsdauer herkömmlicher spektraler Methoden, bei denen schwache Signale von vielen Atomen gesammelt werden. Dieser Vorteil ist besonders wichtig bei Proben, die sehr schnell untersucht werden müssen, weil sie sich verändern, zum Beispiel Meerwasser, in dem es von lebenden Organismen wimmelt. Die Spektroskopie ist heute nicht nur in das Gebiet der Ozeanographie vorgedrungen, sondern

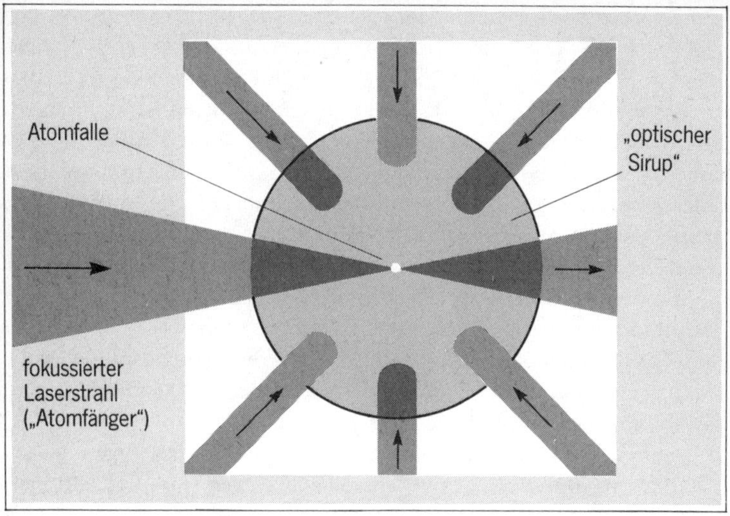

Abb. 50 *Schematische Darstellung einer Lichtfalle: Es sind sechs Laser eingezeichnet, die den «optischen Sirup» erzeugen. Außerdem ist ein fokussierter Laserstrahl abgebildet. Das Fokusgebiet ist die eigentliche Falle.*

auch in die Geologie, Geochemie und Kosmochemie. Man kann mit ihrer Hilfe unter anderem die Verteilung extrem niedriger Konzentrationen seltener Elemente in der Erdrinde und im Meerwasser untersuchen.

Einfangen von Atomen

Atome sind «unruhige Geister», sie bewegen sich je nach ihrer Umgebungstemperatur schneller oder langsamer, was als thermische Bewegung bezeichnet wird. So flitzen Luftmoleküle bei Zimmertemperatur – unsichtbar – mit 500 Metern pro Sekunde durch den Raum. Erst am absoluten Temperaturnullpunkt bei – 273,15 Grad Celsius kommen sie zur Ruhe.

Aus verschiedenen Gründen erlauben herkömmliche Kühlmethoden keine ausreichend präzisen Messungen an isolierten Atomen. Man mußte daher nach anderen Kühltechniken suchen. 1975 wurde in den USA eine Kühlung durch Abbremsen der Atome vorgestellt. Der «Bremser» ist – ein Laserstrahl. Dieses ist ein völlig neuer Aspekt, denn der Laserstrahl – bekannt als Werkzeug zum Erhitzen – kühlt nun sogar auf ganz andere Weise. Bereits 1873 hatte der englische Physiker James Clerk Maxwell gezeigt, daß ein Lichtstrahl eine Kraft auf einen reflektierenden oder absorbierenden Körper ausübt. Dieses Phänomen ist allgemein als *Strahlungsdruck* bekannt. Der Laserstrahl stößt quasi gegen die Atome und verlangsamt so durch seinen Strahlungsdruck ihre Bewegung. Mit diesem Prinzip – je langsamer, desto kälter – ist eine Abkühlung beispielsweise freier Natriumatome bis zu einer Temperatur von einem viertausendstel Grad oberhalb des absoluten Nullpunkts gelungen. Laserkühlung eines Gases setzt also dann ein, wenn die Atome «mehr Gegenwind als Rückenwind» spüren.

Wenn sich Atom und Laserstrahl aufeinander zubewegen, so erscheint dem Atom die Laserwellenlänge durch den Dopplereffekt kleiner, als wenn es in Ruhe wäre. Man stellt deshalb den Laser auf eine Wellenlänge ein, die größer ist als die Wellenlänge, bei der ein ruhendes Atom Photonen aufnehmen oder aussenden kann. Diejenigen Atome, die mit großer Geschwindigkeit dem Laserstrahl entgegenfliegen, «suchen» sich dann zur Absorption die richtigen Photonen mit der für sie passenden Wellenlänge. Sie werden bei der Absorption abgebremst, weil die Photonen eine Kraft auf die Atome entgegengesetzt zu deren Bewegungsrichtung ausüben. Zum Stoppen eines einzelnen Natriumatoms mit der Geschwindigkeit von 1000 Metern pro Sekunde sind etwa dreißigtausend mit ihm zusammenprallende Photonen nötig.

Mit Hilfe dieses Laserlichtdrucks können Atome, die frei im Vakuum fliegen, von ihren hohen Geschwindigkeiten abgebremst und in einem winzigen Raum frei schwebend eingefangen werden. Hier kann man sie «in Ruhe» spektroskopisch untersuchen. Zum Einfangen schickt man die Atome in eine *Lichtfalle* (Abb. 50). Dazu erzeugt man in einer speziellen Apparatur einen Atomstrahl, zum Beispiel aus Natriumatomen. In einem Ofen wird metallisches Natrium verdampft, und die Atome verlassen durch eine kleine Öffnung den Ofen als Teilchenstrahl. Die Natriumatome werden dann von sechs Laserstrahlen eingefangen, die alle auf einen kleinen Fleck gerichtet sind. Jedes Atom findet jetzt quasi ein Photon der passenden Wellenlänge, die es aufnehmen kann; durch den Lichtdruck wird das Atom langsamer. In der

Überlappungszone wirken die sechs Strahlen also jeder atomaren Bewegung entgegen und dämpfen diese so schnell, als befänden sich die Atome gewissermaßen in einem Sirup. In diesem «optischen Sirup», der etwa 1 Zentimeter groß ist, bewegen sich die Atome sehr träge. Außerdem kann noch ein weiterer Laserstrahl in Aktion treten, der auf eine winzige Region von etwa 20 millionstel Meter im «Sirup» fokussiert ist. Genau in diesem kleinen Gebiet werden die Atome weiter abgebremst. Dort haben sie eine Temperatur von 0,005 Grad Celsius oberhalb des absoluten Temperaturnullpunktes.

Gekühlte Atome sind ideale Kandidaten, um grundlegende Fragen der Physik zu beantworten und die *Struktur der Materie* im atomaren Bereich besser zu verstehen. Neue Präzisionsmessungen haben zur Klärung offener Fragen, beispielsweise in der Relativitätstheorie, beigetragen. Auch konnten Aufschlüsse über Stoßprozesse sehr kalter Atome und über Atomkollisionen mit Oberflächen bei sehr niedrigen Temperaturen gewonnen werden. Die Experimente mit gekühlten und eingefangenen Atomen werden ebenfalls dazu beitragen, die Vorgänge bei Stoßprozessen zwischen Atomen aufzuschlüsseln und damit das Verständnis der *Bildung chemischer Bindungen* zu vertiefen. Abgekühlte Gase unterschiedlicher atomarer Zusammensetzungen können, so hoffen die Physiker, auch gezielt vermischt werden. Mit verbesserten Techniken könnte es dann gelingen, Prozesse, wie sie in *Sternen* oder *interstellaren Molekülwolken* ablaufen, im Labor nachzuvollziehen und zu beobachten.

Gibt es Gravitationswellen?

Die Suche nach Gravitationswellen, deren direkter Nachweis bisher noch nicht gelungen ist, stellt eine hochinteressante Anwendung neuer Lasertechnik in der Astronomie dar. Das Verständnis des Universums könnte damit ein Stück vorangebracht werden.

Die Schwerkraft oder Gravitation ist aus dem täglichen Leben bekannt. Ohne sie würden alle Gegenstände schweben. Genauer betrachtet ist die Gravitation die Kraft, die zwei Körper allein aufgrund ihrer Masse aufeinander ausüben. Die Gravitation der Erde wird als Schwerkraft bezeichnet. Gravitationswellen entstehen nach der von Albert Einstein begründeten allgemeinen Relativitätstheorie immer dann, wenn Massen beschleunigt werden. Jedoch wären die auf der Erde erzeugten Gravitationswellen viel zu schwach, als daß man hoffen könnte, sie jemals mit irdischen «Antennen» zu beobachten. Von Bedeutung sind Gravitationswellen erst bei großen Massen (zum Beispiel Sonnenmasse) und bei hohen Geschwindigkeiten. So braucht man für den grundsätzlichen Nachweis ihrer Existenz Sternkatastrophen größeren Ausmaßes, zum Beispiel Supernovae, Sterne, die bei ihrem Kollaps eine große Helligkeitszunahme erreichen. Erst diese zusammenstürzenden Sterne senden meßbare Gravitationswellen aus. Der Nachweis von Gravitationswellen könnte unter anderem Auskunft über viele astronomische Phänomene wie Supernovae und «schwarze Löcher» im Weltall geben.

Bereits seit einigen Jahren wird daran gearbeitet, die Existenz von Gravitationswellen nachzuweisen. Das verwendete Prinzip ist bei allen Forschergruppen dasselbe. Man bedient sich eines laserbeleuchteten sogenannten Michelson-Interferometers (siehe Abb. 25, S. 104). Ein Interferometer ist ein optisches Gerät, das sich die Interferenzerscheinungen des Lichts zunutze macht. Bei Interferometrie wird die von einer Gravitationswelle verursachte Änderung der Laufzeit des Lichts zwischen Testmassen gemessen. Als Testmassen dienen die zwei senkrecht zueinander positionierten Spiegel und der Strahlteiler. Die Intensität wird mit einer Photodiode gemessen. Eine senkrecht auf die Ebene der drei Testmassen einfallende Gravitationswelle würde die Dehnung eines Interferometerarms bei gleichzeitiger Verkürzung des anderen bewirken. Dadurch vergrößert beziehungsweise verkleinert sich die Laufzeit des Lichts. Bei der Interferenz der reflektierten Lichtwellen hat sich nun die Lichtintensität verändert. Diese Helligkeitsschwankung registriert die Photodiode. Auf diese Weise könnte man den Beweis für das Auftreten von Gravitationswellen erbringen.

Trotz der enormen bei einem Sternkollaps freigesetzten Energie ist die zu beobachtende Gravitationswechselwirkung aufgrund der großen Entfernung zur Erde extrem schwach. Fände zum Beispiel ein Sternkollaps im Zentrum der Milchstraße statt, würde sich der Abstand zwischen Erde und Mond nur um ein milliardstel Meter verändern. Wissenschaftler verschiedenster Länder befinden sich zur Zeit im Wettstreit: Wer wird das erste Gravitationswellensignal messen? In den USA wird gerade eine Anlage (LIGO) gebaut, deren Interferometerarme 4 Kilometer lang sind. Mit einer Armlänge von 3 Kilometern wird ein französisch-italienisches Projekt in Pisa (VIRGO) geplant. Ein deutsch-englisches Vorhaben (GEO), das in der Nähe von Hannover entsteht, wird sich mit nur 600 Metern Armlänge begnügen. Zwar könnten mit diesem Aufbau nur Ereignisse innerhalb der Milchstraße registriert werden, doch ist dafür sein baldiger Einsatz wahrscheinlicher. Bei Armlängen von mehreren Kilometern Länge wären die Wissenschaftler in der Lage, auch noch tausendmal weiter entfernte Signale in Nachbargalaxien zu messen. Da es innerhalb einer Galaxie nur wenige Supernovae pro Jahrhundert gibt und diese Ereignisse nicht lange zu beobachten sind, ist die Wahrscheinlichkeit, Gravitationswellen von Supernovae zu messen, natürlich höher. Außerdem sollen auch Dauersignale von Pulsaren und Doppelsternen beobachtet werden. Aber nicht nur auf der Erde werden Messungen durchgeführt. Es bestehen bereits Pläne für ein satellitengestütztes Interferometersystem namens LISA, das etwa im Jahr 2010 seine Arbeit im Weltraum aufnehmen soll. LISA soll eine Armlänge von mehreren Millionen Kilometern haben und in der Sonnenumlaufbahn installiert werden.

Zünden und Steuern von chemischen Reaktionen

Die meisten chemischen Reaktionen kommen erst in Gang, wenn man sie «anheizt», ihnen also Energie zuführt, etwa durch Erwärmen oder durch Lichtbestrahlung. Die Photochemie beschäftigt sich mit der Wechselwirkung von Licht und Materie. Dank einer Lichtquelle wie dem Laser eröffnet sich eine Vielzahl neuer Möglichkeiten, den Ablauf chemischer Reaktionen zu untersuchen, zu lenken und sogar zu beschleunigen. Dient ein Laser als Energiequelle, so hat der Chemiker ein Werkzeug, mit dem er einem Molekülgemisch einen genau dosierten Energiebetrag zuführen kann. So läßt sich zum Beispiel aufgrund der geringen Linienbreite des Lasers die Laserwellenlänge auf eine ausgewählte Molekülschwingung abstimmen und damit eine spezielle Bindung gezielt aufbrechen. Denn die «Stärke» einer Verbindung wird durch die Energie bestimmt, die nötig ist, um diese Bindung aufzubrechen. Werden Moleküle hingegen einfach erhitzt, so verteilt sich die Energie über alle Molekülschwingungen, und die schwächste Stelle im Molekül geht zu Bruch.

Bestrahlt man zum Beispiel Distickstoff Fluorid, ein Molekül aus

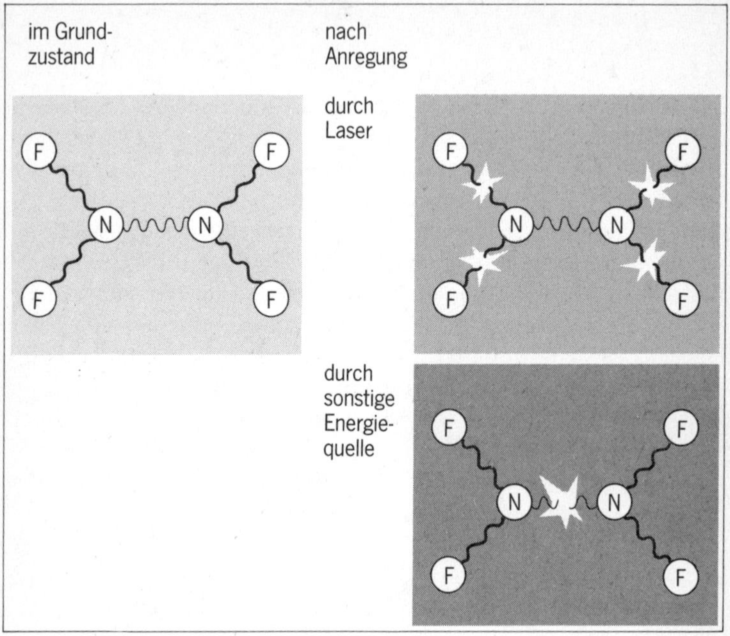

Abb. 51 *Aufbruch von Distickstoff-Fluorid-Atomverbindungen durch Bestrahlung mit Laserlicht beziehungsweise durch Erhitzen (N = Stickstoffatom, F = Fluoratom).*

zwei Stickstoff- und vier Fluoratomen, mit einem Kohlendioxidlaser, so wird die stärkere Stickstoff-Fluor-Verbindung gezielt geöffnet, während die Stickstoff-Stickstoff-Verbindung, die viel schwächer ist, unangetastet bleibt. Beim ganz normalen Erhitzen hingegen ginge die schwächere Bindung entzwei (Abb. 51). Durch Laseranwendung kommt man in vielen Fällen deshalb auch zu ganz anderen Reaktionsprodukten, die außerdem besonders rein oder auf anderem Weg kaum herstellbar sind.

Der Einsatz des Lasers in der chemischen Industrie wird zur Zeit zum Beispiel in einer Pilotanlage zur Vinylchloridherstellung an der Universität Heidelberg erprobt. Vinylchlorid steht mengenmäßig mit einer Weltjahresproduktion von über 25 Millionen Tonnen mit an der Spitze der in der chemischen Industrie erzeugten Produkte. Es ist das Ausgangsmaterial für den bekannten Kunststoff PVC (Polyvinylchlorid). Zur Herstellung von Vinylchlorid sind mehrere Reaktionsschritte erforderlich. Es muß eine Kettenreaktion eingeleitet werden.

Bei dem bislang angewandten Verfahren muß der Ausgangsstoff Dichlorethan auf Temperaturen zwischen 500 und 600 Grad Celsius erwärmt werden, um eine ausreichende Anzahl reaktionsfreudiger Chloratome (sogenannte Radikale) zu erzeugen, die die Reaktion erst in Gang setzen. Der Energieverbrauch ist daher sehr groß. Außerdem entstehen bei dieser Methode sehr viele unerwünschte Nebenprodukte wie zum Beispiel Ruß, so daß das Endprodukt mit kostenintensiven Reinigungsverfahren aufgearbeitet werden muß. Gibt ein Laser den «Startschuß», wird eine schnellere Vinylchloriderzeugung bei niedrigen Temperaturen von nur 300 Grad Celsius erreicht. Die ausgezeichnete Frequenzschärfe der Laserstrahlung erlaubt die gezielte Erzeugung chemisch besonders reaktionsfähiger Chlorradikale, so daß neben hohen chemischen Gesamtumsätzen auch die Bildung von giftigen und krebserregenden Nebenprodukten reduziert wird. Am besten eignet sich zur Radikalerzeugung ein Excimerlaser, der seine Energie in Milliardstel-Sekunden-Pulsen abgibt.

Der Laser als «Maßschneider» für chemische Reaktionen ist ein wünschenswertes Ziel. Die technischen Anwendungsmöglichkeiten sind vielfältig. Die teilweise recht hohen Energiekosten setzen jedoch der Realisierung laserchemischer Verfahren aus wirtschaftlichen Gründen Grenzen. In absehbarer Zukunft wird der Laser seinen Platz in der Industrie bei der Herstellung von Spezialchemikalien und Medikamenten finden, die nur in kleinen Mengen gebraucht werden, wie Cortison und Riechstoffe. Auch die Produktion von D-Vitaminen scheint mit Laserlicht effektiver als mit herkömmlichen UV-Lichtquellen. Wenn es andererseits, wie sehr oft in der technischen Chemie, darum geht, große Stoffmengen zu erwärmen, wird die Laseranwendung in den meisten Fällen zu kostenintensiv sein. Favorit bleibt der Laser bei der gezielten Beeinflussung chemischer Systeme. So kommt man zu neuartigen und interessanten Produkten und Materialien.

Isotopentrennung

Chemische Elemente können in verschiedenen Varianten, den Isotopen, vorkommen. Isotope einer Atomart sind verschieden schwer (unterscheiden sich in ihrer Masse), weil ihre Atomkerne unterschiedlich viele ungeladene Teilchen, Neutronen, enthalten. Jedes Uranisotop beispielsweise hat 92 Protonen (positiv geladene Teilchen), ebenso viele Elektronen (negativ geladene Teilchen) und kann 146 Neutronen (^{238}Uran) oder auch nur 143 Neutronen (^{235}Uran) besitzen. In der Natur bestehen die meisten chemischen Elemente aus einem Isotopengemisch. Natürliches Uran setzt sich zu mehr als 99 Prozent aus dem schweren 238-Isotop und unter 1 Prozent aus dem leichteren 235-Isotop zusammen. Chemisch reagieren die Isotope einer Atomsorte völlig gleich. Aufgrund ihrer verschiedenen Massen gibt es jedoch Unterschiede im Energieschema. Es werden heute viele andere Isotope als die des Urans in Physik, Chemie, Biologie und Medizin verwendet. Vom wirtschaftlichen Standpunkt aus hat aber die Uran trennung ein besonderes Gewicht.

Die Trennungsverfahren haben zum Ziel, ein Isotop bevorzugt auszuwählen, zu selektieren, und dadurch das Isotopenverhältnis des natürlichen Urans zu verändern. Man spricht daher von *Anreicherung*. Für den Betrieb eines Leichtwasserreaktors zum Beispiel muß das natürliche Uran zu etwa 3 Prozent mit dem 235-Isotop angereichert sein.

Der Laser bietet für die Isotopentrennung ein neues Konzept. Die Isotopentrennung läßt sich mit einem Laser aufgrund der, wenn auch äußerst kleinen, Unterschiede in der Verschiebung der Energiezustände verwirklichen. Die «Isotopieverschiebung» der Zustände beträgt bei einer Wellenlänge von 600 Nanometern nur etwa 0,005 Nanometer. Das gewünschte Uranisotop, zum Beispiel das leichtere 235-Isotop, kann so mit einem sehr präzise abgestimmten Laser vom Grundzustand aus in einen Zwischenzustand angeregt werden. Das andere, schwerere Uranisotop bleibt unbeeinflußt im Grundzustand zurück. Auf diese Weise werden die verschiedenen Isotope durch Anregung «markiert» und müssen anschließend nur noch sortiert werden.

Das Sortieren übernimmt ein zweiter Laser. Nur die angeregten leichten Isotope können weitere Photonen aufnehmen. Der zweite, sogenannte Ionisierungslaser «entreißt» dabei dem leichten Uranatom Elektronen: es ist dann ionisiert, nach außen hin erscheint es nun positiv geladen. Jetzt können die ionisierten Atome von den neutralen schweren Isotopen mit Hilfe elektrischer und magnetischer Felder getrennt werden, ähnlich wie man Zehnpfennigstücke mit einem Magneten aus einem gemischten Haufen mit Silbergeld entfernen kann.

1975 ist in den USA, in Livermore, eine Pilotanlage zur Uranisotopenanreicherung, AVLIS genannt, in Betrieb gegangen. AVLIS bedeutet: Atomic Vapor Laser Isotope Separation = Atom-Dampf-Laser-Isotopentrennung. Dazu muß in einer komplizierten Anlage nichtangereichertes, metallisches Uran in einem Ofen bei 2300 Grad Celsius verdampft werden. Uran ist bei diesen Temperaturen außerordentlich aggressiv und reagiert mit allen Ofenmaterialien. Die Anregung der ^{235}Uran-Atome erfolgt dann mit Farbstofflasern, die rotoranges Licht aussenden. Gepumpt werden die Farbstofflaser mit intensiven grüngelben Kupferdampflasern. An die Lasersysteme müssen extrem hohe Anforderungen bezüglich Frequenzschärfe und -stabilität, Pulsdauer sowie Intensität gestellt werden. Sie bestehen aus mehreren Pump- und Farbstofflaserketten mit Verstärkern und sollen im Ausbaustadium ein zweistöckiges Gebäude füllen.

Die Auslese bei diesem atomaren Trennungsverfahren ist sehr groß. Bei etwa zehntausend Ionen des gewünschten Isotops 235 wird nur ein unerwünschtes Isotop 238 durch das Verfahren selbst erzeugt. Verglichen mit den herkömmlichen Isotopentrennungstechniken, die Isotope mechanisch aufgrund ihres unterschiedlichen Gewichts aussortieren, ist AVLIS einemillionmal genauer. Mit diesem Verfahren ließen sich somit prinzipiell die Uranreserven effektiver ausnutzen. Gegenwärtig wird angereichertes Uran aber noch zu 98 Prozent in Gasdiffusions- und zu 2 Prozent in Gaszentrifugenanlagen hergestellt.

Das AVLIS-Verfahren kann auf nahezu alle Isotope angewandt werden. Gegenwärtig beschäftigt sich die Forschung mit der Isotopentrennung von Quecksilber und Gadolinium (chemische Elemente). Isotope werden als Markierer nicht nur in der Forschung benutzt, sondern auch in der Medizin und Landwirtschaft. Allerdings finden neue Anwendungen nur wenig Auftrieb, da sie sehr teuer sind. Das würde sich erst dann ändern, wenn die Kosten für die Laserisotopentrennungstechniken um den Faktor 100 bis 1000 reduziert werden könnten.

Kriminalistik und Oberflächenanalyse

Das Sichtbarmachen von Fingerabdrücken reicht bis in die Zeit der alten Babylonier, Ägypter und Chinesen zurück. Es vergingen aber noch viele Jahrhunderte, bis Personen anhand von Fingerabdrücken kriminalistisch überführt werden konnten. Soweit bekannt, führten Fingerabdrücke zum erstenmal Ende des 19. Jahrhunderts in England zur Festnahme eines Gangsters. Man benutzte chemische Mittel wie Jod, Silbernitrat oder magnetische Pulver, die auf die Fingerabdrücke gepinselt wurden. Die Suche nach noch besseren Chemikalien, die auch ältere Fingerabdrücke wieder erscheinen lassen und für längere Zeit konservieren können, geht weiter. Sehr gute Resultate erzielten Biochemiker mit einer Substanz namens Ninhydrin. Mit diesem Mittel besprühte Fingerabdrücke nehmen in einer feuchtwarmen Umgebung eine blauviolette Färbung an. Alle diese Stoffe reagieren auf chemischem Wege mit den Verunreinigungen, die ein Fingerabdruck verursacht. Ein scheinbar sauberer Finger hinterläßt auf einem Abdruck rund ein zehntausendstel Gramm Substanz, die zu etwa 98 Prozent aus Wasser besteht. Der Rest enthält Hunderte verschiedener Stoffe, deren Anteil jeweils nur ein milliardstel Gramm beträgt.

Einer ganz anderen Methode, bei der das Alter des Fingerabdrucks keine Rolle mehr spielt, bediente man sich erstmals 1976 in Kanada. Man benutzte Laserstrahlung. Ein Gegenstand, auf dem sich unsichtbare Fingerabdrücke befinden, wird in einer Dunkelkammer mit Laserlicht beleuchtet (Abb. 52). Das «veranlaßt» die Substanzen, aus denen der Abdruck besteht, Strahlung auszusenden. Man bezeichnet sie als Fluoreszenzlicht, und die Technik heißt *laserinduzierte Fluoreszenz*. Durch ein Filter, das nur das reflektierte Fluoreszenzlicht durchläßt, wird der Abdruck photographiert, was nur gelingt, wenn die Laserwellenlänge hinreichend von der Fluoreszenzwellenlänge abweicht. Dabei ist die Fluoreszenzwellenlänge größer als die des Lasers. Ein Fingerabdruck wird um so deutlicher, je besser das Laserlicht in Fluoreszenzlicht umgesetzt wird. Das intensive monochromatische Laserlicht ist dafür der beste Garant. Unbehandelte Fingerabdrücke absorbieren hauptsächlich im Ultraviolettbereich unter 300 Nanometern und fluoreszieren ebenfalls noch im für das Auge unsichtbaren UV-Bereich. Zur Fluoreszenzerzeugung benötigt man deshalb intensive UV-Laser, und dies sind recht aufwendige Geräte.

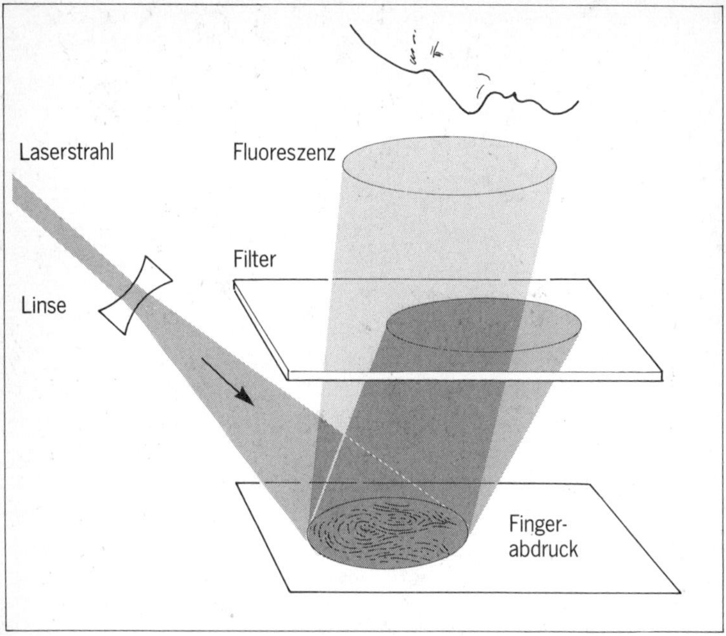

Abb. 52 *Sichtbarmachen von Fingerabdrücken durch laserinduzierte Fluoreszenz.*

Aus Spuren von chemischen Verbindungen wie Riboflavin erhält man auch ein wenig Absorption im blaugrünen Spektralbereich. Die Fingerabdrücke lassen sich daher mit einem Argon-Ionen-Laser anregen. Nicht jeder Fingerabdruck aber enthält ausreichend intensiv fluoreszierende Stoffe im sichtbaren Spektralbereich, und oft fluoresziert der Untergrund selbst in derselben Wellenlänge. Man pinselt die Abdrücke deshalb mit chemischen Substanzen wie dem oben erwähnten Ninhydrin oder Zinkchlorid ein sowie mit Farbstoffen wie Rhodamin 6 G – übrigens einer der besten Laserfarbstoffe.

Auch der beste Detektiv muß häufig Fingerabdrücke am Ort des Geschehens untersuchen. Hierfür bieten sich leistungsstarke, aber «tragbare» Neodym-YAG-Laser an. Der Transport von Argon-Ionen- oder Kupferdampflasern mit ähnlicher Leistung bereitet dagegen erhebliche technische Schwierigkeiten. Es wird wohl kein Kriminalbeamter in der Lage sein, solche Laser an den Tatort zu schleppen. Sie werden daher stationär im Labor betrieben. Die Anforderungen an die Lasersysteme wachsen. Farbstofflaser mit ihrem breiten Abstimmbereich und hoher spektraler Leistung werden ihren Platz in der Verbrechensaufklärung erobern.

Die erste Überführung eines Verbrechers anhand eines mit dem Laser gemachten Abdrucks gelang 1982 in Washington – er stammte von einer Postkarte aus dem Jahre 1942! Die Technik der laserinduzierten Fluoreszenz wird heute schon bei Routineuntersuchungen in vielen Justizlabors der USA, aber auch in England, Kanada und Israel eingesetzt. In Deutschland ist dieses Verfahren noch in der Testphase.

Während sich Kriminalisten über die Spuren freuen, die Täter hinterlassen, stören Techniker in der Industrie selbst kleinste Verschmutzungen. Besonders störend wirken sich Verunreinigungen in Atomgröße in der Mikroelektronik beim Bau von Halbleitern aus.

Amerikanische Wissenschaftler haben ein Verfahren entwickelt, um diese geringfügigen Verunreinigungen präzise nachzuweisen. Ein Argon-Ionen-Laserpuls wird auf die Festkörperoberfläche, zum Beispiel auf einen mit Eisen verschmutzten Siliziumkristall, gerichtet. Dabei werden Eisen- und Siliziumatome herausgeschlagen. Die Frequenz des Lasers ist nun auf die Resonanzfrequenz der «Dreckatome» abgestimmt, so daß nur diese, hier die Eisenatome, das Licht absorbieren. Durch einen weiteren Laser werden anschließend die angeregten Eisenatome – und nur diese – ionisiert; ein ähnliches Prinzip wie bei der Isotopentrennung. Durch elektrische Felder werden die Ionen räumlich und zeitlich fokussiert, so daß die «Dreckionen» einer Sorte alle zur gleichen Zeit das Nachweisgerät, den Detektor, erreichen. Gäbe es außer den Eisenionen noch Ionen weiterer Schmutzteilchen auf der Oberfläche, würden diese aufgrund ihrer anderen Masse zeitverzögert am Detektor eintreffen, da die Masse die Fluggeschwindigkeit mitbestimmt. Mit dieser unter dem Namen SARISA-Verfahren (englisch: *s*urface *a*nalysis by *r*esonance *i*onisation of *s*puttered *a*toms = Oberflächenanalyse durch resonante Ionisation von abgestäubten Atomen) bekannten Methode lassen sich nicht nur Oberflächenverunreinigungen von Halbleitern, sondern auch von Katalysatoren nachweisen. Ebenso können in der Biologie Spurenelemente in Geweben untersucht werden.

Lebensvorgänge im neuen Licht

Laser sind auch auf den verschiedensten Gebieten der biologischen und medizinischen Forschung auf dem Vormarsch. Sie kommen bei der Untersuchung von Molekülen «im Reagenzglas», die Schlüsselfunktionen in lebenden Zellen innehaben, ebenso zum Einsatz wie bei der Erforschung ganzer Zellen und Gewebe, ja sogar bei Untersuchungen direkt am Patienten. Während sich die physikalischen und chemischen Analysen vorwiegend auf einzelne Atome oder kleine, aus wenigen Atomen bestehende Moleküle konzentrieren, sind biologisch aktive Moleküle meist von immenser Größe – verschlungene Gebilde mit vielen Eiweißketten wie das Hämoglobin (der Blutfarbstoff) oder aufgedrehte strickleiterartige Strukturen wie die so bekannte Nukleinsäure DNA. Dieses Riesenmolekül speichert schließlich die gesamten Erbanlagen in allen Zellen von Menschen, Tieren, Pflanzen oder Mikroorganismen und ist die Zentrale der Stoffwechselvorgänge.

Bei Anwendungen des Lasers in der Biologie sind die ultrakurzen Laserpulse die Favoriten, um schnellste Abläufe zu verfolgen. Denn gerade dies ist für biochemische Prozesse typisch – die Natur «arbeitet» auf molekularer Ebene rasend schnell. Zur Anwendung kommen die gleichen spektroskopischen Methoden, zum Beispiel Absorptions- oder Fluoreszenzmessungen, wie bei physikalischen oder chemischen Experimenten. Gefragt sind aber auch die hohe Intensität und Fokussierbarkeit der Laserstrahlung, letztere besonders bei der Durchtrennung feinster zellulärer Strukturen. Die hohe Intensität, gepaart mit der Einfarbigkeit der Laserstrahlung, gab der sogenannten Ramanspektroskopie einen enormen Aufschwung, sowohl in der Biologie als auch in der Chemie. Laser, besonders Farbstofflaser, dienen dabei als intensive Anregungsquelle. Mit ihrer Hilfe können Schwingungen auch besonders komplexer Moleküle genauestens untersucht werden, und hieraus ergeben sich dann wiederum Aussagen über den *Aufbau der Moleküle*. Ein ganz anderes Beispiel für den Einsatz der hohen spektralen Intensität und der Wellenlängendurchstimmbarkeit von Farbstofflasern aus dem Bereich der *biomedizinischen Forschung* sind Bestrahlungen der Haut von Patienten. Farbstofflaser ahmen dabei die einzelnen Wellenlängen des Sonnenspektrums im UV-Bereich nach und liefern Informationen nicht nur über Sonnenbrand und Bräunung, sondern auch für die Therapie von Hauterkrankungen.

Extrem schnell verlaufende Prozesse, die nur mit kurzen Laserpulsen zeitlich verfolgt werden können, kommen im Bereich der Biologie sehr häufig vor. Hier nur einige Beispiele: Im Riesenmolekül DNA wird nach der Absorption von UV-Strahlung die Energie blitzartig weitertransportiert. Solche Vorgänge spielen für die Entstehung von Schäden im DNA-Aufbau eine Rolle, die wiederum langfristig zum Beispiel an der Krebsentstehung beteiligt sein können. Ebenso schnell sind die allerersten Abläufe, die Primärprozesse, beim Sehvorgang im Auge und bei der Photosynthese der Pflanzen.

Wenn der Sehfarbstoff in der Netzhaut des Auges Licht absorbiert, setzt eine molekulare Kettenreaktion ein und gipfelt in einem Nervenimpuls, der zum Gehirn weitergeleitet wird. Die einzelnen Schritte sind heute weitgehend bekannt. Zu Beginn der Kettenreaktion ändert ein Teil des Sehfarbstoffes pikosekundenschnell seine Gestalt. Hier hat der Laser mittels schneller Absorptionsspektroskopie Aufklärungsarbeit geleistet.

Die Photosynthese der Pflanzen ist die Voraussetzung für alles Leben auf der Erde, und unsere gesamte Nahrung nimmt bekanntlich von diesem Prozeß ihren Ausgang. Mit Hilfe des Sonnenlichts bauen die Pflanzen energiereiche chemische Substanzen (Glukose) aus Kohlendioxid und Wasser auf. Quasi als «Abfallprodukt» entsteht dabei Sauerstoff. Wie Pflanzen das Licht «sammeln» und weiterleiten, wurde erst in den letzten Jahren aufgeklärt: Die Pflanzen absorbieren Licht mit einem großflächigen Netzwerk, dem Antennenpigmentsystem (bestehend aus Chlorophyll und anderen Farbstoffpigmenten), und «trichtern» es mit hoher Geschwindigkeit und Effizienz innerhalb dieses molekularen Systems zu sogenannten Reaktionszentren, in denen eine speicherbare elektrische Ladung produziert wird. Bei der Erforschung dieser elementaren Vorgänge leisteten frequenzverdoppelte Neodym-YAG-Laser und Farbstofflaser einen wichtigen Beitrag: Fluoreszenz- und Absorptionsmessungen mit Pikosekundenpulsen trugen dazu bei, sowohl die Struktur des Antennenpigmentsystems als auch den Mechanismus der schnellen Energieleitung und Vorgänge im Reaktionszentrum aufzuklären.

Faszinierende Möglichkeiten ergeben sich auch aus der Kombination von Lasern mit anderen Apparaturen, die in der biologischen Forschung eingesetzt werden. So dient ein fokussierter Laserstrahl in einem sogenannten Lasermassenspektrometer der gezielten Anregung und Freisetzung ganz bestimmter Moleküle aus biologischen und chemischen Proben. Diese Moleküle werden anschließend durch einen weiteren Laserpuls oder direkt im Massenspektrometer zu geladenen Teilchen umgewandelt (ionisiert). Dann werden die verschiedenen Ionen nach ihrer Masse sortiert. Man kann auf diese Weise in einer kleinen lokalisierten Struktur eine *chemische Analyse* vornehmen, ohne sie zu zerstören. In einer Kombination von Lasern und Mikroskop (Laser-Mikrostrahl-Apparatur) wird der Laserstrahl als *präzises Schneidewerkzeug* eingesetzt, um Erbmaterial (Chromosomen) für weitere Analysen in feinste Scheiben zu zerlegen. Die Wissenschaftler hoffen, dadurch unter anderem neue Erkenntnisse über die Erbkrankheit Down-Syndrom zu gewinnen. Der Laser ermöglicht aber auch die Fusion zweier Zellen, die beispielsweise eine wichtige Voraussetzung für die Produktion neuer spezifischer Krebsmedikamente ist, nämlich der monoklonalen Antikörper, die «Spürhunden» gleich bestimmte Krebszellen im Körper auffinden. Um sie in großen Mengen herstellen zu können, muß zuerst eine Blutzelle, die die gewünschten Antikörper produziert, mit einer Krebszelle vereinigt werden. Für diese Aufgabe nutzt man zwei verschiedene Lasertypen. Der erste Laser, ein Infrarotlaser, der als sogenannte optische Pinzette wirkt, kann die Zellen direkt auf dem Objektträger des Mikroskops bewegen und festhalten. Den zweiten Laser, der gepulste Ultraviolettstrahlung aussendet, richtet man nun auf die Kontaktstelle zwischen den beiden Zellen, wodurch ihre Zellmembranen verschmelzen und die Zellen zusammenfließen. Dabei hat man, im Gegensatz zu anderen – zum Beispiel chemischen – Methoden, eine weitgehende Kontrolle über den Verschmelzungsprozeß. Auf diese Weise können aber nicht nur Zellen verschweißt, sondern auch Zellwände durchbohrt werden. Auch Schnitte im Zellinnern sind möglich. Die Bearbeitungsgenauigkeit dieses berührungslosen Verfahrens liegt unter einem tausendstel Millimeter.

Bei einer anderen Kombination aus Mikroskop und Laser, dem *Laser-Scan-Mikroskop*, geschieht etwas ganz anderes. In diesem neuartigen optischen Rastermikroskop wird das Untersuchungsobjekt mit Laserlicht Punkt für Punkt «abgetastet» – ein ganz anderes Prinzip als beim üblichen Lichtmikroskop, das den Gegenstand ganzflächig beleuchtet. Im Laser-Scan-Mikroskop wird zum Beispiel ein Argon-Ionen-Laserstrahl mit Hilfe von Spiegeln zeilenweise über das Objekt gefahren, das dabei in viele Rasterpunkte aufgeteilt wird. Für jeden dieser

Punkte nimmt ein Detektor das vom Objekt reflektierte oder gestreute Licht auf und wandelt es in elektrische Signale um. Die Lichtintensität bestimmt die Stärke des Signals, und auf einem Bildschirm erscheint Punkt für Punkt ein Bild. Auch von lebenden Zellen entstehen so *dreidimensionale Bilder*, da mit diesem Prinzip und einigen zusätzlichen optischen Raffinessen die räumliche Tiefe mikroskopischer Strukturen aufgelöst werden kann. So können selbst «Höhen und Tiefen» von nur 50 milliardstel Metern noch vermessen werden.

Last but not least nehmen Laser in jüngster Zeit auch ihren Platz in *Gensequenzierungsautomaten* ein. Mit solchen Geräten ist man den Geheimnissen der Erbanlagen auf der Spur. Die neuesten Versionen arbeiten nicht mehr mit radioaktiven Substanzen, sondern mit leuchtenden Farbstoffen und Laseranregung, um bei der Ermittlung der Einzelbestandteile des riesigen DNA-Moleküls bestimmte Stellen zu markieren. Die Erbanlagen verraten sich nämlich in der Reihenfolge (Sequenz) bestimmter Abschnitte (Gene) der «DNA-Strickleiter». Die Entschlüsselung der gesamten menschlichen Erbsubstanz ist eines der größten wissenschaftlichen Abenteuer unserer Zeit.

Anhang

Dank

Unser Dank gilt den Diplomphysikern Frau B. Brase, Herrn W. Claas und Herrn C. Möhlmann für die Mitarbeit an einigen Kapiteln und Herrn F. Hartmann, der die gelungenen Zeichnungen anfertigte.

Auch Herrn D. Wineland und den Firmen, die freundlicherweise Photos für unser Buch zur Verfügung stellten, sei an dieser Stelle gedankt.

Bildnachweis

S. 65, Abb. 16 — Lambda Physik
Gesellschaft zur Herstellung von Lasern mbH
Hans-Böckler-Straße 12
D-37079 Göttingen

S. 153, Abb. 42 — Fran Harms L-475
University of California
Lawrence Livermore National Laboratory
P. O. Box 808
Livermore, California, 94550
USA

Literaturhinweise und Quellen

D. Bimberg: *Laser in Industrie und Technik*. Expert Verlag, Sindelfingen 1985

W. Brunner, K. Junge: *Lasertechnik*. Hüthig Verlag, Heidelberg 1988

Dokumentation zu CD-Playern der Firma Philips

J. Eichler, H. J. Eichler: *Laser – Grundlagen, Systeme, Anwendungen*. Springer, Berlin 1991

J. Eichler, T. Seiler: *Lasertechnik in der Medizin*. Springer, Berlin 1991

H. Horeis, M. Liebig: *Strahlenwaffen – Militärstrategie im Umbruch*. Verlag für Wehrwissenschaften, München 1985

F. K. Kneubühl, M. W. Sigrist: *Laser*. Teubner, Stuttgart 1989

H. K. Koebner: *Laser – vom tödlichen zum heilenden Strahl*. Elektor Verlag, Aachen 1988

Laser – Wissenschaftsmagazin. Heft 9, Technische Universität, Berlin 1986

F. Rühl, H.-G. Treusch: *Industrielaser. Einführung mit Anwendungsbeispielen*. Verlag Moderne Industrie, Landsberg/Lech 1987

F. P. Schäfer, A. Müller (Hg.): *Anwendungen des Lasers*. Spektrum der Wissenschaft: Verständliche Forschung, Heidelberg 1988

K. Tradowsky: *Laser*. Vogel Verlag, Würzburg 1977

H. Treiber: *Lasertechnik*. Frech Verlag, Stuttgart 1982

H. Weber, G. Herziger: *Laser – Grundlagen und Anwendungen*. Physik Verlag, Weinheim 1978

Sachregister